Der BLV Tier- und Pflanzenführer

für unterwegs

WILHELM EISENREICH
ALFRED HANDEL
UTE E. ZIMMER

blv

Einführung

Dieses Buch stellt eine Auswahl der häufigsten bzw. bekanntesten Tier- und Pflanzenarten Mitteleuropas vor: Die Gruppen, zu denen sie gehören, und die auf den entsprechenden Buchseiten und der Inhaltsübersicht durch Piktogramme symbolisiert sind, werden nachfolgend vorgestellt und kurz charakterisiert.
Die **Pilze**, die neben Pflanzen und Tieren ein eigenes Reich bilden, besitzen kein Blattgrün (Chlorophyll), und gewinnen ihre Energie daher nicht aus Sonnenlicht, sondern durch Entzug organischer Nährstoffe aus Böden und Holz. Sie leben im Verborgenen und bilden ein Fadengeflecht (Myzel). Frei sichtbar werden nur ihre Fruchtkörper, und diese bilden in Röhren, Lamellen oder anderweitig eine sog. Fruchtschicht aus, welche die der Vermehrung dienenden Sporen trägt.
Flechten sind symbiotische Lebensgemeinschaften zwischen einem Pilz und einem oder mehreren Fotosynthese betreibenden Partnern, meist Grün- oder Blaualgen.
Moose und **Farnpflanzen** sind wie die Pilze Sporenpflanzen, eine eigentliche Blüte fehlt ihnen.
Im Gegensatz zu diesen erdgeschichtlich sehr alten Pflanzengruppen gehören **Bäume** und **Sträucher** wie auch die krautigen Blütenpflanzen zur großen Abteilung der Samenpflanzen. Die entwicklungsgeschichtlich primitiveren Nadelgehölze sind durch nadelförmige Blätter sowie unscheinbare 1geschlechtige Blüten ohne auffällige Blütenhülle gekennzeichnet (»Nacktsamer«); ihnen stehen die höher entwickelten »Bedecktsamer« gegenüber, zu denen die Laubgehölze (Bäume, Sträucher und Kleinsträucher) und und die **krautigen Blütenpflanzen** zählen. Deren Blüten können 1geschlechtig oder zwittrig, einfach oder in Blütenständen zusammengefasst sein.
Anders als die Gehölze weisen krautige Blütenpflanzen fast nie verholzte Pflanzenteile auf. Der besseren Übersichtlichkeit und Auffindbarkeit wegen werden sie im Buch nach Blütenfarben und Blütensymmetrie unterteilt.

Als ursprünglichste Vertreter des Tierreichs werden zunächst einige **Hohltiere** vorgestellt. Ihr Körper besteht aus einem einzigen Hohlraum, der jedoch in mehrere Nischen unterteilt sein kann.
Im Gegensatz hierzu gliedert sich der Körper der Weichtiere in Kopf-Fuß-Eingeweidesack. Dabei ist der Körper der im Meer oder Süßwasser lebenden **Muscheln** meist seitlich zusammengedrückt und von einer 2klappigen Schale umgeben. Die artenreichen **Schnecken** finden wir im Meer, Süßwasser und an Land; ihr Eingeweidesack erfährt oft eine charakteristische Drehung, die sich in der Schale wiederholt.
In der riesigen Stammgruppe der Gliedertiere zeichnen sich die **Würmer** durch eine recht gleichmäßige innere und äußere Körpergliederung aus; sie besiedeln Meere, Süßwasser und das Land.
Ganz anders dagegen ist die ungleichartige äußere Körpergliederung der **Gliederfüßer**, deren unterschiedlich gegliederte Extremitäten namensgebend

Insekten

Fortsetzung siehe hintere Umschlaginnenseite

waren. Als Beispiele für die Vielfalt der Ausgestaltung werden Vertreter der **Krebse**, **Tausendfüßer** und **Spinnen** (typisch für diese sind 4 Laufbeinpaare!) vorgestellt.
Die **Insekten** weisen – als bei weitem artenreichste Tierklasse – trotz vielfältiger Abwandlungen die gleiche Körperorganisation in Kopf, Brust und Hinterleib auf. Charakteristisch sind 3 Laufbeinpaare, die wie die Flügel der Brust ansitzen sowie das harte Außenskelett des Körpers aus Chitin. Ein weiteres Charakteristikum sind die beiden unterschiedlichen Entwicklungswege der Insekten: Bei den Heuschrecken, Wanzen, Zikaden wächst das fertige Insekt über ihm ähnliche Larvenstadien heran (unvollständige Entwicklung), während die Larve der Libellen, Käfer, Hautflügler (Ameisen, Wespen, Hummeln, Bienen), Zweiflügler (Mücken und Fliegen), Schmetterlinge völlig anders aussieht, sich am Ende ihres Wachstums verpuppt und im Stadium der Puppe eine grundlegende Verwandlung zum Vollinsekt (der Imago) vollzieht (vollständige Entwicklung).
Die letzte Gruppe der wirbellosen Tiere sind die meist 5strahlig radiärsymmetrischen **Stachelhäuter**, die im Meer leben. In ihre Haut sind in charakteristischer Weise Kalkskelett-Elemente, z.T. mit Stacheln, eingebettet.
Es folgen die Wirbeltiere: Die **Fische** unterteilen sich in Knorpel- und Knochenfische, von denen Vertreter der Meeresfische und Süßwasserfische vorgestellt werden; alle erwachsenen Fische atmen mit Kiemen.
Amphibien hingegen besiedeln sowohl Wasser als auch Land; zur Fortpflanzung kehren sie mit Ausnahme des lebendgebärenden Alpensalamanders ins Wasser zurück. Typische Schwanzlurche sind Salamander und Molche, deren Skelett noch teilweise knorpelig bleibt. Das kennzeichnende Merkmal der Froschlurche, vertreten durch Frösche, Kröten und Unken, ist deren drüsenreiche Haut sowie ihr großes Springvermögen.
Im Gegensatz hierzu ist die Haut der **Reptilien**, repräsentiert durch Echsen und Schlangen, trocken, sehr drüsenarm, oft durch Hornschuppen oder -platten verstärkt, bzw. mit Knochenplatten unterlegt.
Die umfangreiche Klasse der **Vögel** wird auf Grund ihrer sehr unterschiedlichen Erscheinungsformen in – hier nicht immer der wissenschaftlichen Systematik entsprechende – Gruppen aufgespalten und durch jeweils mehrere Vertreter repräsentiert. Dabei nehmen die Singvögel den größten Raum ein: Sie reichen von den Schwalben bis zu den Rabenvögeln (sie gehören tatsächlich dazu!) und zeichnen sich durch einen komplizierten Stimmapparat aus; ihre Jungen sind Nesthocker.
Eine Reihe von Merkmalen unterscheidet die **Säugetiere** von den übrigen Wirbeltieren, von denen hier als wichtigste die Milchdrüsen, deren Sekret zum Säugen der Nachkommen dient (Name) und die echten Haare genannt werden sollen. Als Warmblüter halten Säugetiere wie die Vögel eine weitgehend konstante Körpertemperatur aufrecht, ausgenommen Winterschläfer wie z.B. Fledermäuse und Igel.

Fachbegriffe, die sich nicht vermeiden ließen

Detritus organische Reste abgestorbener Tiere und Pflanzen

einhäusig weibliche und männliche Geschlechtsorgane/Blüten befinden sich auf ein und derselben Pflanze

fertil fruchtbar, fruchtend

Flügelmal ein durch Adern begrenztes, verstärktes Feld nahe der Spitze im Flügel der Libellen, oft auffallend gefärbt

Fotosynthese Aufbau organischer Verbindungen in grünen Pflanzen aus Wasser und Kohlendioxid unter Verwendung von Sonnenlicht

Hexenringe ringförmige Anordnung von Pilzfruchtkörpern

Imago erwachsenes, geschlechtsreifes Insekt (Vollinsekt); Mehrzahl: Imagines

Kätzchen meist hängende, traubige oder ährige Blütenstände mit unscheinbaren Einzelblüten

Mauser Gefiederwechsel der Vögel

Mycorrhiza »Pilzwurzel«, Lebensgemeinschaft des Pilzgeflechtes mit der Wurzel einer höheren Pflanze

Nestflüchter Vögel, die in weit entwickeltem Zustand aus dem Ei schlüpfen und das Nest spätestens nach einem Tag verlassen

Nesthocker Vögel, die relativ unentwickelt schlüpfen, sich noch nicht fortbewegen können und längere Zeit im Nest bleiben

Osmose Aufnahme oder Abgabe gelöster Stoffe durch eine Membran

Pappus aus dem Kelch der Blüte gebildete Haarkrone, dient wie ein Fallschirm der Windverbreitung der Samen

Parasit Schmarotzer; Organismus, der in oder an einem Wirtsorganismus auf dessen Kosten lebt und ihn schädigt

proterandrisch »vormännlich«; die männlichen Geschlechtsorgane bzw. -produkte reifen vor den weiblichen

radiärsymmetrisch »strahlensymmetrisch«; eine Blüte lässt sich durch mehr als zwei Schnittebenen in spiegelbildliche Hälften zerlegen

Rhizom unterirdischer Speichersproß mit Schuppenblättern

Ruderalstandorte durch Menschen geschaffene, meist stickstoffreiche Böden (Schuttplätze, Weg- und Straßenränder, Bahndämme)

Schlichtkleid unauffälliges Federkleid der Vogelweibchen, z. T. auch der -jungen; Vogelmännchen mausern im Sommer vom auffälligen Pracht- zum Schlichtkleid

spiegelsymmetrisch eine Blüte lässt sich nur durch eine Symmetrieebene in zwei spiegelbildliche Hälften zerlegen

Sporangien Sporenbehälter, Sporenkapsel (Moose, Farne)

Sporen ungeschlechtlich gebildete Fortpflanzungseinheiten von Bakterien, Pilzen, Algen, Moosen und Farnpflanzen

steril unfruchtbar

Strichvogel Vogelart, die nach der Brutzeit (meist um ein ausreichendes Nahrungsangebot vorzufinden) umherzieht

Symbiose Lebensgemeinschaft verschiedenartiger Organismen zu beiderseitigem Nutzen

Teilzieher Vogelart, bei der nur ein Teil der Individuen ins Winterquartier abwandert, der Rest ganzjährig im Brutgebiet bleibt

Thallus einfacher Pflanzenkörper ohne Gliederung in Wurzel, Sproß und Blätter

Triften als Weide genutzte trockene, steinige Wiesen und Hänge

Wedel Blätter der Farne

zweihäusig weibliche und männliche Geschlechtsorgane/Blüten befinden sich auf verschiedenen Pflanzen

Abkürzungen

M Merkmale
V Vorkommen
B Besonderheiten
L Lebensweise, Entwicklung
F Fortpflanzung
♂ Männchen, männlich
♀ Weibchen, weiblich
∅ Durchmesser
G Gefährdung nach den Roten Listen

Die Roten Listen unterscheiden mehrere Gefährdungsgrade, von der Kategorie »vom Aussterben bedroht« über »stark gefährdet« und »gefährdet« bis zur sogenannten »Vorwarnliste«. Das G nach dem Artnamen weist auf eine Bedrohung der Art hin, ohne Details (auch Unterschiede in den einzelnen Ländern) aufzuführen.
Deshalb ist es auch nicht möglich, auf die unterschiedlichen Schutzbestimmungen einzugehen.

Welche Fotos zu welchem Text gehören, erkennt man am Positionsanzeiger in der Überschriftenzeile. Beispiel von S. 370: Zum Lindenschwärmer gehört das zweite Foto von oben und das links darunter.

Fichtensteinpilz

Boletus edulis

M Hut halbkugelig, hell- bis dunkelbraun (∅ bis 30 cm); Röhren weiß, später gelblich bis olivgrün. Stiel bis 15 cm, keulenförmig bis dickbauchig, im oberen Drittel mit deutlicher Netzstruktur. Fleisch fest, weiß, unter der Huthaut bräunlich; bei Verletzung unverändert.

V Juli bis November. In Laub- und Nadelwäldern, gerne auf sauren Böden. Tritt in manchen Jahren massenweise auf.

B Ausgezeichneter Speisepilz mit nussartigem Geschmack, der auch den anderen Steinpilz-Arten eigen ist. Verwechslung mit dem ungenießbaren Gallenröhrling möglich!

Flockenstieliger Hexenröhrling

Boletus erythropus

M Hut polsterförmig, samtig, dunkelbraun (∅ bis 20 cm); Röhren gelblich mit roten Mündungen, auf Druck und Verletzung blauend. Stiel bis 12 cm, keulig bis dickbauchig, ohne Netzzeichnung; auf gelbem Grund dicht mit roten Flöckchen besetzt. Fleisch gelb, im Schnitt tief schwarzblau.

V Mai bis Oktober. In Laub- und Nadelwäldern.

B Sehr schmackhafter Speisepilz, roh jedoch giftig!

Gallenröhrling

Tylopilus felleus

M Hut halbkugelig, oft mit gewelltem Rand, hellbraun (∅ bis 15 cm); Röhren weiß, später rosa (Unterschied zum Steinpilz!). Stiel bis 15 cm, hellbraun, keulig, immer mit deutlicher brauner Netzaderung. Fleisch weiß.

V Juni bis Oktober. In Nadelwäldern mit sauren Böden, besonders gern unter Fichten und Kiefern.

B Wegen seines gallebitteren Geschmacks ungenießbar.

Maronenröhrling

Xerocomus badius

M Hut flach gewölbt, esskastanienbraun (∅ bis 15 cm); Röhren weiß, dann gelbgrün, auf Druck leicht blauend. Stiel bis 14 cm, zylindrisch, gelb-braun, oft faserig längs gestreift, nie mit Netzstruktur. Fleisch fest, später schwammig, weiß-gelb, im Schnitt blauend.

V Juli bis November. Meist in Nadelwäldern, auf sauren Böden.

B Wie Steinpilz sehr schmackhaft, seit Tschernobyl jedoch immer noch sehr stark mit radioaktivem Caesium belastet. Verwechslung mit Steinpilz oder Gallenröhrling.

Birkenpilz

Leccinum scabrum

M Hut polsterförmig, hell- bis schwarzbraun (∅ bis 12 cm); Röhren weißgrau, ragen bauchig unter dem Hutrand hervor. Stiel weiß mit braunschwarzen Schüppchen (Raufußpilze!), bis 15 cm, keulenförmig schlank. Fleisch weiß, fest, wird aber leicht schwammig.

V Juni bis Oktober. Meist unter Birken (Name!) in Wäldern, Parks.

B Jungpilze sind gute Speisepilze. Leicht mit anderen *Leccinum*-Arten zu verwechseln, die jedoch gleichfalls essbar sind.

Heiderotkappe

Leccinum versipelle

M Hut halbkugelig bis flach gewölbt (∅ bis 20 cm), orange bis ziegelrot. Huthaut rotkappentypisch am Rand kurz überstehend; Röhren grauweiß. Stiel bis 22 cm, weiß mit schwarzen Schuppen. Fleisch weiß, nach Anschnitt grauviolett bis schwarz verfärbend.

V Juni bis Oktober. Stets unter Birken (Mycorrhizapilz!).

B Guter Speisepilz. Verwechslung mit dem oben beschriebenen Birkenpilz und anderen Rotkappen, die streng an andere Baumarten (Espe, Hainbuche, Eiche, Kiefer u. a.) gebunden sind.

Butterröhrling

Suillus luteus

M Hut buckelig gewölbt, dunkelbraun, bei Feuchtigkeit deutlich schleimig (∅ bis 12 cm); Röhren leuchtend dottergelb. Stiel bis 6 cm, weißgelb mit häutigem, weiß-violettem Ring. Fleisch gelblich-weiß, wird schnell sehr weich.

V Juli bis November. Immer unter Kiefern.

B Guter Speisepilz; Huthaut sollte vorher abgezogen werden. Kann bei empfindlichen Personen Unverträglichkeit hervorrufen. Verwechslung mit anderen, ebenfalls essbaren *Suillus*-Arten!

Goldröhrling

Suillus grevillei

M Hut buckelig, schleimig, goldbraun (∅ bis 10 cm); Röhren erst goldgelb, dann dunkler. Stiel bis 10 cm, gelbbraun mit schmaler, schleimiger Ringzone. Fleisch gelblich, sehr zart.

V Juni bis November. Stets unter Lärchen.

B Guter Speisepilz. Leicht mit anderen lärchenbegleitenden Röhrlingen oder dem oben beschriebenen Butterröhrling zu verwechseln.

Wiesenchampignon, Feldegerling

Agaricus campestris

M Hut halbkugelig bis konvex, weiß mit abziehbarer, leicht schuppiger Haut (∅ bis 10 cm), Lamellen rosa, später schokoladenbraun. Stiel bis 8 cm, weiß, mit häutigem, schwach ausgebildetem Ring. Fleisch weiß, im Schnitt leicht rötend. Geruch und Geschmack angenehm.

V Mai bis Oktober. Oft massenhaft in gedüngten Wiesen, Feldern, an lichten Waldrändern; häufig in sog. Hexenringen.

B Schmackhafter Speisepilz, kann mit anderen Champignon-Arten, v. a. dem folgenden Waldchampignon, verwechselt werden.

Waldchampignon

Agaricus silvaticus

M Hut anfangs gewölbt, dann abflachend, zimt- bis dunkelbraun, faserig geschuppt (∅ bis 8 cm); Lamellen erst rosa, dann braun. Stiel feinfaserig weißlich mit hängendem Ring, basal leicht verdickt. Fleisch weiß, im Schnitt stark rötend. Geruch neutral.

V Juli bis Oktober. In Wäldern, v. a. unter Fichten und Buchen.

B Guter Speisepilz. Verwechslungsgefahr mit giftigen, braunhütigen Champignon-Arten, deren Fleisch jedoch im Schnitt gelb färbt.

Grüner Knollenblätterpilz

Amanita phalloides

M Hut erst kugelig, dann flach, gelb- bis olivgrün (∅ bis 15 cm); Lamellen weiß. Stiel bis 15 cm, weiß, blassgrünlich genattert (= zickzackartiges Quermuster), die knollige Basis (fehlt Champignons!) immer in einer häutigen, weißen Scheide, oft unterirdisch. Fleisch weiß, riecht unangenehm süßlich, honigartig.

V Juli bis Oktober. In Wäldern, Parks und Gärten, bevorzugt unter Eichen und Buchen, Haseln und Kastanie.

B Tödlich giftig! Wird immer wieder mit Champignons verwechselt, die jedoch nie weiße Lamellen aufweisen.

Weißer Knollenblätterpilz

Amanita phalloides var. verna

M Hut kugelig bis flach, weiß, bei Nässe schmierig (∅ bis 10 cm); Lamellen weiß. Stiel bis 15 cm, weiß, genattert, entspringt einer weiß bescheideten, oft tief im Boden steckenden Knolle (Name!). Fleisch weiß, riecht aufdringlich süßlich.

V Juni bis September. In Laub- und Mischwald.

B Wie der oben beschriebene Grüne Knollenblätterpilz tödlich giftig!

Parasolpilz

Macrolepiota procera

M Hut blassbraun mit vielen dunklen Hautschuppen, reif schirmartig ausgebreitet (∅ bis 30 cm), Jungpilze wie Paukenschlegel geformt; Lamellen weiß, frei, vom Stiel durch einen im Alter verschiebbaren Ring getrennt. Stiel bis 30 cm, bräunlich genattert, hohl, im Alter zähfleischig; Geruch und Geschmack nussartig.

V Juli bis November. Lichte Wälder, Wegränder, Parks, Gärten.

B Wohlschmeckender Speisepilz, dessen Hutfleisch zum Trocknen, Braten oder als paniertes Schnitzel vorzüglich geeignet ist. Verwechslungsgefahr mit kleineren, z. T. giftigen Schirmlingen, denen jedoch der verschiebbare Ring am Stiel fehlt.

Perlpilz

Amanita rubescens

M Hut fleischfarben bis bräunlich mit schmutzigweißen, leicht abwischbaren Hautresten (∅ bis 15 cm); Hutrand glatt, Lamellen weiß, alt rötlich gefleckt. Stiel bis 15 cm, weiß bis hautfarben mit knolliger Basis ohne Ringwulst, Manschette deutlich gerieft. Fleisch weiß, auf Druck oder im Schnitt rötend.

V Juni bis Oktober. In Laub- und Nadelwäldern.

B Essbar, sollte jedoch nur gegart verzehrt werden. Verwechslungsgefahr mit dem ähnlichen, giftigen Pantherpilz *(A. pantherina)*, dessen Hutrand deutlich gerieft, die Manschette jedoch glatt ist; sein weißes Fleisch rötet nicht und riecht rettichartig.

Fliegenpilz

Amanita muscaria

M Hut leuchtend rot mit weißen Flöckchen, die vom Regen abgewaschen sein können (∅ bis 20 cm); Lamellen weiß. Stiel bis 25 cm, weiß mit hängender Manschette, Basis knollig verdickt, mit Warzenkränzen. Fleisch weiß, unter der Huthaut stets gelb.

V August bis November. In allen Waldtypen, oft unter Birken und Fichten; überall häufig.

B Giftig! Fliegenpilze sind kaum mit anderen Pilzen zu verwechseln; sie enthalten Nervengifte, die zu Bewusstseinstrübungen, Rauschzuständen, Lähmungen, in sehr hoher Dosis auch zum Tod führen können.

Nebelgrauer Trichterling, Graukappe

Lepista nebularis

M Hut grau bis graubraun, fleischig, selten trichterartig eingesenkt (∅ bis 15 cm); Lamellen weißlich, mäßig weit am Stiel herablaufend. Stiel bis 10 cm, weißgräulich, keulig, im Alter hohl. Fleisch weiß mit unangenehm süßlich-mehligem Geruch und Geschmack.

V September bis November. In Laub- und Nadelwäldern, dabei oft in Reihen oder Ringen angeordnet.

B Nur bedingt essbar, jedoch immer vorher abkochen! Verwechslungsgefahr mit dem giftigen Riesenrötling (Lamellen rötlich)!

Violetter Rötelritterling

Lepista nuda

M Hut bräunlich-violett bis lila, flach bis trichterförmig (∅ bis 10 cm), Rand eingerollt; Lamellen violett, dicht gedrängt, breit vom Stiel aufsteigend. Stiel bis 10 cm, blasslila, zylindrisch, Basis mit violettem Mycel. Fleisch violett, zart mit würzigem Geruch.

V September bis November, manchmal auch April bis Mai. In Wäldern, Parks und Gärten sowie Kompostanlagen; oft in Hexenringen.

B Nach Abbrühen essbar, dann sehr schmackhaft.

Maipilz, Georgsritterling

Calocybe gambosa

M Hut hufartig gewölbt bis abgeflacht (∅ bis 10 cm), weiß bis cremefarben; Lamellen cremeweiß, sehr eng stehend. Stiel bis 8 cm, weiß. Fleisch ebenfalls weiß, Geruch nach ranzigem Mehl.

V April bis Juni. Lichte Wälder, Parks, Gärten.

B Sehr guter Speisepilz, der jedoch mit Jungpilzen des giftigen Ziegelroten Risspilzes *(Inocybe erubescens)* verwechselt werden kann.

Rötlicher Holzritterling

Tricholomopsis rutilans

M Hut rötlich-violett, gewölbt, feinfilzig (∅ bis 15 cm); Lamellen gelb. Stiel bis 12 cm, zylindrisch, violett, filzig, im Alter hohl. Fleisch leuchtend gelb mit muffigem Geruch und Geschmack.

V Juni bis November. Auf abgestorbenen Nadelholzstümpfen.

B Bedingt essbar, jedoch nur schwer verdaulich.

Samtfußrübling

Flammulina velutipes

M Hut gewölbt bis flach ausgebreitet (∅ bis 6 cm), honiggelb bis bräunlich, Huthaut klebrig, Rand oft durchscheinend gerieft; Lamellen weiß-gelblich. Stiel bis 10 cm, zylindrisch, gelbbräunlich mit braun-samtigem Fuß (Name!); Fleisch weiß-gelblich, im Alter zäh.

V Oktober bis März. Büschelig an totem und lebendem Laubholz.

B Schmackhafter Speisepilz, jedoch nur der Hut verwendbar.

Stockschwämmchen

Kuehneromyces mutabilis

M Hut schirmartig gewölbt (∅ bis 6 cm), honiggelb bis zimtbraun, hygrophan (je nach Wassergehalt heller oder dunkler); Lamellen gelb bis zimtbraun, dicht gedrängt, laufen etwas am Stiel herab. Stiel bis 8 cm, dünn, oft gebogen, feinschuppig mit häutigem Ring. Fleisch weißlich, angenehmer Geruch und Geschmack.

V Mai bis November. In vielzähligen Büscheln an abgestorbenem Laubholz.

B Wohlschmeckender Suppenpilz. Kann mit anderen büschelig an Holz wachsenden, z. T. giftigen Pilzarten verwechselt werden.

Gemeiner Hallimasch

Armillaria ostoyae

M Hut buckelig (∅ bis 10 cm), feinschuppig honigfarben bis braun; Lamellen blass fleischfarben. Stiel bis 14 cm, schlank, bräunlich-gelb mit weißem Ring; Fleisch weiß bis bräunlich, im Stiel zäh.

V September bis November. In Büscheln an lebendem und totem Laub- und Nadelholz; gefürchteter Holzparasit.

B Guter Speisepilz, aber nur Hüte verwenden. Abkochen und Kochwasser weggießen, danach gut durchbraten!

Sparriger Schüppling

Pholiota squarrosa

M Hut glockig (∅ bis 10 cm), rostig gelb, sparrig braun geschuppt, auch bei Regen immer trocken, Rand eingerollt, fransig; Lamellen olivgelb, leicht herablaufend. Stiel bis 8 cm, wie Hut gefärbt, sparrig beschuppt, mit flockig-schuppigem Ring. Fleisch blassgelb. Geruch aufdringlich würzig.

V September bis November. Büschelig am Fuß lebender Laub- und Nadelbäume

B Nach Abkochen bedingt essbar. Verwechslung mit dem oben beschriebenen Gemeinen Hallimasch.

Schopftintling

Coprinus comatus

M Hut walzenförmig, bis 12 cm hoch, schirmt glockig auf. Jungpilz faserig-schuppig, weiß mit bräunlichem Scheitel, Lamellen weiß, dann rötlich. Stiel bis 20 cm, weiß, hohl, mit beweglichem, schmalem Ring. Der Hut des reifen Pilzes löst sich vom Rand her auf und zerfließt wie die Lamellen tintenartig.

V Mai bis November. Gedüngte Wiesen, Gärten, Wegränder.

B Jung mit geschlossenem (!) Hut ein ausgezeichneter Speisepilz. Verwechslung mit anderen, ungenießbaren Tintlingen möglich.

Speisetäubling

Russula vesca

M Hut flach gewölbt (∅ bis 12 cm), fleischbräunlich, bei Regen leicht schmierig; Lamellen cremeweiß, ragen meist 1–2 mm über die Hutkante hinaus. Stiel bis 8 cm, weiß mit zugespitzter Basis; Fleisch weiß, fest. Geruch unauffällig, Geschmack nussartig.

V Juni bis Oktober. In Laub- und Nadelwäldern, gern auf Sand.

B Wohlschmeckender Speisepilz, kaum mit den ungenießbar scharfen, rothütigen Täublingen zu verwechseln.

Fichtenblutreizker

Lactarius deterrimus

M Hut lachsfarben bis orange, im Alter grünfleckig (∅ bis 10 cm), Huthaut feucht schmierig; Lamellen orange, dicht, angewachsen am Stiel herablaufend. Stiel bis 6 cm, hutfarben, ungefleckt. Fleisch gelblichweiß; Milchsaft direkt nach Schnitt karottenrot, nach 15–30 Minuten weinrot. Geschmack bitter.

V August bis Oktober. Im Nadelwald unter Fichten.

B Wegen des bitteren Geschmacks nur bedingt essbar. Ähnlich ist der unter Kiefern wachsende Echte Reizker (L. deliciosus), dessen Stiel gefleckt ist und dessen Milchsaft sich nicht weinrot färbt.

Echter Pfifferling

Cantharellus cibarius

M Hut schwach gewölbt bis trichterig vertieft (∅ bis 12 cm), hell- bis dottergelb (»Eierschwamm«), Rand unregelmäßig gebogen; Leisten mit Gabelungen und Querverbindungen. Stiel bis 8 cm, hutfarben. Fleisch weiß, fest, Geruch fruchtig, Geschmack roh pfeffrig.

V Juni bis November. In Laub- und Nadelwäldern.

B Ausgezeichneter Speisepilz, der gut zerkleinert zubereitet werden sollte. Wird beim Trocknen zäh, durch Einfrieren bitter.

Krause Glucke

Sparassis crispa

M Fruchtkörper wirkt von weitem wie ein Badeschwamm (∅ bis 40 cm) mit krauser Oberfläche (Name!), vielen innen liegenden Hohlräumen und strunkartiger Basis. Oberfläche fleischfarben bis ocker. Fleisch weißlich, brüchig; Geruch angenehm würzig, Geschmack nussartig, im Alter bitter.

V August bis November. Wurzelparasit meist an Kiefern, auch an Fichten oder Lärchen.

B Ausgezeichneter, sehr ergiebiger (bis 5 kg) Speisepilz, der, gut zerkleinert und gesäubert, ausreichend geschmort oder gebraten ähnlich wie Morcheln schmeckt.

Flaschenstäubling

Lycoperdon perlatum

M Fruchtkörper umgekehrt-flaschenförmig, bis 8 cm hoch, der kugelige Kopfteil mit leicht abwischbaren Stacheln besetzt. Jungpilze sind weißlich, bräunen allmählich; ihr Fleisch ist durchgehend weiß. Abgefallene Stacheln hinterlassen ein Netzmuster. Der Scheitel alter Pilze mit zentraler Öffnung, aus der das im Inneren aus der weißen Fruchtmasse (Gleba) entstandene olivbraune Sporenpulver auf Erschütterung ausstäubt (Name!). Geruch und Geschmack würzig.

V Juli bis November. In Laub- und Nadelwäldern, gern gesellig.

B Nur der innen noch reinweiße Jungpilz ist nach Abwischen der Stacheln ein hervorragender Bratpilz.

Dickschaliger Kartoffelbovist

Scleroderma citrinum

M Fruchtkörper ungestielt, rundlich-knollig (∅ bis 10 cm), kartoffelähnlich (Name!); die derbe, grobschorfige Außenhaut ist ockerbräunlich, das feste Fleisch im Schnitt schon früh schiefergrau, wandelt sich in eine olivschwärzliche Sporenmasse. Geruch unangenehm stechend.

V Juli bis November. In Laub- und Nadelwäldern; recht häufig.

B Giftig! Verwechslungsgefahr mit anderen, in jungem Zustand essbaren Bovisten und Stäublingen.

Stinkmorchel

Phallus impudicus

M Die Jugendform dieser Art bildet ein zunächst unterirdisches weißes, von einer gelbbräunlichen Gallerte umhülltes, bis 6 cm hohes »Hexenei«, das im Inneren bereits den gesamten reifen Fruchtkörper erkennen lässt. Innerhalb weniger Stunden streckt sich der weiße, poröse, bis 20 cm hohe Stiel zum reifen Pilz mit glockig-wabigem Hut, der von einer olivgrünen, stark nach Aas riechenden (Name!) Sporenmasse bedeckt ist. Der Aasgeruch lockt Insekten an, die für die Verbreitung der Sporen sorgen.

V Mai bis November. In Wäldern, Gärten und Parks; häufig.

B Der ausgereifte Pilz ist wegen seines unangenehmen Geruchs ungenießbar, das geschlossene Hexenei riecht rettichartig und kann, ohne Gallerthülle gebraten, verzehrt werden.

Spitzmorchel

Morchella conica

M Hut spitzkegelig braungrau, bis 12 cm hoch, mit längs gerichteten Waben; Hutkante mit Stiel verwachsen. Stiel bis 10 cm, weißgrau, wie der Hut innen hohl. Fleisch brüchig mit mildem Morchelgeruch.

V März bis Mai. In Wäldern, Gärten, Parks; gerne auf Rindenmulch.

B Sehr aromatischer Speisepilz; gut zum Trocknen geeignet.

Frühjahrslorchel

Gyromitra esculenta

M Hut hell oder dunkel rotbraun mit gehirnartigen Windungen (∅ bis 8 cm), innen mit Hohlräumen. Stiel bis 5 cm, grauweiß, oft lila überhaucht, vollfleischig mit faltiger Oberfläche. Geruch aromatisch.

V März bis Mai. Im Nadelwald, v. a. unter Kiefern.

B Giftig! Von den ähnlichen Morcheln durch deren wabenartige Hutstruktur unterschieden.

Zunderschwamm

Fomes fomentarius

M Fruchtkörper konsolenförmig, bis 30 cm breit und bis 25 cm vom Holz abstehend; oben hellgrau bis bräunlich, ältere Bereiche durch Algen grünlich, junge Kanten weiß. Röhren sehr fein, rund, weißgrau. Fleisch rostbraun, holzig, an der Anwachsstelle mit hellem Mycelkern.

V Mehrjähriger Parasit an lebenden und toten Laubstämmen, v. a. Rotbuche und Birke. Weißfäule-Erreger.

B Wurde früher zum Feueranzünden genutzt (Name!).

Pflaumenflechte

Evernia prunastri

M Bartflechte, deren Thallus (Flechtenkörper) in zahlreiche bandförmige Äste gegliedert ist, die in locker hängenden Bärten oder Büscheln vom Substrat nach unten hängen. Thallusoberseite grüngrau, Unterseite grauweiß. Die Thallusränder und Teile der Oberfläche weisen vegetative Fortpflanzungseinheiten (Soredien) auf, aus denen wieder neue Flechtenkörper entstehen können. Geschlechtliche Fortpflanzung ist äußerst selten.

V Auf Bäumen; verbreitet, häufig. Selten auf Gestein.

B Spielt seit Jahrhunderten in der Parfumherstellung eine wichtige Rolle: Everninsäure bildet einen Hauptbestandteil der »Mousse de chêne« bzw. »Mousse odorante«. Die Art zeigt auch eine ähnliche pharmazeutische Wirkung bei Atemwegserkrankungen wie das bekannte Isländisch Moos *(Cetraria islandica)*.

Schüsselflechte

Parmelia sulcata

M Blattflechte mit blaugrauen Blättchen, an deren Rändern ein dichtes Netz weißer Linien auffällt: besondere Aufbrüche der Rinde, die dem Gasaustausch dienen und in denen sich später vegetative Vermehrungseinheiten (Soredien) bilden.

V Auf Rinde und Gestein häufig und weit verbreitet.

B Leicht mit ähnlichen Flechten aus dieser sehr vielgestaltigen Flechtengruppe zu verwechseln.

Trompetenflechte

Cladonia fimbriata

M Krustenflechte mit aufrechtem Thallus aus sehr schlanken, trompetenähnlichen Bechern (Name!), die über ihre ganze Fläche verteilt vegetative Fortpflanzungskörper (Soredien) aufweisen.

V Auf Humus und Holz; weit verbreitet und häufig.

B Pionierflechte v. a. auf sauren Böden.

Gewöhnliche Gelbflechte

Xanthoria parietina

M Blattflechte; Thallus orangegelb, besteht aus flachen, 1–5 mm breiten Blättchen, die reich mit orangefarbenen Apothecien (Fruchtkörper, die der sexuellen Fortpflanzung dienen) besetzt sind.

V Holz und Gestein; sehr häufig und weit verbreitet.

B Wurde früher zum Färben von Kleidungsstücken genutzt.

Frauenhaarmoos

Polytrichum formosum

M Lockere, ausgedehnte dunkel- bis blaugrüne Polster. Stängel meist unverzweigt aufrecht, bis 15 cm; Blättchen 8–12 mm, lineal-lanzettlich, spiralig sparrig abstehend, trocken am Stängel anliegend. Kapselstiel bis 8 cm, gelbrot; Kapsel 4–6kantig, gelb, aufrecht oder geneigt, mit faseriger Haube. Sporen braun.
V Schattige, trockene bis mäßig feuchte Wälder mit sauren Böden.
B Ähnlich dem Goldenen Frauenhaarmoos *(P. commune)*, das seinen Namen der goldgelben Kapselhaube verdankt.

Weißmoos

Leucobryum glaucum

M Dichte, weißlich bis bläulichgrüne Halbkugelpolster, innen weiß (Name!). Stängel bis 15 cm, aufrecht, gabelig bis büschelig verzweigt. Blätter spiralig, leicht abstehend, bis 5 cm; eiförmig-lanzettlich, an der Spitze eingerollt. Fruchtet selten. Kapselstiel bis 7 cm, mit winziger, glänzend dunkelbrauner Kapsel.
V Laub- und Nadelwälder, Heiden, Torfböden.
B Typischer Säurezeiger. Die umfangreichen Polster können in besonders versteiften »Wasserzellen« sehr viel Wasser speichern.

Sternmoos

Mnium undulatum

M Lockere, ausgedehnte sattgrüne, im Schatten gelbgrüne Rasen. Sterile Stängel wedelartig gebogen, unverzweigt; Blätter zungenförmig, bis 15 mm, stark querwellig. Fertile Stängel oben bäumchenartig verzweigt; 2häusig, fruchtet selten. Kapselstiel bis 4 cm, gelbrot, meist 2–10 Kapselstiele pro Stängelspitze. Kapsel walzenförmig, grüngelb bis braun.
V Schattige, feuchte Wälder und Wiesen.
B Meidet saure Böden, wächst auch gerne auf morschem Holz.

Torfmoos

Sphagnum palustre

M Ausgedehnte und blassgrüne schwammige, stark wasserspeichernde Rasen. Stängel bis 25 cm, unten quirlig, oben schopfig verzweigt. Blätter spiralig, dachziegelartig übereinander angeordnet. Kapselstiel etwa 1 cm, mit kugeliger, schwarzbrauner Kapsel.
V Feuchte, saure Wälder, Moore, Gräben. Schattenliebend.
B Torfmoose sind wurzellos; sie wachsen an der Spitze, sterben am unteren Ende ab und vertorfen (Entstehung von Hochmooren!).

Sprossender Bärlapp

Lycopodium annotinum

M Stängel kriechend, Äste bis 30 cm aufsteigend, gabelig verzweigt. Blätter nadelförmig, bis 9 mm, spiralig waagrecht vom Spross abstehend. Sporenähre (Sporophyllstand) einzeln aufrecht an der Sprossspitze, erscheint im August bis September.

V Feuchte, schattige Nadelwälder und Heiden.

B Charakteristisch für Bärlappe ist die gabelige Verzweigung ober- und unterirdischer Pflanzenteile.

Ackerschachtelhalm

Equisetum arvense

M Vor den sterilen grünen Trieben erscheinen im März/April unverzweigte, fertile braune Triebe mit aufrechten zimtbräunlichen Sporenähren. Blattscheiden der Sporentriebe bauchig, mit 6–12 schwarzen Zähnen. Sterile grüne Triebe bis 50 cm, 6–8furchig, innen hohl, aus ineinander geschachtelten Abschnitten aufgebaut (Name!); jeder Abschnitt oben mit einer Scheide aus 6–19 verwachsenen, lanzettlichen Blättchen. Äste quirlständig, 4–5kantig.

V Äcker, Wiesen, Wegränder, Bahndämme. Sehr häufig.

B Wurde früher wegen seines Kieselsäuregehaltes zum Putzen von Zinngeschirr verwendet (»Zinnkraut«); in der Pflanzenheilkunde nutzt man ihn heute noch wegen seiner gerinnungshemmenden Wirkung.

Waldschachtelhalm

Equisetum silvaticum

M Triebe hellgrün, hohl, mit 7–12 feinen Rippen, bis 60 cm, aus einzelnen, ineinander geschachtelten Abschnitten aufgebaut. Jeder Abschnitt oben mit einer glockigen Scheide aus 3–5 eiförmigen, grünen bis rötlichbraunen, über die Mitte hinaus miteinander verwachsenen Blättchen. Äste 4–5rippig, quirlig, bogig überhängend, nochmals quirlig verzweigt. Die Sporenähre erscheint von April bis Juni auf astlosen, bleichen, später vergrünenden Trieben.

V Feuchte, schattige Wälder, Quellsümpfe; kalkmeidend.

B Nach der Reife fällt die Sporenähre der fertilen Triebe meist ab, die bleichen, astlosen Triebe ergrünen und verzweigen sich.

Mauerraute

Asplenium ruta-muraria

M Wedel graugrün, bis 30 cm, derb, büschelig am gestauchten Wurzelstock; wintergrün. Blattstiel graugrün, mindestens so lang wie die 3eckige bis rautenförmige, 2–3fach gefiederte Spreite. Sterile und fertile Wedel gleich. Sporangien in länglichen Häufchen (Sori) entlang den Nerven auf der Fiederunterseite.

V Sonnige Mauern und Kalkfelsen; sehr häufig.

B Formenreiche Art, deren Name sich aus ihrem Standort sowie der Rautenform der Blätter ableitet.

Brauner Streifenfarn

Asplenium trichomanes

M Wedel gelb- bis graugrün, bis 30 cm, in Büscheln am gestauchten Wurzelstock; wintergrün. Blattstiel kurz, wie die Spindel glänzend braunschwarz. Spreite 1fach gefiedert, Fiedern gegenständig, kurzstielig, länglich-rund. Sterile und fertile Wedel gleich. Sporangien blattunterseits in länglichen Häufchen (Sori) neben den Nerven.

V Trockene Mauern und Felsen.

B Fallen die Fiederblättchen vom Stiel ab, bleiben die schwarzen Stiele als »struppige Haare« neben beblätterten Wedeln stehen.

Tüpfelfarn

Polypodium vulgare

M Wedel dunkelgrün, bis 40 cm, einzeln am kriechenden Wurzelstock; wintergrün. Blattstiel hellgrün, so lang wie die 1fach fiederschnittige Spreite; Fiedern länglich, abgerundet, basal oft verschmolzen. Sterile und fertile Wedel gleich. Sporangien blattunterseits 2reihig in runden, gelben Sori, die durch die Fiedern hindurchscheinen (»Tüpfelfarn«).

V Kalkfreie Felsspalten, Moos, Baumstümpfe; im Halbschatten.

B Der Name »Engelsüß« kommt vom zuckerhaltigen Wurzelstock.

Buchenfarn

Thelypteris phegopteris

M Wedel hellgrün, bis 50 cm, weichhaarig, einzeln am kriechenden Wurzelstock; sommergrün. Wedel schmal 3eckig, doppelt gefiedert. Sterile und fertile Wedel gleich; Sori klein, rund, schleierlos; randständig an der Fiederunterseite.

V Feuchte, nährstoffreiche Wälder, v. a. Buchenwälder (Name!).

B Charakteristischerweise ist das unterste Fiederpaar im Schatten abwärts gebogen, in der Sonne steil nach oben gerichtet.

Rippenfarn

Blechnum spicant

M Wedel glänzend dunkelgrün, bis 50 cm, aus gestauchtem Wurzelstock in Rosetten aufsteigend oder liegend; wintergrün. Blattstiel kurz, braunrot, Spreite 1fach gefiedert. Fertile Wedel deutlich unterschieden: sie entspringen der Rosettenmitte, sind schmäler, rippenartig gefiedert (Name!); sommergrün. Unterseits mit je 2 strichförmigen Sporangienhäufchen (Sori).

V Feuchte, saure Wald- und Heideböden. Meidet Kalk!

B Auffällig sind die unterschiedlichen sterilen und fertilen Wedel.

Frauenfarn

Athyrium filix-femina

M Wedel hellgrün, bis 100 cm, stehen in Rosetten am gestauchten Wurzelstock; sommergrün. Blattstiel kurz, gelbrötlich mit schmalen Spreuschuppen; Spreite doppelt oder 3fach gefiedert. Sterile und fertile Wedel gleich; Sori länglich oder hakenförmig mit Schleier, unterseits 2reihig längs des Hauptnervs.

V Feuchte, schattige, kalkarme Wälder. Häufig.

B Sehr formenreich, während der Reife jedoch gut zu erkennen.

Wurmfarn

Dryopteris filix-mas

M Wedel dunkelgrün, bis 120 cm, stehen in Rosetten am gestauchten Wurzelstock; sommergrün. Blattstiel kurz, schwach spreuschuppig; Spreite doppelt gefiedert. Sterile und fertile Wedel gleich. Sori rund mit nierenförmigem Schleier, unterseits 2reihig längs des Hauptnervs. Im Frühjahr fallen die an der Spitze noch eingerollten jungen Wedel, die auch für andere Farn-Arten charakteristischen »Bischofsstäbe«, auf.

V Schattige, mäßig feuchte, nährstoffreiche Wälder. Häufig.

B Der Wurzelstock liefert für die Bandwurmtherapie geeignete Substanzen (Name!).

Adlerfarn

Pteridium aquilinum

M Wedel hellgrün, bis 200 cm, einzeln am unterirdisch kriechenden Wurzelstock; sommergrün. Blattstiel bis 1 m, Spreite 2–4fach gefiedert. Sterile und fertile Wedel gleich. Fiederunterseits linienförmige, schleierlose Sporangien, werden vom eingerollten Blattrand bedeckt.

V Wälder, Waldränder, Weiden. Bildet häufig große Bestände.

B Querschnitt des Blattstiels zeigt Doppeladler-Form (Name!).

Fichte, Rottanne

Picea abies

M Bis 50 m hoher und 2 m dicker Baum mit schuppiger, rotbrauner Borke (Rottanne). Nadeln matt glänzend dunkelgrün, bis 3 cm, stechend spitz, um den ganzen Zweig herum angeordnet; Lebensdauer 5–12 Jahre. 1häusig; blüht nur alle 3–4 Jahre im Mai/Juni: ♂ Blüten blattachselständig, kugelig 1,5–2 cm, anfangs purpurn, dann gelb; die ♀ Blütenstände aufrecht, 5–6 cm, endständig an vorjährigen Kronentrieben, anfangs gelbgrün, dann hellrot. Windbestäubung. Reife Zapfen nach unten hängend, braun, 10–16 cm lang, 3–4 cm dick, holzig; fallen als ganzer Zapfen herab.

V Frische bis feuchte, lehmige, sandige Böden; liebt feuchtes Klima. In Mischwäldern oder Reinbeständen, häufig angepflanzt.

B Wird bis 500 Jahre alt. Schnellwüchsig, Holz weich, harzig; wirtschaftlich ertragreiches Waldgehölz (Bau- und Möbelholz).

Weißtanne **G**

Abies alba

M Bis 60 m hoher, 3 m dicker Baum mit weißgrauer Schuppenborke; Krone im Alter gerundet (»Storchennestkrone«). Triebe behaart, Nadeln flach, stumpf oder leicht gekerbt, scheinbar 2zeilig gescheitelt angeordnet; oberseits dunkelgrün mit eingesenkter Mittelrippe, unten mit 2 silbrigweißen Längsstreifen (Name!); Lebensdauer 8–10 Jahre. 1häusig, Blütezeit Mai/Juni. Blütenstände nur im Wipfel an Vorjahrestrieben: ♂ Blüten bis 2,5 cm, gelblich, einzeln in den Blattachseln. ♀ Blütenzapfen bis 3 cm, stets aufrecht, erst rötlich-violett, dann hellgrün. Windbestäubung. Reife Zapfen bis 15 cm, hellrotbraun, zerfallen nach der Reife, die verholzte Spindel bleibt noch jahrelang am Baum stehen. Samenreife September/Oktober.

V Feuchte, nährstoffreiche Mischwälder; bildet auch Reinbestände.

B Wird bis 600 Jahre alt. Holz weich, elastisch. Durch Umwelteinflüsse heute gefährdet.

Waldkiefer, Föhre

Pinus silvestris

M Bis 50 m hoher Baum mit rötlicher Rinde und rötlich graubrauner, rissiger Schuppenborke. Kurztriebe mit je 2 blaugrünen, zugespitzten, 4–7 cm langen Nadeln in einer Nadelscheide; die Nadeln sind oft gedreht. 1häusig, blüht fast jährlich im Mai/Juni. Junge Langtriebe mit gelblichen, 6–7 mm langen ♂ Blüten; ♀ Blütenstände eiförmig-kugelig, 5–6 mm, rosarot, zu je 1–2 am Ende junger Langtriebe. Windbestäubung. Die kurz gestielten, anfangs grünlichen Zapfen hängen herab, reifen im 2. Jahr zu graubraunen, 5–7 cm langen und 2–4 cm breiten holzigen Zapfen, die sich zu Beginn des 3. Jahres weit spreizend öffnen. Nach der Samenausstreuung bleiben die Zapfen meist noch einige Jahre am Baum.

V Auf trockenen bis nassen Böden; Fels, Sand, Lehm und Moore. Bildet reine Bestände oder mit anderen Nadel- und Laubbäumen.

B Anspruchsloser, widerstandsfähiger Forstbaum, der v. a. Bau- und Möbelholz liefert. Kann bis 300 Jahre alt werden.

Bergkiefer, Latsche

Pinus mugo

M Niederliegender, mehrstämmiger Großstrauch, selten 1stämmiger, bis 25 m hoher Baum mit längsrissiger, schwarzgrauer Schuppenborke. Kurztriebe mit je 2 steif zugespitzten, 2–8 cm langen, am Rand fein gesägten Nadeln in bleibenden Nadelscheiden. 1häusig; Blütezeit Juni/Juli. Junge Langtriebe am Grunde mit vielen gelben, walzlichen, 10–15 mm langen ♂ Blüten; ♀ Blütenstände blassrosa bis rot, aufrecht, 5–10 mm lang, zu 1–4 am Ende junger Langtriebe. Windbestäubung. Die reifen, 3–7 cm langen braunen, nach unten gebogenen Zapfen entlassen im Oktober/November des 2. Jahres die Samen.

V Im Bergland bis zur Waldgrenze auf fast allen Böden; an sonnigen Hängen wie auch in extrem schattigen, lange schneebedeckten Nordlagen.

B Sehr anpassungsfähiges, vielgestaltiges Gehölz, das sowohl zur Dünenbefestigung als auch im alpinen Bereich zur Bodenbefestigung an lawinengefährdeten Hängen angepflanzt wird.

Lärche

Larix decidua

M Sommergrüner, bis 40 m hoher Baum mit furchig graubrauner Schuppenborke. Langtriebe schraubig benadelt, Kurztriebe mit Büscheln von je 40–50, 2–3 cm langen, weichen Nadeln. Diese sind hellgrün, unten gekielt, färben sich im Herbst leuchtend gelb und fallen ab. 1häusig; Blütezeit alle 3–5 Jahre März bis Mai. Die Blüten erscheinen an Kurztrieben: ♂ Blüten kugelig-eiförmig, 5–10 mm, gelb, an mindestens 2jährigen, unbeblätterten Kurztrieben; ♀ Blütenstände eiförmig, 10–15 mm, rosa bis dunkelrot, aufrecht an 3jährigen, stets beblätterten Kurztrieben. Windbestäubung. ♀ Blütenzapfen vergrünen und reifen zu 4 cm langen, braunen, holzigen Zapfen; sie bleiben nach der Samenausschüttung (September bis November) noch viele Jahre an den Zweigen und fallen erst mit diesen ab.

V Lockere Ton- und Kalkböden, braucht sehr viel Licht. In Mischbeständen mit Fichte, Tanne, Kiefer, Arve oder Buche; bildet auch lichte Reinbestände.

B Unser einziger heimischer Nadelbaum, der seine Nadeln im Winter verliert. Sein hartes Holz wird als Bau- und Möbelholz sehr geschätzt.

Wacholder

Juniperus communis

M Bis 6 m hoher, mehrstämmiger Strauch oder bis über 10 m hoher Baum mit glatter, graurotbrauner Borke, die im Alter abschuppt. Helle Triebe mit stechend nadelförmigen, graugrünen, bis 2 cm langen Blättern, die oberseits ein grauweißes Mittelband zeigen. Die Nadeln stehen rechtwinklig in 3zähligen Wirteln von den Trieben ab. 2häusig; Blütezeit April bis Juni. Jeweils in den Achseln vorjähriger Zweige erscheinen die Blüten: ♂ Blüten gelblich, elliptisch, 4–5 mm lang; ♀ Blütenstände unscheinbar grünlich. Windbestäubung. Die Beerenzapfen sind kugelig, anfangs grünlich. Ab dem Herbst des 2. oder 3. Jahres (August bis Oktober) reifen sie zu den bekannten schwarzblau bereiften »Wacholderbeeren«.

V Sandige, felsige Heiden, Moore, lichte Nadelwälder.

B Das lichtbedürftige Zypressengewächs kommt im Hochgebirge auch als niederkriechender, bis 50 cm hoher Zwergwacholder vor. Wird bis 800 Jahre alt. Die Beerenzapfen werden als Gewürz und zur Herstellung von Genever, Gin oder Steinhäger verwendet, das Holz dient als Räuchermittel.

Silberweide

Salix alba

M Breitkroniger, bis 20 m hoher Baum mit längsrissiger, graubrauner Borke. Zweige oft überhängend, sehr biegsam. Blätter wechselständig, fein gesägt, lanzettlich, 6–10 cm, kurz gestielt; oben graugrün, unten blaugrau, stets anliegend silbrig behaart (Name!). 2häusig; Blütezeit April/Mai. ♂ Kätzchen gebogen aufrecht an Kurztrieben, bis 7 cm, erscheinen mit dem Laub; ♀ Kätzchen gebogen aufrecht, bis 5 cm, zur Reife deutlich gestreckt. Windbestäubung. Ab Juni entlassen die 2klappigen Kapseln viele weißpelzige Samen.

V Nasse, nährstoffreiche Böden der Auwälder, Ufer und Wiesen.

B Wird bis 200 Jahre alt; als Trauerweide oder zur Rutengewinnung als Kopfweide kultiviert. Im Alter innen oft hohl.

Salweide

Salix caprea

M Schwach verzweigter, bis 10 m hoher Strauch mit brauner, längsrissiger Borke. Zweige grünbraun, verkahlend. Blätter wechselständig, breitelliptisch, 4–12 cm, 2 cm lang gestielt, mit gewelltem Rand; oben dunkelgrün, verkahlend, unten graugrün und filzig behaart. 2häusig; Blütezeit lange vor dem Laubaustrieb im März/April. Blüten in 1geschlechtigen, 3–4 cm langen, aufrechten Kätzchen. Insektenbestäubung. Ab April/Mai reifen die für Weiden typischen grünen, trockenen Kapselfrüchte mit langen seidig-weißen Haarbüscheln.

V Wald- und Wegränder, Auen, Gräben; häufigste »Waldweide«.

B Als eines der ersten heimischen Blühgehölze ist die Art eine wichtige Bienentrachtpflanze.

Korbweide

Salix viminalis

M Bis 10 m hoher Strauch oder Baum mit aufrechten Zweigen und tief längsrissiger Borke. Blätter wechselständig, Blattstiel bis 1 cm, schmal lineal-lanzettlich, bis 15 cm, am Rand leicht eingerollt; oberseits dunkel graugrün, unterseits silbrig-seidig glänzend behaart. 2häusig, Blüte vor dem Laubaustrieb im März/April. Blüten in 1geschlechtigen, bis 3 cm langen, vor dem Erblühen dicht silbrig behaarten Kätzchen. Insektenbestäubung; Fruchtreife ab Mai.

V Nährstoffreiche Auwälder, Bach- und Flussufer, Gräben.

B Verträgt periodische Überflutung. Wegen der bis 2,5 m langen, biegsamen Ruten als Kopfweide (Korbflechterei, Name!) genutzt.

Schwarzpappel G

Populus nigra

M Bis 30 m hoher, breitkroniger Baum mit schwarzer, tiefrissiger Borke (Name!). Blätter wechselständig, 2–6 cm lang gestielt, 3eckig-rautenförmig, zugespitzt, 5–8 cm; oben glänzend dunkelgrün, Blattrand gezähnt. 2häusig; Blüte vor dem Laubaustrieb im März/April. Alle Kätzchenblüten ohne Hülle. ♂ Kätzchen bis 9 cm, erst purpurn, dann schwarz, schlaff hängend; ♀ Kätzchen bis 10 cm, mit gestieltem Fruchtknoten und 2 gelben Narben. Windbestäubung. Nach der Fruchtreife im Mai/Juni entlassen die 2klappigen Kapseln die weißbüscheligen Samen. Windverbreitung.

V Auwälder; durch Regulierungsmaßnahmen sehr selten geworden.

B Häufig als »Pyramidenpappel« in Parks und Alleen angepflanzt.

Zitterpappel, Espe

Populus tremula

M Bis 30 m hoher, breitkroniger Baum mit glatter, gelbgrauer Rinde und quer-, später längsrissiger schwarzer Borke. Blätter wechselständig, 3–7 cm lang gestielt, oval bis rundlich, 3–8 cm, oberseits glänzend, unterseits matt; Rand stumpf gezähnt. 2häusig; die schlaff hängenden, 4–10 cm langen Blütenkätzchen erscheinen im März/April. Windbestäubung. Ab Mai reifen die 2klappigen Kapselfrüchte mit vielen, watteartig behaarten Samen; Windverbreitung.

V Lichte Wälder, Wegränder; bildet durch Wurzelsprosse oft dichte Bestände. Pioniergehölz.

B Der senkrecht zur Blattspreite abgeflachte Stiel lässt beim geringsten Lufthauch das Blatt zittern und führte so zur Namensgebung (»Zittern wie Espenlaub«).

Hängebirke

Betula pendula

M Bis 25 m hoher Baum mit schmaler, später rund überhängender Krone und weißer, tief längsrissiger, schwarzer Borke. Blätter wechselständig, bis 3 cm lang gestielt, rautenförmig, lang zugespitzt, bis 7 cm; Blattrand doppelt gesägt. 1häusig, Blütenkätzchen erscheinen zusammen mit dem Laub im April/Mai. ♂ Kätzchen überwintern zu 1–3 am Ende vorjähriger Triebe, erblüht bis 10 cm, schlaff hängend; ♀ Blütenzäpchen walzenförmig, bis 3 cm, grün. Windbestäubung. Die reifen Fruchtzäpfchen hängend; entlassen ab August/September Flügelnüsschen; Windverbreitung.

V Lichte Laub- und Nadelwälder, Waldränder, Wiesen.

B Holz weiß, weich; begehrtes Furnierholz. Brennt auch frisch gut.

Schwarzerle

Alnus glutinosa

M Bis 25 m hoher, meist 1stämmiger Baum mit pyramidaler Krone und schwarzer (Name!), längsrissiger Borke. Blätter wechselständig, 2–3 cm lang gestielt, rundlich, gestutzt, bis 9 cm; kahl, oben dunkelgrün, unten heller, in den Nervenwinkeln rostbärtig. Blattrand doppelt gesägt. 1häusig; blüht im März/April vor dem Laubaustrieb. ♂ Kätzchen überwintern zu 2–5 an vorjährigen Trieben, zur Blüte hängend, bis 12 cm, bräunlich; ♀ Kätzchen bis 5 mm, zu 3–5 in den Blattachseln, violett. Windbestäubung. Die geschlossenen, grünen Fruchtzäpfchen reifen im September/Oktober zu 18 mm langen, starr verholzten, schwarzbraunen Fruchtzäpfchen.

V Gewässerbegleiter, bildet auch kleine Bestände.

B Holz im Wasser lange haltbar, daher v. a. im Wasserbau, aber auch als Möbelholz genutzt. Wird bis 120 Jahre alt.

Grauerle

Alnus incana

M Bis 25 m hoher, meist mehrstämmiger Baum mit glatter, weiß-grauer Rinde (Name!). Blätter wechselständig, 2–3 cm lang gestielt, eiförmig-elliptisch, zugespitzt, bis 10 cm; oben dunkelgrün, kahl, unten blaugrau, erst dicht graufilzig, später verkahlend. Blattrand grob doppelt gesägt. 1häusig; die 1geschlechtigen Kätzchen überwintern, erblühen vor der Laubentfaltung, im März/April. ♂ Kätzchen bis 10 cm, ♀ Kätzchen bis 5 mm. Windbestäubung. Die eiförmigen, verholzten Fruchtzäpfchen graubraun, bis 16 mm.

V Ufer, Auwälder, feuchte Hänge; meidet jedoch Staunässe.

B Schnellwüchsiges Pioniergehölz, wird zur Hangbefestigung (Straßenbau) angepflanzt. Wird kaum älter als 50 Jahre.

Grünerle

Alnus viridis

M Bis 3 m hoher, vielstämmiger, breit ausladender Strauch mit schwärzlicher Borke. Wechselständige Blätter 1–2 cm lang gestielt, eiförmig-breitoval, zugespitzt, bis 8 cm; oben dunkelgrün, unten heller mit braunen Achselbärten. Blattrand doppelt gesägt. 1häusig; Blütezeit April/Mai. ♂ Kätzchen überwintern frei, zu 2–3 an den Sprossenden, erblüht bis 6 cm; ♀ Kätzchen überwintern in Knospen, entfalten sich mit dem Laub. Windbestäubung. Fruchtzapfen bis 13 mm, verholzen nur schwach.

V Steinige und nasse Steilhänge, Waldränder, Bachufer; bildet v. a. im Bereich der Waldgrenze reine Bestände.

B Pioniergehölz der Alpen, zur Hangbefestigung angepflanzt.

Hasel

Corylus avellana

M Bis 6 m hoher, vielstämmiger Strauch mit glänzend rötlich- oder weißgrauer, von Korkwarzen durchsetzter Rinde. Blätter wechselständig mit drüsig behaartem Blattstiel, rundlich bis verkehrt-eiförmig, bis 10 cm, zugespitzt; unten weichhaarig, Rand doppelt gesägt. 1häusig; ♂ Kätzchen bis 10 cm, zu 1–4 endständig oder in den Blattachseln vorjähriger Triebe, blühen bereits im Februar bis April, vor dem Laubaustrieb; ♀ Blüten 7 mm, unauffällig knospenartig mit roten Narbenfäden, zu 1–3 am Ende junger Triebe. Windbestäubung. Von August bis Oktober reifen die 1samigen, anfangs gelblichweißen Nüsse zu den bekannten rosabraunen Haselnüssen. Verbreitung der Früchte durch Tiere, z. B. Eichhörnchen, Kleiber, Häher.

V Lichte Laubmischwälder, Hecken, Bachufer; bildet gern kleine Bestände.

B Sehr raschwüchsig, kann bis 100 Jahre alt werden. Gute Bienenweide, dennoch windblütig!

Hainbuche, Weißbuche

Carpinus betulus

M Bis 25 m hoher, breitkroniger Baum mit glatter, weißgrauer Rinde, Borke mit längs verlaufendem Netzmuster. Blätter wechselständig, bis 15 mm lang gestielt, länglich-eiförmig, bis 10 cm, zugespitzt; durch deutlich hervortretende Nerven »gefältelt«; Blattrand doppelt gesägt. 1häusig; die 1geschlechtigen Blütenkätzchen erscheinen im Juni mit dem Laub. ♂ Kätzchen bis 7 cm, hängen an wenigblättrigen Kurztrieben; ♀ Kätzchen 3 cm, gestielt am Ende junger, beblätterter Triebe. Windbestäubung. Im September/Oktober reifen die bis 14 cm langen Fruchtstände mit 4–10 Paar 1samiger Nüsschen, die jeweils von einem grünen, später gelben, asymmetrisch 3lappigen Flugorgan umgeben sind. Verbreitung durch Wind und Tiere.

V Laubmischwälder, Hecken; häufig bestandsbildend, z. B. Eichen-Hainbuchenwälder. Beliebtes Gartengehölz.

B Holz gelblichweiß (Name!), sehr hart, biegsam, dient zur Werkzeugherstellung. Schnellwüchsig; wird bis 150 Jahre alt.

Rotbuche

Fagus silvatica

M Bis 30 m hoher Baum mit silbergrauer, glatter Borke. Blätter wechselständig, 10–15 mm lang gestielt, eiförmig bis breit-elliptisch, 3–7 cm, mit welligem oder schwach gezähntem Rand; anfangs licht-grün, seidig behaart, später dunkler, kahl. 1häusig; blüht im April/Mai während des Laubaustriebs. Die ♂ Blütenstände gelblich, rundlich (∅ 2 cm), vielblütig, hängen am Ende junger Triebe; ♀ Blütenstände 2blütig, kugelig (∅ 2,5 cm) in einem 6zipfeligen, filzigen, später holzigen Becher. Windbestäubung. Im September/Oktober reifen 3kantige, glänzend braune Bucheckern; Verbreitung durch Tiere.

V Reine Buchenwälder oder zusammen mit Eichen, Tannen, Fichten; unser wichtigster heimischer Waldbaum.

B Holz rötlich (Name!). Wird bis 300 Jahre alt.

Stieleiche

Quercus robur

M Bis 40 m hoher, kurzstämmiger, breitkroniger Baum mit dunkel-grauer, tief gefurchter Borke. Blätter wechselständig, fast sitzend, symmetrisch gelappt bis gebuchtet, bis 15 cm; ledrig, oberseits glänzend dunkelgrün, unten heller, an den Adern behaart. 1häusig; Blütezeit April/Mai. ♂ Kätzchen gelbgrün, bis 4 cm, hängen büschelig, schlaff am Grunde von Jungtrieben; ♀ Blüten in 1–5blütigen, lang gestielten (Name!) Ähren. Windbestäubung. In lang gestielten Fruchtständen reifen ab September/Oktober länglich-ovale, glänzend hellbraune Eicheln, deren unteres Drittel von verholzendem Achsengewebe, dem Fruchtbecher (Cupula), umgeben ist.

V In Laubmischwäldern oder in Reinbeständen; feuchte Böden.

B Wird 500–800 (1000) Jahre alt.

Traubeneiche

Quercus petraea

M Bis 40 m hoher, langstämmiger Baum mit graubrauner Rippenborke. Blätter wechselständig, 1–3 cm lang gestielt, durch 5–7 enge Buchten symmetrisch gelappt, bis 12 cm. 1häusig; Blütezeit April/Mai. ♂ Kätzchen gelblich, bis 6 cm, hängen vom Grund der Jungtriebe; ♀ Blüten 3 mm klein. Stehen zu 1–5 in fast ungestielten, traubigen Blütenständen (Name!). Sie reifen im September/Oktober zu 2–3 cm langen, grünbraunen Eicheln, deren unteres Viertel von einem holzigen, flaumig geschuppten Fruchtbecher umgeben ist. Eicheln im Gegensatz zu denen der Stieleiche fast ungestielt!

V Mischwälder oder Reinbestände auf trockenen, steinigen Böden.

B Wird bis 800 Jahre alt. Holz sehr hart, gerbstoffhaltig.

Bergahorn

Acer pseudoplatanus

M Bis 40 m hoher, breitkroniger Baum mit graubrauner, schuppig abblätternder Borke. Blätter gegenständig, 3–15 cm lang gestielt, oben dunkel-, unten graugrün, behaart, bis 20 cm; 5lappig, Lappen stumpf gesägt bis spitz. Blattstiele ohne Milchsaft. Blüten zwittrig oder 1geschlechtig, gelbgrün, in traubenartigen Rispen; erscheinen von April bis Mai mit oder nach den Blättern. Insektenbestäubung. Die Spaltfrüchte aus 2 kugeligen und gelblich bis rötlich geflügelten Nüsschen reifen ab September/Oktober; die Flügel stehen spitz- oder fast rechtwinklig zueinander. Windverbreitung.

V In Buchenmischwäldern, Linden-Ahorn-Wäldern, Schluchten.

B Unser stattlichster Ahorn ähnelt der Platane (botanischer Name!); wird bis 500 Jahre alt. Holz weiß, sehr hart und wertvoll; wird für Musikinstrumente und Furniere geschätzt.

Spitzahorn

Acer platanoides

M Bis 30 m hoher, breitkroniger Baum mit schwarzbrauner, längsrissiger Rippenborke; jugendliche Zweige Milchsaft führend. Die gegenständigen Blätter 3–20 cm lang gestielt, Spreite 5lappig mit lang ausgezogenen Spitzen (Name!); Blätter bis 20 cm breit. Vor dem Laubaustrieb im April/Mai erscheinen die 1geschlechtigen oder zwittrigen, gelbgrünen Blüten nebeneinander in 4–8 cm langen, endständigen Rispen. Insektenbestäubung. Die grünlichen Spaltfrüchte hängen in Doldentrauben und zerfallen nach der Reife im Oktober dann in 2 Teilfrüchte mit je 1 runden, flachen, kahlen, 3–5 cm lang geflügelten Nüsschen. Die häutigen Flügel stehen einander in sehr stumpfem Winkel gegenüber. Windverbreitung.

V In Laubmischwäldern, Au- und Schluchtwäldern, Parks, Alleen.

B Wird bis 150 Jahre alt; liefert wie auch andere Ahorn-Arten wertvolles Drechselholz.

Feldahorn

Acer campestre

M Bis 15 m hoher, reich verzweigter, rundkroniger Baum mit dicker schwarzbrauner, gefeldeter Schuppenborke, oft mit Korkleisten; junge Zweige Milchsaft führend. Blätter gegenständig, bis 7 cm lang gestielt, Spreite stumpf 5lappig, bis 8 cm; unterseits meist weichhaarig. Mit den Blättern erscheinen im Mai gelbgrüne, 1geschlechtige oder zwittrige Blüten in einer 10–20blütigen Rispe. Insektenbestäubung. Im September/Oktober reift eine Spaltfrucht mit 2 geflügelten Teilfrüchten, deren Flügel einander waagrecht gegenüberstehen und sich während der Reife rot färben. Windverbreitung.

V Lichte Laubgehölze, Hecken, sonnige Abhänge; wärmeliebend.

B Raschwüchsiges Gehölz mit rötlichem, schön gemasertem Holz, das bei Tischlern sehr beliebt ist. Wird bis 150 Jahre alt.

Sommerlinde

Tilia platyphyllos

M Bis 40 m hoher, breitkroniger Baum mit grauer, längsrissiger, dicht gerippter Borke. Blätter wechselständig, 3–5 cm lang gestielt, asymmetrisch herzförmig, zugespitzt, bis 15 cm; beidseitig weichhaarig, unterseits mit weißen Achselbärten, Blattrand scharf gesägt. Im Juni nach dem Laubaustrieb erscheinen gelbe, 12–16 mm große Zwitterblüten in 2–5blütigen Ständen, die unter den Blättern verborgen bleiben; das flügelig vergrößerte Tragblatt reicht bis zum Stielgrund. Insektenbestäubung. Im September reifen 4–5kantige, graufilzige Nüsschen, die vom Wind verbreitet werden.

V Laubmischwälder, Berg- und Hangwälder, Alleen.

B Wird bis 1000 Jahre alt. Das weiche, gelblichweiße bis rötliche Holz wird gern zum Schnitzen genutzt. Die Blätter sind häufig durch Blattlausausscheidungen (Honigtau) klebrig. Die nektarreichen Blüten enthalten viel Schleimstoffe und ätherische Öle, die schweißtreibend und blutreinigend wirken. Die ähnliche Winterlinde *(T. cordata)* unterscheidet sich von der Sommerlinde durch die rotbraunen Achselbärte.

Feldulme G

Ulmus minor

M Bis 40 m hoher, breitkroniger Baum mit graubrauner, längsrissiger Schuppenborke; Zweige junger Bäume häufig mit Korkleisten. Blätter wechselständig, bis 1 cm lang gestielt, länglich-elliptisch, zugespitzt, Spreite bis 12 cm, etwas rau, unterseits in den Winkeln des Hauptnervs bärtig; Basis stark asymmetrisch, Rand einfach bis doppelt gesägt. Im März/April vor dem Laubaustrieb erblühen unscheinbare Zwitterblüten in den Achseln von Knospenschuppen, büschelig zu 15–20 im oberen Kronenbereich. Windbestäubung. Die rundlichen, geflügelten, fast ungestielten Nüsschen reifen bereits während der Laubentfaltung, der papierartige grüngelbliche Flügelsaum ist bis zum Nüsschen eingeschnitten. Windverbreitung.

V Lichte Laub- und Auwälder, nährstoffreiche, humose, sonnenexponierte Lagen; sehr wärmebedürftig.

B Liefert wertvolles, rötliches Holz (»Rüster«). Die Feldulme ist noch stärker als andere Ulmen-Arten vom »Ulmensterben« bedroht, einer Pilzerkrankung, die von Ulmensplintkäfern übertragen wird.

Esche

Fraxinus excelsior

M Bis 40 m hoher Baum mit eirundlicher Krone und grauer, breit gerippter Borke. Blätter gegenständig, lang gestielt, unpaarig gefiedert mit 5–13 bis 11 cm langen, länglich-lanzettlichen, zugespitzten Fiedern; Mittelnerv unterseits behaart. Im Mai erscheinen bis 4 cm lange, seitenständige Rispen mit vielen unscheinbaren zwittrigen oder 1geschlechtigen Einzelblüten. Windbestäubung, Pollen werden jedoch auch von Bienen gesammelt. Ab September reifen 1samige, braune, flach gedrückte Nüsschen mit 1 cm breitem, bis 4 cm langem, zungenförmigem Flügel. Die reifen Früchte oft bis zum Frühling am Baum.

V Laubmischwälder, Auwälder; auf nährstoffreichen, feuchten bis anmoorigen Böden. Häufig angepflanzt.

B Wird bis 200 Jahre alt. Das helle Holz ist sehr hart, aber dennoch elastisch und als Möbelholz sehr beliebt.

Pfaffenhütchen

Euonymus europaeus

M Bis 6 m hoher, sparriger Strauch mit grau- bis rotbraunen Ästen; junge Zweige grün, durch schmale Korkleisten 4kantig. Blätter gegenständig, 5–8 mm lang gestielt, elliptisch-lanzettlich, bis 8 cm, zugespitzt, am Rand fein kerbig gesägt; oben sattgrün, unten blaugrün. Im Mai/Juni erscheinen die gelblich-grünen, meist zwittrigen, 10–12 mm großen, gestielten Blüten in 2–9blütigen blattachselständigen Trugdolden. Insektenbestäubung. Ab August reifen die rosa- bis karminroten barrettähnlichen Früchte, die zur Namensgebung führten. Verbreitung durch Vögel.

V Laubmischwälder, Auwälder, Gebüsche, Wege, Feldgehölze.

B Die Pflanze ist giftig, liefert jedoch hartes, gelbliches Holz.

Faulbaum

Rhamnus frangula

M Bis 3 m hoher Strauch mit dunkel violettbrauner Rinde und auffälligen hellen Korkwarzen. Blätter wechselständig, 8–12 mm lang gestielt, breit elliptisch bis 6 cm, zugespitzt, mit 9–12 Nervenpaaren; zumindest in der Jugend behaart. Ab Mai erscheinen weiße Zwitterblüten, zu 3–7 blattachselständig an 5–7 mm langen Stielen. Insektenbestäubung. Im Sommer oft Blüten und Früchte jeden Reifestadiums (grün, rot und reif schwarz) an einem Zweig. Die schwarzen Scheinbeeren enthalten 2–3 linsenförmige, giftige Samen.

V Laub-, Nadel-, Misch-, Bruch-, Auwälder, Gebüsch, Flachmoore.

B Namensgebend war der faulige Geruch der Rinde, die auch zur Herstellung von Abführmitteln verwendet wird.

Echter Kreuzdorn

Rhamnus cathartica

M Bis 3 m hoher, sparriger, kreuzgegenständig verzweigter, dorniger Strauch mit schwarzbrauner, leicht rissiger Ringelborke. Blätter gegenständig, 1–3 cm lang gestielt, länglich-eiförmig, bis 7 cm, zugespitzt; Blattrand fein kerbig gesägt. Blüten unscheinbar gelbgrün, 1geschlechtig, ab Mai/Juni in 2–8blütigen, 10 mm lang gestielten, blattachselständigen Scheindolden. Insektenbestäubung. Fruchtreife ab September: die 6–8 mm großen kugeligen, glänzend schwarzvioletten Steinfrüchte sind saftig grünfleischig und enthalten 2–4 Steinkerne; giftig! Verbreitung durch Vögel.

V Feuchte Laubmischwälder, Waldränder, Gebüsche, Gräben.

B Früchte und Rinde werden als Abführdroge genutzt, aus dem grünen Fruchtfleisch gewann man früher das »Saftgrün« der Maler.

Sanddorn

Hippophae rhamnoides

M Bis 10 m hoher, reich verzweigter, dorniger Strauch mit graubrauner, längsrissiger Borke. Äste dornig-sparrig, junge Triebe enden in Dornen. Blätter wechselständig, sehr kurz gestielt, lineal-lanzettlich, bis 6 cm; anfangs beidseitig weißsilbrig behaart, oberseits später verkahlend. 2häusig, blüht von März bis April. ♂ Blüten 5 mm, grünlich, sitzen zu 4–6 in kurzen Trauben; ♀ Blüten 3 mm, sehr unscheinbar. Wind- und Insektenbestäubung. Früchte orangerot, kugelig, 7–8 mm, reifen ab September.

V An Küsten auf Sand; im Binnenland auf kalkreichem Kies und Schotter, in lichten Kiefernwäldern. Bildet durch weit kriechende Wurzelsprosse oft große Bestände. Sehr lichtbedürftig.

B Die saftreichen, sauren Früchte enthalten Äpfelsäure und sehr viel Vitamin C.

Efeu

Hedera helix

M Immergrüner, bis 20 m weit kriechender oder hoch aufsteigender Kletterstrauch. Kriech- und Klettersprosse mit Haftwurzeln sowie wechselständigen, 3–5lappigen Blättern, die 1,5–10 cm lange Stiele haben können; blühende Sprosse immer unbewurzelt mit herz- oder rautenförmigen Blättern, bis 10 cm. In den Herbstmonaten September/Oktober erscheinen gelbgrüne, 9 mm große Zwitterblüten in endständigen, 6–10 cm langen, zusammengesetzten Dolden. Insektenbestäubung. Zwischen Februar und April reifen 8–10 mm große, blauschwarze, oben abgeflachte Steinfrüchte, die durch Vögel verbreitet werden.

V Feuchte, nährstoffreiche Wälder.

B Alle Pflanzenteile sind giftig! Einziger heimischer Wurzelkletterer.

Kornelkirsche

Cornus mas

M Bis 8 m hoher, sparrig verzweigter Strauch mit graubrauner Schuppenborke und überhängenden Zweigen; junge Triebe schwach 4kantig, grün, fein anliegend behaart. Blätter gegenständig, 5–10 mm lang gestielt, eiförmig-elliptisch, bis 10 cm, zugespitzt; oben dunkelgrün, fein behaart, unten heller, stärker behaart und achselbärtig. Bereits lange vor dem Laubaustrieb, im März/April, erscheinen gelbe Dolden mit kleinen, 4zähligen Zwitterblüten. Insektenbestäubung. Die glänzend roten, 2 cm großen, elliptischen Steinfrüchte reifen ab August/September. Verbreitung der Früchte durch Vögel.

V Lichte Laubwälder, Waldränder, Gebüsche, trockene Hänge.

B Eines unserer ersten heimischen Blühgehölze, dessen reichlich dargebotener Pollen und Nektar von Bienen und Fliegen gesammelt wird. Die säuerlichen Früchte lassen sich zu Saft und Gelee verarbeiten; das feste Holz wird für Drechslerarbeiten geschätzt.

Berberitze, Sauerdorn

Berberis vulgaris

M Bis 3 m hoher Strauch mit glatter, hellgrüner Rinde. Zweige kantig-gerieft, erst grünlich, dann graubraun; Langtriebe mit 1- bis mehrteiligen Dornen. Blätter wechselständig, 2–15 mm lang gestielt, länglich-eiförmig, bis 4 cm, büschelig an Kurztrieben. Von April bis Juni leuchten die gelben, bis 7 mm großen Zwitterblüten in endständigen Trauben an den Kurztrieben. Insektenbestäubung. Die leuchtend roten, elliptischen, bis 10 mm langen, fleischigen Beeren reifen im August/September; sie werden von Vögeln verbreitet.

V Waldränder, Hecken, Gebüsche, sonnige Hänge.

B Treibt als erstes Laubgehölz im Frühjahr aus. Die stark duftenden Blüten liefern v. a. Bienen reichlich Pollen und Nektar, die vitaminreichen Früchte können zu Marmelade verarbeitet werden. Die Art ist Zwischenwirt für den auf verschiedenen Getreide-Arten parasitierenden Getreiderostpilz.

Besenginster

Sarothamnus scoparius

M Bis 3 m hoher, reich verzweigter Strauch mit grünen Trieben; junge Triebe sehr biegsam, 5kantig bis fein geflügelt. Blätter der Langtriebe wechselständig, kurz gestielt, lanzettlich, bis 7 mm; Blätter der Kurztriebe rosettig. Blätter am Grunde der Kurztriebe kleeblattähnlich 3teilig, bis 20 mm, beidseitig behaart. Im Mai/Juni erscheinen die leuchtend gelben, bis 2,5 cm großen Zwitterblüten zu 1–2 an Kurztrieben. Insektenbestäubung (v. a. Hummeln). Ab August/September reifen die bis 5 cm langen, flachen, bewimperten Hülsenfrüchte.

V Lichte Laubwälder, Wegränder, Böschungen, Kahlschläge.

B Die Zweige wurden früher zur Herstellung von Besen genutzt (Name!). Die Samen werden wegen eines ölhaltigen Anhängsels (Elaiosom) von Ameisen gesammelt und so auch verbreitet.

Traubenholunder

Sambucus racemosa

M Bis 4 m hoher, kaum verzweigter Strauch mit grau- bis rotbrauner, von zahlreichen Korkwarzen durchwirkter Rinde. Mark der Zweige gelbbraun. Blätter gegenständig, unpaarig gefiedert, 10–25 cm lang, die 5 lanzettlichen, lang zugespitzten Fiedern bis 8 cm; oberseits dunkelgrün, kahl, unterseits hellgrün, flaumig behaart. Blattrand scharf gesägt; am Grunde des Blattstiels 1 bis mehrere Nektardrüsen. Die grüngelblichen Zwitterblüten erscheinen mit dem Laub im April/Mai in bis 10 cm langen, aufrecht kegelförmigen Rispen, am Ende junger Kurztriebe. Insektenbestäubung. Ab Juli/August reifen die 4–5 mm großen, runden, scharlachroten Steinfrüchte in überhängenden, »traubigen« Fruchtständen (Name!). Verbreitung durch Vögel, insbesondere Hausrotschwanz und Rotkehlchen.

V Artenreiche Laubmischwälder, Lichtungen, Waldränder des Berg- und Hügellandes.

B Die vitaminreichen Früchte sind gekocht genießbar, der Steinkern jedoch ist giftig!

Liguster

Ligustrum vulgare

M Bis 5 m hoher, stark verzweigter Strauch mit grauer Rinde. Blätter gegenständig, kurz gestielt, länglich-lanzettlich, zugespitzt oder ausgerandet, bis 7 cm, ledrig. Im Juni/Juli erscheinen die weißen, 4zähligen Zwitterblüten in 6–8 cm langen, endständigen, pyramidalen, fein behaarten Rispen. Insektenbestäubung. Ab September/Oktober reifen in traubigen Fruchtständen 5–10 mm dicke, kugelige, glänzend schwarze, fleischige Steinfrüchte mit 2–4 ölhaltigen Samen. Verbreitung durch Vögel.

V Lichte Laub- und Kiefernwälder, Waldränder, Gebüsche, Hecken.

B Der reich verzweigte Wurzelstock bildet viele Ausläufer; die Art eignet sich daher gut als Heckenpflanze, die jährlich zurückgeschnitten werden kann. Die Früchte sind giftig! Der schwarzviolette Beerensaft wurde früher zum Färben von Stoffen und Leder genutzt.

Rosskastanie

Aesculus hippocastanum

M Bis 25 m hoher, breitkroniger Baum mit überhängenden Ästen und graubrauner Schuppenborke. Blätter gegenständig, 10–20 cm lang gestielt, 5–7zählig gefingert, mit sitzenden, bis 25 cm langen, verkehrt-eiförmigen, ungleich gesägten Teilblättern. Die weißen und bis 2 cm großen zwittrigen oder ♂ Blüten erscheinen im April/Mai in den bekannten »Kerzen«: 20–30 cm lange, aufrechte, kegelförmige, vielblütige Scheinrispen. Blüten mit gelbem Saftmal, das sich nach rot umfärbt. Insektenbestäubung. In der stacheligen, grünen, bis 6 cm dicken, 3klappig aufspringenden Fruchtschale reifen 1–3 Samen (Kastanien) mit brauner Schale und großem, hellem Nabelfleck.

V Meist angepflanzt in Parks und Alleen; sonst auf Waldlichtungen, in Berg- und Schluchtwäldern.

B Kastanienextrakt wird in der Homöopathie als Heilmittel gegen Venenerkrankungen (Krampfadern, Hämorrhoiden) eingesetzt. Die Art wird seit einiger Zeit von einer Miniermotte befallen, was zu einem sehr frühzeitigen Vergilben der Blätter führt.

Rote Heckenkirsche

Lonicera xylosteum

M Bis 3 m hoher Strauch mit dunkelgraubraunen, hohlen Ästen und kurzweichhaarigen, jungen Zweigen. Blätter gegenständig, kurzstielig, eiförmig, bis 6 cm, zugespitzt, ganzrandig; unterseits weichhaarig, graugrün, oben lebhaft grün. Im Mai/Juni erscheinen paarweise schwach duftende, weiße, nach gelb färbende 2lippige Zwitterblüten; Bestäubung durch Hummeln. Beeren kugelig, bis 7 mm, glänzend scharlachrot (Name!), reifen ab August; sitzen paarweise auf einem gemeinsamen Fruchtstiel, häufig am Grund miteinander verwachsen. Verbreitung durch Vögel. Giftig!

V Krautreiche Laub- und Nadelmischwälder, lichte Kiefernwälder, Parks, Gebüsche; meist im Halbschatten oder Schatten.

B Die für den Menschen giftigen Beeren enthalten Bitterstoffe und Saponine, die heftige Bauchschmerzen und Durchfälle hervorrufen.

Waldgeißblatt

Lonicera periclymenum

M Bis 5 m hoch kletternder, rechts windender Strauch. Blätter gegenständig, sitzend oder kurzstielig, eiförmig-elliptisch, bis 8 cm, ganzrandig. Blüten zwittrig, 2lippig, mit langer, schwach gebogener, gelblichweißer, außen rosa getönter Kronröhre, bis 5 cm; kopfig an Triebenden. Blütezeit von März bis August. Duften v. a. in der Abenddämmerung intensiv. Bestäubung durch Nachtfalter. Ab August reifen die kugeligen, bis 8 mm dicken, roten Beeren.

V Feuchte Eichen-, Eichen-Hainbuchen- und Birkenwälder; Schonungen, Kahlschläge.

B Eine der wenigen einheimischen Lianen, die immer im Uhrzeigersinn, also nach rechts, windet.

Robinie

Robinia pseudoacacia

M Bis 25 m hoher, rundkroniger Baum mit tieffurchiger, graubrauner Rippenborke. Blätter wechselständig, mit 4–11 Paar elliptischen Fiedern; insgesamt bis 30 cm lang, die einzelnen Blättchen bis 6 cm. Nebenblattdornen bis 3 cm, paarweise an kräftigen Zweigen. Blüten weiß, zwittrig, bis 2,5 cm, hängen zu 10–25 in 3 cm lang gestielten, bis 25 cm langen, stark duftenden Trauben. Insektenbestäubung. Fruchtreife im September; die abgeflachten, bis 10 cm langen, ledrigen Hülsen enthalten 4–10 Samen, bleiben oft bis ins nächste Jahr am Baum.

V Eingebürgerter, lichtbedürftiger Baum; oft angepflanzt.

B Rinde, Blätter, Früchte, Samen sind giftig! Wird bis 200 Jahre alt.

Gemeiner Schneeball

Viburnum opulus

M Bis 4 m hoher, reich verzweigter Strauch mit graubrauner, im Alter abschuppender Rinde. Blätter 2–3 cm lang gestielt, gegenständig, 3–5lappig; Lappen zugespitzt, buchtig gezähnt, unterseits flaumig behaart. In endständigen, bis 10 cm breiten Schirmrispen erscheinen im Mai/Juni 5zählige, 5–20 mm große, weiße Zwitterblüten; sterile Randblüten als »Schauapparat« zur Insektenanlockung vergrößert. Bestäubung durch Käfer, Fliegen, Schmetterlinge. Ab August/September reifen 10 mm große, glasige, glänzend rote, saftige Steinfrüchte.

V Laubwälder, Waldränder, Hecken, Gebüsche; im Halbschatten.

B Die sehr sauren, schwach giftigen Früchte werden von heimischen Vögeln verschmäht und bleiben deshalb oft bis lange in den Winter am Strauch. Früher Nutzung der Stockschösslinge für Pfeifenrohre und Spazierstöcke.

Wolliger Schneeball

Viburnum lantana

M Bis 3 m hoher, buschiger Strauch mit dicht graubraun-filzigen Zweigen. Blätter gegenständig, 1–2 cm lang gestielt, elliptisch bis länglich-eiförmig, bis 12 cm; oben ledrig-runzelig, unten deutlich geadert, weißgrau-wollig behaart (Name!). Im Mai/Juni erscheinen duftende, 6–8 mm große, weiße, 5zählige Zwitterblüten in 5–10 cm breiten, dichten Schirmrispen. Im Gegensatz zur oben beschriebenen Art sind hier alle Blüten gleich gestaltet. Insekten- und Selbstbestäubung. Ab August stehen in einer Trugdolde unreife grüne, halbreife rote und reife, glänzend schwarze, 7–8 mm große Steinfrüchte nebeneinander.

V Waldränder, Auen, Gebüsche; steinige, sonnige Abhänge. Sehr licht- und wärmebedürftig.

B Die schwach giftigen Früchte bleiben bis in den Winter am Strauch. Die biegsamen Zweige wurden früher zum Flechten von Körben und insbesondere zum Binden von Korngarben verwendet.

Schwarzer Holunder

Sambucus nigra

M Bis 7 m hoher, reich verzweigter Strauch mit längsrissiger, grau-brauner Borke. Zweige graugrün, mit auffallenden Rindenporen; typisch ist das weiße, weiche Mark. Blätter gegenständig, 10–30 cm, unpaarig gefiedert mit meist 5–7 eiförmig-elliptischen, zugespitzten Fiedern. Laubaustrieb bereits im März/ April, vor der Blüte im Juni. 5zählige, zwittrige, 5–8 mm große, weiße Blüten in endständigen, vielblütigen, 10–15 cm breiten, charakteristisch duftenden Schirmrispen. Insektenbestäubung. Ab August/September reifen die schwarz glänzenden, beerenartigen Steinfrüchte mit meist 3 Steinkernen; Fruchtstiele rotviolett. Samenverbreitung durch Vögel.

V Laub- und Auwälder, Hecken, Gebüsche, Wegränder, Ortschaften.

B Die saftreichen Früchte sind reich an Kalium und Vitamin C; gekochte Früchte und Blütentee helfen bei Erkältungen.

Roter Hartriegel

Cornus sanguinea

M Bis 5 m hoher, reich verzweigter Strauch mit graubrauner Rinde. Zweige im Winter blutrot gefärbt (Name!). Die Blätter gegenständig, 10–15 mm lang gestielt, elliptisch bis eiförmig, bis 10 cm, zugespitzt, ganzrandig; unterseits etwas heller grün, locker behaart, im Herbst leuchtend rot. Im Mai/Juni erscheinen 4zählige, weiße Zwitterblüten zu 20–50 in 2–4 cm lang gestielten, 5–7 cm großen Schirmrispen am Ende beblätterter Jungtriebe. Insektenbestäubung. Ab September färben sich die 5–8 mm großen, beerenartigen Steinfrüchte blau-schwarz; Fruchtstiele rot. Samenverbreitung durch Vögel.

V Waldränder, Ufer, Auen, Gebüsche, Trockenhänge, Brachland.

B Pioniergehölz; bildet durch Wurzelsprosse dichte Bestände. Die Früchte sind für Menschen ungenießbar.

Eberesche

Sorbus aucuparia

M Bis 15 m hoher, locker verzweigter Baum oder Strauch mit rundlicher Krone und schwarzgrauer, glatter, später längsrissiger Rinde. Blätter eschenähnlich (Name!), wechselständig, unpaarig gefiedert, bis 20 cm, mit 9–15 länglich-elliptischen, spitz gesägten Fiedern; oberseits anliegend behaart, unterseits filzig. Blüten 5zählig, zwittrig, weiß, in filzig behaarten, reichblütigen, flach gewölbten, 7–12 cm großen Schirmrispen am Ende junger Triebe. Blüht im Mai/Juni. Insektenbestäubung. Ab August reifen leuchtend korallenrote, kugelige, 8–10 mm große Scheinbeeren mit meist 3 Samen. Verbreitung durch Vögel.

V Weiden, Wiesen, Felshänge, Gebüsche, Kahlschläge.

B Besiedelt als Pioniergehölz schnell brachliegende Wiesen und Weiden, liebt Sonne oder Halbschatten. Der aufdringliche Duft der Blüten lockt Bienen und Fliegen an; die reifen Beeren werden gerne von Vögeln und Säugetieren verzehrt. Wird bis 100 Jahre alt.

Mehlbeere

Sorbus aria

M Bis 15 m hoher Strauch oder Baum mit rundlicher Krone und schwarzgrauer, lange glatt bleibender Rinde, die erst spät längsrissig wird. Blätter wechselständig, 1–2 cm lang gestielt, breit-elliptisch bis eiförmig, bis 8 cm. Blattrand unregelmäßig doppelt gesägt; unterseits silbrigweiß behaart. Im Mai/Juni erblühen am Ende junger Triebe wohlriechende, weiße, 6–8 mm große Zwitterblüten in flach gewölbten, 5–10 cm großen Schirmrispen. Insektenbestäubung. Ab Oktober reifen orange- bis korallenrote, bis 13 mm lange, eikugelige Scheinbeeren mit gelbem, mehligem Fruchtfleisch (Name!) und bleibendem Kelch. Samenverbreitung durch Vögel.

V Bevorzugt warme, sonnige Standorte in lichten Laub- und Mischwäldern, Gebüschen; südexponierte Hänge.

B Das zähe, gelblichweiße Holz wird für Drechslerarbeiten verwendet.

Gemeine Waldrebe

Clematis vitalba

M Bis 30 m hoch kletternde Liane mit bis 3 cm dicken Stämmchen und graubrauner Borke, die sich in langen Streifen löst. Junge Triebe kantig gerieft, erst grün, dann braun, hohl. Blätter gegenständig, 4–6 cm lang gestielt, unpaarig gefiedert; die 5 lang gestielten Fiedern 3–5 cm lang, ganzrandig oder grob gesägt bzw. die unteren gelappt. Von Juni bis September erscheinen lang gestielte Zwitterblüten in reichblütigen Rispen blattachselständig oder am Ende junger Triebe; 4 gelblichweiße, filzig behaarte Blütenblätter, mit 7–8 mm etwas länger als die zahlreichen, spreizenden Staubblätter. Insektenbestäubung. Zur Fruchtreife im Oktober wachsen die Griffel zu silbrig behaarten Flugorganen; mit ihrer Hilfe werden im folgenden Frühjahr die 2–3 cm großen Früchtchen durch den Wind verbreitet.

V Auwälder, feuchte Laubmischwälder, Waldränder, Gebüsche.

B Häufigste, heimische Liane, die mit Ranken klettert. Blattstiel, Blattspindel und Fiederstiele führen Krümmungsbewegungen aus und können andere Bäume oder Sträucher völlig überwuchern.

Gewöhnliche Felsenbirne

Amelanchier ovalis

M Bis 3 m hoher, rundlicher Strauch mit längsrissiger, schwarzbrauner Borke. Junge Triebe anfangs weißwollig, später kahl, glänzend olivgrün. Blätter wechselständig, 8–15 mm lang gestielt, eiförmig-oval, bis 4 cm, an beiden Enden gerundet; oben mattgrün, unten gelblich-filzig mit Bärten in den Nervenwinkeln. Von April bis Juni erblühen die 5zähligen, weißen, zwittrigen Blüten zu 3–6 in endständigen Rispen am Ende junger Triebe. Insektenbestäubung. Die blauschwarz bereiften, kugeligen, 8–10 mm großen Früchte mit bleibendem Kelch reifen im August/September. Die süßlich schmeckenden Früchte sind essbar, werden von Vögeln verbreitet.

V Trockene, felsige Hänge, lichte Gebüsche, bevorzugt kalkreiche Böden und vollsonnige Standorte.

B Kann mit ihren Wurzeln tief in Felsspalten eindringen und sich auf diese Art und Weise mit ausreichend Wasser versorgen.

Traubenkirsche

Prunus padus

M Bis 18 m hoher, mehrstämmiger, locker verzweigter Baum mit überhängenden Zweigen und glatter, schwarzgrauer Rinde. Blätter wechselständig, 1,5–2 cm lang gestielt; Blattstielgrund mit 2 grünen Nektardrüsen. Spreite länglich-elliptisch, bis 10 cm, zugespitzt mit fein scharf gesägtem Rand; oben dunkelgrün, unten blaugrün mit gelblichen Nervenwinkelbärten (»Milbenhäuschen«). Mit dem Laub erscheinen im Mai/Juni weiße, überhängende, 8–15 cm lange, vielblütige Trauben (Name!) an vorjährigen Zweigabschnitten; Zwitterblüten 12–20 mm, duften stark nach Trimethylamin. Insektenbestäubung. Die Früchte sind glänzend schwarzrote, kugelige, 7–9 mm große Kirschen mit 1 spitzovalen Stein; sie werden von Vögeln verbreitet.

V Bodenfeuchte Laubwälder, Gebüsche, Auen, Gewässerufer.

B Die Laubblätter wachsen meistens nach der Blüte weiter.

Schlehe, Schwarzdorn

Prunus spinosa

M Bis 3 m hoher, dicht verzweigter, sparriger, sehr dorniger Strauch mit schwarzer, rissiger Rinde. Blätter wechselständig, 2–4 mm lang gestielt, verkehrt-eiförmig, bis 4 cm, oberseits glänzend grün, am Rand gesägt. Blüten kurz gestielt, zwittrig, weiß, 10–12 mm, erscheinen im März/April vor dem Laub, einzeln an Kurztrieben. Insektenbestäubung. Ab September/Oktober erscheinen kurz gestielte, kugelförmige, bis 15 mm dicke, blaubereifte, 1samige Steinfrüchte. Verbreitung durch Vögel.

V Sonnige, Wald-, Feld- und Wegränder; an Fels- und Berghängen.

B Das lichtbedürftige Pioniergehölz bildet durch Ausläufer schnell dichte Hecken. Die gerbstoffreichen Früchte sind roh sehr herb, aber auch reich an Vitamin C. Sie sollten erst nach dem ersten Frost gesammelt und zu Marmelade oder Saft verarbeitet werden.

Eingriffeliger Weißdorn

Crataegus monogyna

M Bis 8 m hoher, stark verzweigter, dorniger Strauch oder Baum mit olivgrüner, später längsfurchiger Schuppenborke. Blätter wechselständig, derb, 5–15 mm lang gestielt, bis 6 cm, 3–7lappig, tief eingeschnitten; Blattgrund breit keilförmig, Rand ungleichmäßig gesägt. Im Mai/Juni erscheinen die weißen, bis 15 mm großen Zwitterblüten zu 6–10 in endständigen Dolden. 1 Griffel pro Blüte (Name!). Insektenbestäubung. Ab September reifen leuchtend rote, 8–9 mm große Schließfrüchte in reichen Doldentrauben; Spitze deutlich von Kelchzipfeln gekrönt. Fruchtfleisch mehlig, gelb, mit 1 Steinkern; Verbreitung durch Vögel.

V Lichte Auwälder, Waldränder, Gebüsche.

B Der ähnliche Zweigriffelige Weißdorn *(C. laevigata)* zeigt 2 Griffel pro Blüte, die Schließfrucht enthält 2 Steinkerne. Blüten beider Arten riechen unangenehm intensiv nach Trimethylamin, was sie für Bienen, Fliegen, aber auch Käfer interessant macht. Beide Arten bilden untereinander Bastarde.

Heckenrose, Hundsrose

Rosa canina

M Bis 3 m hoher Strauch mit bogig überhängenden Ästen; reich mit kräftigen, hakenförmigen Stacheln besetzt. Blätter wechselständig, unpaarig gefiedert, bis 12 cm; die 5–7 Fiedern bis 4 cm, eiförmig-elliptisch, am Rand einfach oder doppelt gesägt. Blüten blassrosa bis weiß, 40–50 mm groß, erscheinen im Mai/Juni einzeln oder in Doldenrispen am Ende beblätterter Kurztriebe; sehr kurzlebig, werden von Insekten bestäubt. Im September/Oktober reifen eiförmige, 2–2,5 cm lange, korallenrote Hagebutten ohne Kelchzipfel, im Innern mit vielen kleinen, harten, kantigen Nüsschen. Verbreitung durch Vögel und Säugetiere.

V Hecken, Waldränder, magere Weiden, Böschungen.

B Sehr formenreiche Rosen-Art. Die Hagebutten gehören zu den Sammelfrüchten, da die eigentlichen Früchte, die Nüsschen, in die fleischige Blütenachse eingebettet sind. Die vitaminreichen Hagebutten können zu Tee und Marmelade verarbeitet werden.

Brombeere

Rubus fruticosus

M Bis 3 m hoher, robuster Strauch mit bogig überhängenden, runden oder 5kantigen, stark stacheligen Zweigen. Blätter wechselständig, 5–12 cm lang gestielt, meist fingerförmig gefiedert; die elliptischen, bis 10 cm langen Fiedern meist stark bewehrt. Ab Mai erscheinen 5zählige, bis 3 cm große weiße, oft rosa überhauchte Zwitterblüten in vielblütigen Rispen, endständig an Seitentrieben vorjähriger Sprosse. Insektenbestäubung. Die glänzend schwarzen Brombeeren reifen ab September; sie lösen sich mit der Blütenachse von der Pflanze. Verbreitung durch Vögel und Säugetiere.

V Wälder, Waldränder, Hecken, Feldgehölze, Wege, Bahndämme.

B Sehr vielgestaltige Sammelart: d.h. hinter dem Namen »Brombeere« verbirgt sich eine große Anzahl von Klein-Arten, die sich in Spross-, Blatt-, Blüten- sowie Fruchtmerkmalen unterscheiden. Die Brombeere bildet durch Ausläufer oft undurchdringliche Dickichte. Die Früchte sind Sammelfrüchte aus kleinen, 1samigen Steinfrüchtchen.

Himbeere

Rubus idaeus

M Bis 2 m hoher Strauch mit stielrunden, bereiften Schösslingen, die wie die Blattstiele mit vielen kurzen Stacheln besetzt sind; Rinde braun. Blätter wechselständig, 3–8 cm lang gestielt, 3–5fiedrig, oben grün, kahl, unten weißfilzig; Fiedern eiförmig, bis 10 cm, Rand ungleich scharf gesägt. Im Mai/Juni erscheinen an beblätterten Seitensprossen vorjähriger Triebe 10 mm große, nickende, weiße Zwitterblüten; ihr Kelch ist außen grün, innen wie die Kronblätter weiß. Insekten- und Selbstbestäubung. Ab Juli reifen die aromatischen roten Himbeeren (Sammelsteinfrüchte), die durch Vögel und Säugetiere verbreitet werden.

V Waldränder, -lichtungen, Wege, Gebüsche, Bahndämme.

B Vermehrt sich v. a. durch Wurzelsprosse, kann daher schnell dichte Bestände bilden. Wird als Obstpflanze kultiviert.

Seidelbast

Daphne mezereum

M Bis 1,5 m hoher, schwach verzweigter Strauch mit graubrauner Rinde. Blätter wechselständig, länglich-lanzettlich, 4–8 cm, erst nach der Blüte, nur am Zweigende. Von Februar bis April 4zählige, zwittrige, 5–10 mm lange, rosa Blüten. Bestäubung durch langrüsselige Insekten. Glänzend rote, kugelige, 8 mm große Steinfrüchte ab August; sie werden von Vögeln verbreitet.

V Laubmischwälder, Auwälder mit kalkhaltigen Böden.

B Die ganze Pflanze ist sehr giftig!

Rostblättrige Alpenrose

Rhododendron ferrugineum

M Bis 1 m hoher, reich verzweigter, immergrüner Strauch. Blätter wechselständig, ledrig, kurz gestielt, eiförmig-elliptisch, 2–5 cm; oben glänzend dunkelgrün, unten rot- bis schwarzbraun (Name!). Rosarote Trichterblüten 5zählig, zwittrig, 10–15 mm, ab Juni/Juli endständig in 6–10 blütigen Doldentrauben. Insektenbestäubung. Fruchtreife September/Oktober, 5klappige Fruchtkapsel.

V Latschenregion der Alpen, auf sauren Böden; bestandsbildend.

B Kann bis 100 Jahre alt werden.

Behaarte Alpenrose

Rhododendron hirsutum

M Sehr ähnlich der Rostblättrigen Alpenrose *(Rh. ferrugineum)*, jedoch mit anfangs kurzfilzig behaarten Trieben sowie behaartem Blattrand und -stiel (Name!); beide Blattseiten sind grün. Die helleren rosa Trichterblüten blühen von Juni bis August.

V Latschenregion, auf kalkhaltigen Böden; bestandsbildend.

B Besiedelt zwar die gleiche Region wie die oben beschriebene Art, jedoch auf anderen Böden.

Gemeines Heidekraut

Calluna vulgaris

M Bis 50 cm hoher, reich verzweigter, immergrüner Zwergstrauch mit niederliegend-aufsteigenden Zweigen. Blätter gegenständig, deutlich 4zeilig, 1–3 mm. Blüten zwittrig, nickend, rosa, doppelt 4teilig, Kelch länger als die Krone, in reichen, einseitswendigen Doppeltrauben. Blütezeit Juli bis September. Insektenbestäubung. Fruchtreife ab Oktober.

V Lichte Wälder, Heiden, Moore, saure Böden; bestandsbildend.

B Durch großflächige Bestände oft landschaftsprägend.

Heidelbeere

Vaccinium myrtillus

M Bis 50 cm hoher Zwergstrauch mit weit kriechender, unterirdischer Sprossachse und verzweigten, kantig gerieften, grünen Trieben. Blätter wechselständig, sehr kurz gestielt, eiförmig, 1,5–2 cm, zugespitzt, kahl; Blattrand gezähnt. Im Mai/Juni erscheinen krugförmige, 4–7 mm große, grünrosa überlaufene, nickende Zwitterblüten einzeln blattachselständig am Grund junger Sprosse. Insektenbestäubung. Zwischen Juli und September reifen kugelige, 7–8 mm große, dunkelblaue, bereifte, oben grubig vertiefte Beeren mit 1 mm langem Samen. Verbreitung durch Vögel und Säugetiere.

V Laub- und Nadelwälder mit sauren Böden, Moore, Heiden; bestandsbildend. Oft zusammen mit Heidekraut und Preiselbeere.

B Früchte durch Anthocyan blau gefärbt, vitamin- und gerbstoffreich; getrocknete Beeren wirken harmonisierend bei Durchfall.

Preiselbeere

Vaccinium vitis-idaea

M Bis 30 cm hoher Zwergstrauch mit kriechender, reich verzweigter Sprossachse und aufrechten Zweigen. Blätter wechselständig, derbledrig, 1–2,5 cm, elliptisch, mit deutlicher Mittelrippe, glänzend dunkelgrün. Zwitterblüten 5zählig, 6–10 mm, weiß, rosa überlaufen, glockenförmig mit zurückgeschlagenen Kronblattzipfeln. Sie blühen von Mai bis September in endständigen, nickenden Trauben. Insektenbestäubung. Die glänzend roten, kugeligen, 5–8 mm großen Beeren mit mehligem Fruchtfleisch sind von Kelchzipfeln gekrönt, reifen von August bis Oktober. Verbreitung durch Vögel.

V Trockene Kiefernwälder, Heiden, Moore, Zwergstrauchheiden.

B Die säuerlich-herben, vitaminreichen Beeren schmecken gekocht sehr aromatisch, die Blätter werden als Heiltee genutzt.

Mistel

Viscum album

M Bis 1 m großer, immergrüner Strauch; gabelig verzweigter, kugelförmiger, gelblichgrüner Halbparasit auf Bäumen. Blätter ledrig, gegenständig, spatelförmig, bis 6,5 cm lang. 2häusig; ♂ Blüten gelb, 2–4 mm, Blütenblätter mit den Staubblättern verwachsen; ♀ Blüten grünlich, 1 mm. Blütezeit März/April. Wind- und Insektenbestäubung. Früchte kugelig, erbsengroß, weiß. Samenverbreitung durch Vögel.

V Auf Laub- und Nadelbäumen.

B Mistelsamen keimen (nur bei Licht!) auf dem Wirtsbaum, lösen mittels eines Enzyms das Rindengewebe auf und zapfen mit Senkwurzeln das Leitgewebe des Baumes an.

Großes Schöllkraut

Chelidonium majus

M Bis 70 cm. Blätter gefiedert, Fiedern lappig gekerbt, unterseits blaugrün. Blüten gelb, 1–2 cm breit mit 4 Kronblättern, die sehr früh abfallen. Blütezeit Mai bis September. Frucht 2klappige Schote, 2–5 cm lang, mit schwarzen Samen. Schoten stehen meist senkrecht nach oben.

V An Wegrändern, auf Schuttplätzen, Mauern und in Gebüschen.

B Pflanze enthält gelborangefarbenen Milchsaft, der Warzen abheilen soll. Gilt als Stickstoffzeiger.

Ackersenf

Sinapis arvensis

M 30–80 cm. Stängel und Blätter borstig behaart. Blätter oben sitzend, ganzrandig, lanzettlich; unten gestielt, tief fiederteilig, buchtig gezähnt, bis 20 cm lang. Blüten Juni bis September, schwefelgelb, 8–12 mm breit. Kelchblätter stehen waagrecht ab. Frucht 2–4 cm lange, kahle Schote mit schwarzen Samen.

V Auf Äckern, an Wegrändern, Schuttplätzen und in Gärten auf kalkigen, nährstoffreichen Böden.

B Alte Arzneipflanze. Nah verwandt mit dem Weißen Senf *(S. alba)*, der zur Senfherstellung verwendet wird.

Wegrauke

Sisymbrium officinale

M 20–80 cm. Blätter unten tief fiederteilig, behaart; obere Blätter mit 2 länglichen Seitenlappen und pfriemlich-linealischem Endzipfel. Blüten in traubigem Blütenstand, 3–5 mm breit, blassgelb; Mai bis Oktober. Schotenfrüchte aufrecht, dicht dem Stängel anliegend, 10–15 mm lang.

V Auf Äckern, an Wegrändern und auf Schutt.

B Kulturbegleiter und Pionierpflanze.

Wechselblättriges Milzkraut

Chrysosplenium alternifolium

M 5–20 cm. 3kantige, leicht brechende Stängel mit wechselständigen, herznierenförmigen Blättern, diese grob gekerbt. Am Stängelgrund lange dünne Ausläufer. Blüten gelbgrün, in gegabelten Trugdolden; 4 Blütenhüllblätter, 8 Staubblätter, von gelben Hochblättern umgeben. Blütezeit April bis Juni.

V In Berg- und Auenwäldern, an Quellen.

B Vorwiegend von Insekten bestäubt, daneben Selbstbestäubung.

Zypressenwolfsmilch

Euphorbia cyparissias

M 15–40 cm. 9–15strahlige, 5–8 cm breite Scheindolde, Blüten mit 2hörnigen, gelb gefärbten Nektardrüsen; Blütezeit April bis Juli. Hochblatthülle des einzelnen Blütenstandes nicht verwachsen, hellgelb. Blätter hellgrün, schmal-linealisch, stehen sehr dicht. Frucht fein punktierte, raue Kapsel.

V Auf Magerrasen, an Wegen, Böschungen und an Felshängen.

B Enthält wie alle Wolfsmilchgewächse giftigen Milchsaft. Oft von einem Rostpilz *(Uromyces pisi)* befallen, der das Erscheinungsbild der Pflanze stark verändert.

Echtes Labkraut

Galium verum

M 10–100 cm. Gold- bis zitronengelbe Blüten, 2–4 mm, in vielblütigen, rispenartigen Blütenständen; duften nach Honig; Mai bis September. Blätter in 8–12blättrigen Quirlen, 1 mm breit, am Rand umgerollt, fein zugespitzt. Stängel aufrecht, 4kantig bis rund.

V Auf Magerrasen, an Wegrändern, in lichten Wäldern und Gebüschen, in Moorwiesen und auf Dünen.

B Enthält Labferment, das Milch zum Gerinnen bringt. Früher zur Käseherstellung verwendet. Ehemals Bedeutung als Heilpflanze.

Barbarakraut

Barbarea vulgaris

M 30–60 cm. Blüten gelb, 7–9 mm, in dichter tragblattloser Blütentraube; Blütenkronblätter doppelt so lang wie der Kelch; April bis Dezember. Grundblätter mit 5–9 Paar länglich ausgeschweiften, gezähnten Seitenfiedern, Endfieder rundlich-eiförmig. Stängelblätter sitzend, verkehrt-eiförmig, tief gezähnt oder eingeschnitten. Schoten aufrecht abstehend, 15–25 mm lang.

V Feuchte Äcker und Ruderalstandorte, auf Kies- und Sandböden.

B Wird manchmal als Salat gegessen. Insektenbestäubung.

Wilde Resede

Reseda lutea

M 20–50 cm. Blüten hellgelb, 8–12 mm, in ährenförmigen Trauben; 4–6 Kronblätter, obere 2 länger als die unteren; Mai bis September. Blätter 1–2fach fiederteilig, Rand wellig, Blattstiel schmal geflügelt.

V An Wegrändern, Bahngleisen, in Steinbrüchen und auf Schutt.

B Auch Gelber Wau genannt. Enthält Senföle und Flavone, deshalb früher als Heilpflanze verwendet.

Gewöhnlicher Odermennig

Agrimonia eupatoria

M 30–100 cm. Gelbe Blüten in lang gestreckter Traube, ∅ 5–8 mm; 5 eiförmige Kronblätter, fallen bald ab. Blütezeit Juni bis September. Verkehrt-eiförmige Kelchblätter mit dichten Borsten und 10 Furchen. Stängel oben spärlich verzweigt; 10–15 cm lange, unpaarig gefiederte Blätter, unterseits graufilzig behaart.

V An Wegrändern, in Hecken und Gebüschen, auf Magerrasen.

B Galt in der Antike als Heilpflanze bei Geschwüren.

Echte Nelkenwurz

Geum urbanum

M 20–60 cm. Hellgelbe, 6–15 mm große Blüten in lockerer Rispe, erscheinen Mai bis September. Blütengriffel hakig gekrümmt, unteres Glied unbehaart. Kelch zur Fruchtzeit zurückgeschlagen. Stängel stark verästelt, Blätter 3zählig mit großen Nebenblättern.

V Feuchte Wälder, an Wegrändern und in Gebüschen.

B Naturheilkundlich als Tee bei Entzündungen, Durchfällen und Leber- und Gallenerkrankungen verwendet. Wurzel enthält ätherische Öle und Gerbstoffe.

Kriechendes Fingerkraut

Potentilla reptans

M 30–100 cm. Blüten Mai bis August, leuchtend goldgelb, bis 2,5 cm groß, einzeln am bis 1 m langen, kriechenden Stängel. Dieser wurzelt an den Knoten, ist deutlich behaart. Blätter lang gestielt, 5–7fiedrig, die Fiedern fingerförmig angeordnet, am Rand gesägt.

V Auf Wiesen und Äckern, an Wegrändern und auf Schuttplätzen.

B Häufig mit dem unten beschriebenen Gänsefingerkraut vergesellschaftet. Gilt als Pionierpflanze auf neu zu besiedelnden Standorten.

Gänsefingerkraut

Potentilla anserina

M 10–50 cm. Stängel dünn, auf dem Boden kriechend und wurzelnd, rötlich. Blüten von Mai bis August, lang gestielt, bis 2,5 cm groß, mit rundlichen gelben Kronblättern, die den Kelch um das Doppelte überragen. Blätter bis 25 cm lang, vielpaarig gefiedert, unterseits weißseidenhaarig; Fiedern tief gesägt.

V Nährstoffreiche, feuchte Böden auf Weiden und an Wegrändern, an Bahndämmen, Schuttplätzen und Ufern.

B Früher naturheilkundlich genutzt. Der Name leitet sich von den handförmig geteilten Blättern ab. Gilt als Stickstoffzeiger.

Kriechender Hahnenfuß

Ranunculus repens

M 10–50 cm. Glänzend goldgelbe, 2–3 cm breite Blüten, von aufrechten Kelchblättern eingefasst; erscheinen Mai bis September. Stängel aufrecht, an den Knoten oberirdische, wurzelnde Ausläufer. Grundblätter 3zählig, Fiedern 3spaltig, unregelmäßig gezähnt. Obere Blätter ähnlich, jedoch ungestielt.

V Feuchte, lehmige Standorte auf Wiesen und Äckern, an Wegen und Ufern; bis in alpine Regionen.

B Gilt als Stickstoffzeiger. Kommt in Gärten als Unkraut vor.

Scharfer Hahnenfuß

Ranunculus acris

M 30–100 cm. Goldgelbe, bis 2,5 cm breite Blüten; April bis Oktober. Stängel und Blätter anliegend behaart. Grundblätter handförmig 5–7teilig mit schmalen, 3spaltigen, gesägten Abschnitten; obere Blätter kürzer gestielt oder am Stängel sitzend.

V Auf Wiesen, an Wegrändern und in Gebüschen, sehr verbreitet.

B Die Pflanze ist giftig, schmeckt sehr scharf und wird deshalb vom Weidevieh gemieden. Im Heu getrocknet wird sie gefressen.

Sumpfdotterblume

Caltha palustris

M 15–35 cm. Blüten 1,5–4,5 cm, leuchtend gelb, glänzend; März bis Juni. Stängel niederliegend oder aufrecht, hohl. Grundblätter lang gestielt, Spreite herzförmig, tief dunkelgrün, am Rand gekerbt bis gezähnt, bis 15 cm breit. Balgfrüchte sternförmig ausgebreitet.

V Nur an grundwasserfeuchten Stellen in Sumpfwiesen, Gräben, an Gewässerufern oder in Auenwäldern.

B Entsprechend dem Standort sind die Samen schwimmfähig und werden auf diese Weise verbreitet. Bestäubung durch Insekten.

Scharbockskraut

Ranunculus ficaria

M 5–20 cm. Blüte wird aus 3 äußeren Hüllblättern und 8 oder mehr goldgelben, glänzenden Nektarblättern gebildet; Blütezeit März bis Mai. Stängel niederliegend oder aufsteigend; Blätter herznierenförmig, glänzend, kahl, mit stumpf gezähntem Rand.

V Auenwälder, Gebüsche und lichte Laubwälder.

B Wächst meist in kleinen Rasen. In den Blattachseln bilden sich Brutknöllchen, die der vegetativen Vermehrung dienen. Pflanze wurde früher als Heilmittel bei Skorbut (»Scharbock«) verwendet.

Schwefelkuhschelle

Pulsatilla apiifolia

M 15–40 cm. Blüten schwefelgelb, 3–7 cm groß; Mai bis Juni. Unterhalb der Blüte Blattquirl mit zerstreut behaarten Blättern. Alle Blätter 3geteilt mit 2fach gefiederten Abschnitten; die Endabschnitte der Laubblätter nicht bis zur Mittelrippe geteilt. Nach der Blüte Entwicklung eines buschig-zottigen Fruchtstandes.

V Kalkfreie Standorte auf Alpenmatten in 1000–2400 m Höhe.

B Die Art wird auch als Unterart der Alpenkuhschelle (S. 126) angesehen. Die Pflanze ist giftig, wird homöopathisch verwendet.

Trollblume G

Trollius europaeus

M 10–60 cm. Stängel unverzweigt mit handförmig geteilten Blättern, Zipfel lappig gesägt; untere Blätter gestielt, obere Blätter sitzen dem Stiel an. Blüten 2–3 cm groß, goldgelb, 5–10 Blütenhüllblätter, die sich kugelig zusammenneigen; im Blüteninneren 5–10 löffelartig verbreitete Honigblätter und viele Staubblätter. Blüht Mai bis Juni.

V Auf bodennassen, moorigen Wiesen in Höhen bis 3000 m.

B Schwach giftig. Bildet ausgedehnte Bestände. Bestäubung durch Insekten, die die fast geschlossenen Blüten als Versteck nutzen.

Sumpfschwertlilie

Iris pseudacorus

M 50–120 cm. Hellgelbe Blütenblätter, innere sehr klein, schmal-linealisch, äußere breiter und mit orangefarbener Zeichnung und bartlos. Blüte bis 10 cm lang. Blätter 1–3 cm breit, schwertförmig, bis 1 m lang. Blütezeit Mai bis Juli.

V Röhricht am Gewässerrand, Auenwälder, Gräben und Sümpfe.

B Die Pflanze ist giftig. Der Wurzelstock mächtig verzweigt und horstartig. Die Früchte werden schwimmend verbreitet.

Gelbe Teichrose

Nuphar lutea

M Bis 4 m. Blüten aus 5 gelben Blütenblättern, 4–6 cm groß; im Zentrum 7–24 gelbe Nektarblätter um eine trichterig vertiefte, strahlige Narbenscheibe; erscheinen April bis September; duften sehr stark. Schwimmblätter eiförmig mit 3fach gegabelten Nerven.

V In stehenden und langsam fließenden Gewässern.

B Die Pflanze entspringt einem verzweigten Rhizom im Gewässergrund. Kronblätter sind umgewandelte Kelchblätter; die eigentlichen Kronblätter sind die Nektarblätter im Blüteninneren.

Scharfer Mauerpfeffer

Sedum acre

M 5–15 cm. Blüten goldgelb mit waagrecht abstehenden Kronblättern; ∅ 12–15 mm. Blüht Juni bis August. Stängel kriechend bis aufsteigend mit eiförmigen, dicken, bis 4 mm langen fleischigen Blättern, die oberseits flach sind und meist in 6 Längszeilen stehen.

V Trockene sonnige Standorte auf Mauern, in Felsfluren und Schutthalden. Auch auf sandigen Standorten.

B Die Blätter schmecken bitter und enthalten ein giftiges Alkaloid. Angepasst an die trockenen Standorte dienen die Blätter als Wasserspeicher. Die Pflanze wird von Insekten bestäubt.

Waldgelbstern

Gagea lutea

M 10–30 cm. 2–7 Blüten bilden eine Scheindolde, die zwischen 2 Hochblättern entspringt, ∅ 2–2,5 cm, die Blütenblätter sind stumpf, außen grünlich streifig; Blütezeit März bis Mai. Die Pflanze hat nur ein bis 10 mm breites, breit-lineales Grundblatt mit kapuzenartig zusammengezogener Spitze.

V In Auen- und Laubwäldern, an Bachufern und in Gebüschen.

B Entspringt einer Zwiebel, die keine Nebenzwiebeln ausbildet. Häufig mit dem Bärlauch (S. 130) am gleichen Standort.

Sonnenröschen

Helianthemum nummularium

M 10–30 cm. Blüten 8–20 mm groß, in einseitswendigen Blütenständen, mit rötlichen Kelchblättern; Mai bis September. Blätter ledrig, lineal-lanzettlich, unten graufilzig; die lanzettlichen Nebenblätter sind länger als der Blattstiel.

V Sonnige Kalkmagerrasen, Waldränder, Heiden und lichte Wälder.

B Die Staubblätter sind reizempfindlich; bei Trockenheit stehen sie nach außen, bei feuchtem Wetter aufrecht.

Pfennigkraut

Lysimachia nummularia

M 10–50 cm. 12–15 mm große, gestielte Blüten stehen einzeln blattachselständig; Kronblätter innen dunkelrot-drüsig punktiert, Kelchblätter herzförmig; Blütezeit Mai bis Juli. Stängel liegend bis aufsteigend mit gegenständigen, rundlichen bis elliptischen Blättern.

V In feuchten Wiesen, Gräben, an Ufern und in feuchten Wäldern.

B Der Pflanzenname leitet sich von der rundlichen Blattform ab. Bestäubung erfolgt durch Fliegen. Verbreitung durch Ausläufer.

Gewöhnlicher Gilbweiderich

Lysimachia vulgaris

M 50–150 cm. Gelbe, 1–1,5 cm breite Blüten in endständiger, unten beblätterter Rispe; Blütenkronzipfel kahl, von rotzipfeligen Kelchblättern umfasst. Blüte Juni bis August. Stängel undeutlich kantig, kurz behaart; Blätter stehen gegenständig oder zu 3–4 quirlständig, sie sind eiförmig-länglich, 14 cm lang, drüsig punktiert.

V In Bruch- und Auenwäldern, an Ufern, in Gräben und Mooren.

B Die Bestäubung erfolgt durch Insekten. Nah verwandt mit dem Pfennigkraut (*L. nummularia*, S. 98).

Wiesenschlüsselblume

Primula veris

M 10–20 cm. Blüten 8–12 mm, in einseitswendiger Dolde; Blütenkronsaum vertieft, dottergelb, am Schlund 5 rote Flecken; Kelch glockenförmig. Die Blüten duften, erscheinen April bis Mai. Blätter länglich-eiförmig mit gekerbtem Rand.

V Wiesen, Gebüsche, Waldränder, lichte Wälder und Magerrasen.

B Wird oft mit der unten beschriebenen Hohen Schlüsselblume verwechselt. Bestäubung durch Bienen und Hummeln.

Hohe Schlüsselblume

Primula elatior

M 10–30 cm. Schwefelgelbe Blüten, 1,5–2 cm, mit flach ausgebreitetem Blütenkronsaum und eng anliegendem Kelch; Blütenschlund mit hellorangefarbenem oder gelbgrünem Ring; nur sehr schwacher Duft; Blütezeit März bis Mai. Blätter grundständig, 10–20 cm lang, unregelmäßig gezähnt, verschmälern sich zum geflügelten Stiel.

V Auen- und Laubwälder, Gebüsche, Wiesen.

B Mit oben beschriebener Wiesenschlüsselblume verwechselbar. Bestäubung durch Bienen und Hummeln.

Aurikel **G**

Primula auricula

M 5–25 cm. Blüten leuchtend gelb, 1,5–2,5 cm, mit mehligem Schlund, stark duftend; Kelch kahl, mit stumpfen Zipfeln, kürzer als die Kronröhre; blühen April bis Juni. Blätter fleischig, verkehrt-eiförmig, der Rand wirkt knorpelig; bilden grundständige Rosette; jung sind sie deutlich mehlig bestäubt.

V Kalkreiche Felstriften, Spalten und Geröll bis 2600 m Höhe.

B Die verdickten Blätter sind Wasserspeicher in Anpassung an den trockenen Standort. Wurde naturheilkundlich verwendet.

Gelber Enzian G

Gentiana lutea

M 50–140 cm. Gelbe, gestielte Blüten in 3–10blütiger Trugdolde, Blütenkrone bis zum Grund 5–6zipfelig, die Zipfel schmal lanzettlich, von einseitig aufgeschlitztem Kelch umgeben; erscheinen Juni bis August. Stängel rund, innen hohl, mit kreuzgegenständig stehenden blaugrünen, kahlen, breit-eiförmigen Blättern.
V Auf Bergwiesen, Matten, Zwergstrauchheiden bis 2200 m Höhe.
B Bitterstoffe der Wurzel regen Magensekretion an. Angebaute Pflanzen werden zur Schnapsbrennerei verwendet.

Großblütige Königskerze

Verbascum densiflorum

M 80–200 cm. Leuchtend gelbe Blüten, 3,5–5,5 cm groß, mit flacher Krone, Blütenstand unten kurz verzweigt; Staubbeutel längs mit den Staubfäden verwachsen, wohlriechend; Blütezeit Juli bis September. Blätter beidseits filzig behaart, länglich-lanzettlich, rundlich gezähnt; sie laufen bis zum nächstunteren Blatt am Stängel herab.
V An Weg- und Waldrändern, auf Kahlschlägen und Schuttplätzen.
B Wurde als Heilpflanze verwendet; enthält Schleimstoffe und Saponine. Die Pflanze ist sehr wärmeliebend.

Gewöhnliche Nachtkerze

Oenothera biennis

M 50–100 cm. Bis 3 cm breite, gelbe Blüten in entständigem, traubigem Blütenstand; blüht Juni bis September. Am abstehend behaarten Stängel bilden verkehrt-eiförmige, bis 15 cm lange Blätter eine dem Boden dicht anliegende Grundrosette; Stängelblätter deutlich kleiner und fein gesägt. Frucht auffallend behaarte Kapsel.
V Auf sandigen Böden, an Bahndämmen, Steinbrüchen und Ufern.
B Wurde aus Nordamerika eingeschleppt. Pionierpflanze mit hohem Wärmebedarf. Bestäubung durch Nachtfalter.

Echtes Johanniskraut

Hypericum perforatum

M 30–100 cm. In reichen Trugdolden stehen 20–30 cm große, gelbe Blüten mit asymmetrischen, schwarz punktierten Kronblättern; Blüte Juni bis August. Stängel aufrecht, ästig mit 2 erhabenen Längskanten, markig. Blätter stehen gegenständig; sind ei-länglich.
V An Wegrändern, in lichten Wäldern, auf Magerrasen und Wiesen.
B Wird naturheilkundlich und in der Homöopathie bei Verdauungsstörungen, als Wundmittel und zur Beruhigung benutzt.

Weidenblättriges Ochsenauge

Buphthalmum salicifolium

M 20–60 cm. Am steif aufrecht stehenden Stängel stehen einzeln gelbe, 3–6 cm breite Blütenköpfe; die randlichen Zungenblüten sind 2–3 mm breit, im Zentrum viele Röhrenblüten. Blütezeit Juli bis August. Blätter wechselständig, ungeteilt, ei-lanzettlich, seidig behaart, bis 2 cm breit, gezähnt oder ganzrandig.

V In lichten Wäldern, an Waldrändern, auf Kalkmagerrasen, Heidewiesen und anderen steinigen Plätzen, bis 2000 m Höhe.

B Sehr lichtbedürftige Pflanze, wärmeliebend und kalkanzeigend.

Großblütige Gämswurz

Doronicum grandiflorum

M 10–50 cm. Blüten einzeln, seltener bis 5 Blütenköpfe am hohlen, drüsig behaarten Stängel; 4–6 cm breit; 20–30 gelbe Zungenblüten umgeben die ebenfalls gelben Scheibenblüten. Blütezeit Juli bis August. Grundblätter breit-eiförmig; obere Blätter stängelumfassend und am Rand deutlich behaart.

V Felsschutt, Geröll in 1300–2500 m Höhe.

B Wird oft mit der unten beschriebenen Arnika *(Arnica montana)* verwechselt, die allerdings nicht auf Schutt vorkommt.

Arnika **G**

Arnica montana

M 20–60 cm. Stängel einfach oder wenigästig, drüsig behaart. Blütenköpfe dottergelb, 6–8 cm breit, Blütenboden behaart. Blüht von Mai bis August. Grundblätter verkehrt-eiförmig, ganzrandig; obere Blätter in 2–3 gegenständig sitzenden Blattpaaren.

V Trockene Bergmatten, Moorwiesen, bis 2500 m Höhe.

B Sehr alte und bekannte Heilpflanze. Enthaltene Bitterstoffe, ätherische Öle, Gerbsäure und ein Alkaloid wirken wundheilend und entzündungshemmend bei äußerer und innerer Anwendung.

Wiesenbocksbart

Tragopogon pratensis

M 30–70 cm. Blütenköpfchen 4–6 cm breit, kräftig gelb, nur aus Zungenblüten bestehend; Stängel unter dem Blütenköpfchen wenig oder nicht verdickt. Blütezeit Mai bis Juli. Blätter ungestielt, stängelumfassend, schmal-lanzettlich, in lange Spitzen auslaufend.

V Nährstoffreiche Wiesen und Halbtrockenrasen bis 2000 m.

B Der Name leitet sich von den sog. Pappushaaren ab, die nach der Blüte als bartähnliche Anhängsel der Hüllblätter erscheinen.

Ackergänsedistel

Sonchus arvensis

M 50–150 cm. Blüten 4–5 cm groß, goldgelb, stehen in lockerer, nur im oberen Stängelbereich verzweigten Doldenrispe; die Köpfchenstiele und die glockenförmige Hülle sind gelb, drüsig beborstet. Blütezeit Juli bis Oktober. Blätter kahl, gänzend grün; am Grund herzförmig abgerundet, lanzettlich, buchtig gezähnt; Stängelblätter am Grund angedrückt herzförmig, sitzend.

V Lehmige Äcker, auf Schutt, in Weinbergen und an Wegrändern.

B Blüten sind nur bei Besonnung am Vormittag geöffnet.

Kohlgänsedistel

Sonchus oleraceus

M 30–100 cm. Blütenköpfe gelb, bis 2,5 cm breit, nur Zungenblüten; Blütenhülle kahl, ca. zwei Drittel der Blütenlänge; blüht Juni bis Dezember. Stängel ästig; Blätter blaugrün, buchtig fiederschnittig, gezähnt; Blattgrund mit zugespitzten, vorgestreckten Öhrchen.

V Auf Äckern, in Unkrautfluren, Gärten und an Mauern.

B Die tief reichende Wurzel macht die Pflanze besonders widerstandsfähig. Leicht mit der Dornigen Gänsedistel *(S. asper)* verwechselbar, diese jedoch mit abgerundeten Blattgrundöhrchen.

Kleines Habichtskraut

Hieracium pilosella

M 5–30 cm. Der blattlose Stängel trägt ein bis 1,5 cm breites Blütenköpfchen, ausschließlich aus hellgelben Zungenblüten, äußere unterseits oft rötlich überlaufen; Hüllblätter 1–2 mm breit, spitz, mit Drüsenhaaren. Blütezeit Mai bis Oktober. Blätter unten graufilzig, in grundständiger Rosette, schmal-eiförmig, ganzrandig.

V Auf Trockenrasen, in Felsspalten und auf Waldlichtungen.

B Pflanze bildet Ausläufer mit zur Spitze hin kleiner werdenden Blättern. Heilpflanze, v. a. bei Katarrhen verwendet.

Huflattich

Tussilago farfara

M 5–20 cm. Blütenkörbchen 2–3 cm breit, Zungenblüten fädig, stehen in mehreren Reihen; von grünen Hüllblättern eingefasst. Blüht Februar bis April. Stängel mit rötlichen Schuppenblättern. Blätter erscheinen erst nach der Blüte, stehen in grundständiger Rosette, 10–30 cm breit, rundlich herzförmig, unten weißfilzig, gezähnt.

V Weg- und Straßenränder, Bahndämme und Ruderalstellen.

B Heilpflanze gegen Entzündungen, Husten und Bronchialleiden.

Gemeiner Löwenzahn

Taraxacum officinale

M 10–50 cm. Blüten auf blattlosem, röhrigem Stängel; ausschließlich aus Zungenblüten, 3–5 cm breit, von zurückgeschlagenen Hüllblättern umgeben. Blüht April bis Oktober. Blätter in grundständiger Rosette, länglich, tief fiederspaltig gelappt. Fruchtstand bildet die bekannte »Pusteblume« zur Windverbreitung der Samen.

V In Fettwiesen, auf Äckern, Weiden, in Dünen und Ruderalstellen.

B Sehr verbreitet und allbekannt. Enthält Milchsaft. Tief wurzelnd (bis 2 m). Naturheilkundlich bei Leber- und Nierenleiden verwendet.

Kohlkratzdistel

Cirsium oleraceum

M 50–150 cm. Blüten gelblich-weiß, gehäuft an der Stängelspitze, von bleichgrünen, weichstacheligen Hüllblättern umgeben; erscheinen Juni bis September. Blätter weich, im unteren Stängelbereich lanzettlich-fiederteilig, oben ungeteilt, eiförmig, stängelumfassend.

V Auf feuchten Wiesen, in Auenwäldern, Flachmooren, an Ufern und Gräben mit feuchten, lehmigen Böden.

B Die Gattung *Cirsium* neigt stark zur Bastardbildung. Windverbreitung der Samen, sog. Pappushaare dienen als Flugorgane.

Alpenkratzdistel

Cirsium spinosissimum

M 20–50 cm. Meist mehrere bleichgelbe Blütenköpfe am Ende der schwach verzweigten Stängel; 2–4 cm breit; von gelblichen, dornig gezähnten Hochblättern umgeben. Blütezeit Juli bis September. Blätter tief fiederspaltig, derb, sehr stachelig, stängelumfassend.

V Auf feuchten Matten, tiefgründigen Weiden und Schutt, auch an Bachrändern; in 1200–2500 m Höhe.

B Bildet meist größere Bestände am Standort; gilt als lästiges Unkraut. Der Boden muss stickstoffreich sein.

Rainfarn

Tanacetum vulgare

M 60–130 cm. Blüten in flacher, dichter Doldenrispe, goldgelb, 7–12 mm breit, ohne Zungenblüten; erscheinen Juli bis September. Blätter doppelt fiederspaltig, bis 20 cm lang.

V An Weg- und Waldrändern, in Hecken, auf Kahlschlägen.

B Blüten duften nicht. Enthält ätherische Öle und Bitterstoffe; wird als Wurmmittel und bei Verdauungsstörungen eingesetzt. Der Name »Farn« bezieht sich auf die farnähnlichen Blätter.

Kanadische Goldrute

Solidago canadensis

M 50–250 cm. Zahlreiche gestielte Blütenköpfe an bogig gekrümmten Rispenzweigen, ∅ 5–6 mm; Zungenblüten so lang wie die Röhrenblüten, Hüllblätter ungleich lang, dachziegelig. Blütezeit August bis Oktober. Stängel und Blätter dicht kurzhaarig, letztere 10–15 cm lang, lanzettlich, zugespitzt, gesägt.

V In Auenwäldern, Ufergebüschen, auf Kahlschlägen.

B Aus Nordamerika im letzten Jahrhundert bei uns eingebürgert. Breitet sich sehr stark aus. Bestäubung durch Fliegen und Falter.

Echte Goldrute

Solidago virgaurea

M 20–80 cm. Zahlreiche gelbe Blütenköpfe in aufrechter, reich verzweigter Rispe; Zungenblüten überragen weit die Röhrenblüten; ∅ 1–1,5 cm, blühen Juli bis September; Hüllblätter dachziegelig angeordnet. Blätter im unteren Stängelbereich gestielt, verkehrt-eiförmig bis elliptisch, gesägt; obere Blätter am kahlen Stängel sitzend, lanzettlich, ganzrandig.

V In lichten Wäldern, auf Kahlschlägen und an Waldrändern.

B Wird seit dem Mittelalter bei Blasen- und Nierenleiden verwendet.

Jakobsgreiskraut

Senecio jacobaea

M 30–100 cm. Goldgelbe, 1–2,5 cm große Blütenköpfe in dichten Schirmrispen; äußere Hüllblätter kürzer als die dunkelspitzigen inneren. Blütezeit Juni bis Oktober. Grundblätter rosettig, leierförmig-fiederspaltig; Stängelblätter unterseits kahl oder spinnwebig-wollig, mit rundlich gezähnelten Fiederlappen; Endlappen kurz, an der Basis mit tief zerschlitzten Öhrchen.

V Lichte Wälder, Weg- und Waldränder sowie Trockenrasen.

B Grundblätter zur Blütezeit meist schon verwelkt. Giftig (nur für Tiere bekannt).

Fuchsgreiskraut

Senecio fuchsii

M 60–180 cm. Gelbe Blüten in doldenartiger Rispe, 2–3 cm groß; bestehen aus 5 Zungenblüten und 8–14 Röhrenblüten; 8 Hüllblätter, walzenförmig; Blütezeit August bis September. Blätter lanzettlich, fein gesägt, gestielt, selten verschmälert sitzend.

V Auf Kahlschlägen, an Ufern und in Mischwäldern; bis 2200 m.

B Die Gattung *Senecio* ist sehr artenreich, es kommen häufig Bastarde vor; in der Regel jedoch Selbstbestäubung.

Gelber Eisenhut

Aconitum vulparia

M 90–150 cm. Blüten blassgelb, 1,5–2,2 cm, Helm viel höher als breit; stehen in einfacher, ästiger Traube am Oberende des aufrechten, oben dicht behaarten Stängels; erscheinen Juni bis August. Blätter handförmig, 5–7spaltig, mit breiten Zipfeln.

V In Bergwäldern, Schluchten, Hochstaudenfluren bis 2400 m.

B Sehr giftig, enthält Aconitin; im Mittelalter als Ködergift für Raubtiere, v. a. Wölfe, verwendet, deshalb auch Wolfseisenhut genannt.

Echter Steinklee

Melilotus officinalis

M 30–90 cm. Blüten 5–7 mm, am aufrechten Stängel in 4–10 cm langen Trauben, Blütenflügel sind länger als das Schiffchen; Blütezeit Mai bis September. Blätter 3teilig mit länglichen, gesägten Fiederblättchen. Stängel kantig, verzweigt.

V An Wegrändern, auf Mauern, Schuttplätzen und in Steinbrüchen.

B Blüten duften intensiv nach Honig. Pflanze enthält das Glykosid Melilotosid, das sich beim Trocknen in Cumarin umwandelt; letzteres wirkt entzündungshemmend und kann zur Behandlung von Geschwüren benutzt werden. Wichtige Bienenweide.

Hopfenklee

Medicago lupulina

M 10–60 cm. Blüten stehen in fast kugeligen 10–50blütigen Trauben, sind 3–5 mm lang, erscheinen April bis September. Blätter 3zählig gefingert, Fiedern verkehrt-eiförmig, fein gesägt; an der Spitze ausgerandet mit kleinem Zahn, unterseits anliegend behaart.

V Auf Magerrasen, an Wegrändern, Äckern und Bahndämmen.

B Gilt als Rohbodenpionier; der Boden muss nährstoffarm sein.

Wundklee

Anthyllis vulneraria

M 10–30 cm. Blüten 1–2 cm, gelb bis orangerot, stehen in 3–4 cm großen Köpfchen; Blütezeit Mai bis August. Am aufsteigenden bis niederliegenden Stängel stehen gefiederte Blätter mit weniger als 17 Fiedern; die Fiedern sind länglich-oval, die Endfieder größer als die Seitenfiedern; untere Blätter oft ungeteilt.

V Auf Magerrasen, an Wegrändern, Böschungen und in Steinbrüchen mit lockeren, sandigen oder steinigen Böden.

B Wurde früher naturheilkundlich zur Behandlung von Wunden und Geschwüren verwendet. Wird v. a. von Hummeln bestäubt.

Gewöhnlicher Hornklee

Lotus corniculatus

M 10–45 cm. Blüten in 3–8blütigen Dolden, 8–15 mm groß, gelb, Blütenschiffchen rechtwinkelig nach oben gebogen, oft rötlich überlaufen. Blütezeit Mai bis September. Stängel kantig, innen markig, aufsteigend bis niederliegend. 5teilige Fiederblätter aus verkehrt-eiförmigen Fiedern, 2 Fiedern direkt am Stängel.

V Auf trockenen Wiesen, in Gebüschen, Böschungen, Steinbrüchen und an Wegrändern.

B Die Wurzeln reichen sehr tief, sodass sehr trockene Standorte möglich sind. Hülsenfrüchte hornähnlich gekrümmt (Name!).

Wiesenplatterbse

Lathyrus pratensis

M 20–100 cm. Gelbe Blüten in 3–10blütigen Trauben; Einzelblüte 1–2 cm lang; erscheinen Juni bis Juli. Blätter aus 2 lanzettlichen Fiederblättern mit Endranke, am Blattstiel 2 spitz zulaufende Nebenblätter. Stängel kantig mit unterirdischen Ausläufern.

V Auf feuchten Wiesen, Moorwiesen und in lichten Wäldern.

B Die Pflanze schmeckt bitter und wird deshalb vom Weidevieh gemieden. Lebt – wie alle Schmetterlingsblütler – mit Wurzelpilzen die den Luftstickstoff binden können, in enger Lebensgemeinschaft.

Ackerstiefmütterchen

Viola arvensis

M 5–20 cm. Gelbliche, meist violett gestreifte Blüten, ∅ 1–1,5 cm, Kronblätter kürzer oder ebenso lang wie die Kelchblätter; Blütezeit Mai bis Oktober. Stängel verzweigt, kahl oder schwach behaart, mit spatelförmigen Blättern, größte Blätter beiderseits mit 5 Kerben.

V Auf Äckern, an Wegrändern und auf Schutthalden.

B Die Gattung *Viola* neigt sehr stark zur Bastardbildung und ist sehr artenreich. Das Gartenstiefmütterchen ist ebenfalls ein Bastard.

Zweiblütiges Veilchen

Viola biflora

M 10–20 cm. Zitronengelbe Blüten mit bräunlichen Streifen, meist zu zweit in einer Blattachsel, 1–1,5 cm groß, erscheinen Mai bis Juni; Kelchblätter spitz; Griffel mit abgeflachtem, 2lappigem Narbenkopf. Stängel kriechend mit nierenförmigen, ringsum gekerbten Blättern; Nebenblätter meist ganzrandig.

V In feuchten Wäldern der Montanregion; 1500–2500 m Höhe.

B Schattenpflanze, die mit minimalem Lichtangebot zurechtkommt.

Goldnessel

Lamiastrum galeobdolon

M 20–60 cm. In den Achseln der oberen Blätter goldgelbe, 1,5–2,5 cm große Blüten mit 3zipfeliger, rotbraun gefleckter Unterlippe; Blütenkrone außen behaart; Blütezeit April bis Juli. Blätter gestielt, eiförmig, am Rand kerbig gesägt, schwach behaart, stehen kreuzgegenständig am 4kantigen Stängel.

V In verschiedenen Waldtypen und Gebüschen.

B Pflanze bildet Ausläufer, die an der Spitze wurzeln. Bevorzugt nährstoffreiche und steinige Böden.

Klebriger Salbei

Salvia glutinosa

M 40–80 cm. Blüten in 6–10quirligen Teilblütenständen mit jeweils 4–8 hellgelben, braunrot punktierten Blüten; Blütenkrone 3–4 cm lang, 3 mal länger als der dicht drüsig-klebrig behaarte Kelch; blüht Juli bis September. Stängel und Blätter ebenfalls drüsig-klebrig behaart; Blätter gestielt, oval, lang zugespitzt; Blattrand grob gesägt.

V Laub- und Mischwälder, Hochstaudenfluren bis 1500 m Höhe.

B Bevorzugt schattige Standorte. Wird von Insekten bestäubt, wobei Pollen durch einen Hebelmechanismus auf dem Rücken der Insekten abgestreift wird und so auch auf die Narbe gelangt.

Bunter Hohlzahn

Galeopsis speciosa

M 50–100 cm. Gelbe Blütenkrone mit violettem Mittelappen der Unterlippe, 2–3,5 cm lang; Kelch nur halb so lang. Blütezeit Juni bis Oktober. Blätter gestielt, eiförmig-lanzettlich, gezähnt, spitz. Stängel unter den Knoten steif abstehend behaart, sonst kahl.

V In lichten Wäldern, auf Kahlschlägen und in Gebüschen.

B Sehr verbreitet. Häufige Bastardbildung bei den *Galeopsis*-Arten.

Wiesenwachtelweizen

Melampyrum pratense

M 10–50 cm. Blüten gelblich-weiß, 1–2 cm, in einseitswendiger, lockerer Ähre; Kronröhre gerade, steht rechwinklig von Blütenachse ab; Kelch aus linealen Kelchzähnen, halb so lang wie die Kronröhre, die oberen abgespreizt. Blütezeit Mai bis September. Am aufrechten Stängel raue, lineal-lanzettlich Blätter.

V In lichten Wäldern, Gebüschen, auf Heiden und in Mooren.

B Halbschmarotzer; zapft mit sog. Haustorien die Wurzeln von Wirtspflanzen an und entzieht Wasser und Nährsalze.

Gemeines Leinkraut

Linaria vulgaris

M 20–60 cm. Im traubigen Blütenstand stehen schwefelgelbe Blüten mit orangefarbenem Schlund; der Sporn ist 2–3 cm lang und gerade; Blütezeit Juni bis September. Stängel unverzweigt, dicht mit lineal-lanzettlichen, blaugrünen Blättern besetzt.

V An Wegrändern, in Gräben, Steinbrüchen und an Mauern.

B Pflanze verbreitet sich durch Wurzelsprosse. Im Mittelalter zum »Gilben« der Wäsche verwendet, ein damals üblicher Brauch.

Zottiger Klappertopf

Rhinanthus alectorolophus

M 20–60 cm. Blüten in den Achseln von zottig behaarten, gleichmäßig bezähnten Tragblättern; sie sind gelb, in der Oberlippe ein violetter Zahn; Kelch zottig behaart; blühen Mai bis September. Blätter gegenständig, länglich-lanzettlich, am Rand gesägt.

V Auf Fettwiesen, Äckern und auf Halbtrockenrasen bis 2300 m.

B Der Name leitet sich von der Behaarung und von den in der Samenkapsel klappernden Samen ab. Die Pflanze ist ein Halbschmarotzer, d.h. sie entzieht einer Wirtspflanze Wasser und Nährsalze an den Wurzeln. Blütenbestäubung durch Hummeln.

Großblütiger Fingerhut

Digitalis grandiflora

M 40–120 cm. Hell- bis ockergelbe Blüten in einseitswendiger Traube am Stängeloberende; breit-bauchig, innen braun gefleckt, 3–4 cm lang, erscheinen Juni bis September. Kelch, Stängel und Blütenstiele drüsenhaarig; Blätter lanzettlich, fein gesägt, oben glänzend, unten und am Rand flaumig.

V Laub- und Mischwälder, Kahlschläge, an buschigen Hängen.

B Enthält giftige Digitalis-Glykoside, die als Herz- und Kreislaufmittel verwendet werden; heute synthetisch hergestellt.

Gewöhnlicher Wasserschlauch **G**

Utricularia vulgaris

M 15–35 cm. Frei schwimmende Wasserpflanze; goldgelbe Blüten ragen zu 3–15 in Trauben über die Wasseroberfläche; sie sind 1,5–2 cm groß; mit sattelförmig gebogener Unterlippe, seitliche Ränder nach unten umgeschlagen. Blütezeit Juni bis August. Blätter in haarförmige Zipfel geteilt, mit 10–100 »Schläuchen«.

V In stehenden Gewässern, wie Tümpeln und Gräben.

B Fängt und verdaut mit den »Schläuchen« kleine Wasserinsekten.

Kleinblütiges Springkraut

Impatiens parviflora

M 20–60 cm. Kleine, 8–10 mm große Blüten, aufrecht stehend, mit geradem, kegelförmigem Sporn; sie stehen in 4–10blütigen Trauben, die die Tragblätter überragen. Die Kronblätter sind blassgelb; Blütezeit von April bis Oktober. Stängel glasig, an den Gelenken verdickt; die Blätter oval, spitz auslaufend, Blattrand gezähnt.

V In Laub- und Nadelwäldern, an Wegrändern und Flussufern.

B Bildet am Standort meist größere Bestände. Die Kapselfrüchte verfügen ebenso wie beim Echten Springkraut (unten) über einen besonderen Schleudermechanismus. Die Pflanze wurde im letzten Jahrhundert aus Ostasien über Botanische Gärten eingeschleppt.

Echtes Springkraut

Impatiens noli-tangere

M 30–80 cm. Blüten in 2–4blütigen Trauben, 2–3 cm groß; die Kronblätter gelb, innen rötlich punktiert, paarweise verbunden; der Sporn ist nach unten gekrümmt; die Blütentrauben überragen nicht die Tragblätter. Blüht von Juli bis September. Der ästige, glasig-durchscheinende Stängel trägt eiförmige, stumpf gezähnte Blätter; sie stehen wechselständig.

V Bevorzugt in feuchten Laubwäldern und Auenwäldern; auch an Gewässerufern, seltener in Nadelwäldern.

B Meist in größeren Beständen. Wie beim oben beschriebenen Kleinblütigen Springkraut werden die Samen nach Berührung (Beiname »Rühr-mich-nicht-an«) aus einer Saftkapsel bis 2 m weit herausgeschleudert. Die Schleuderbewegung entsteht durch Trennung der Fruchtblätter, die sich danach blitzartig aufrollen.

Frauenschuh G

Cypripedium calceolus

M 20–50 cm. Der Blütenstand dieser Orchidee wird aus 1–2, 6–9 cm großen Einzelblüten gebildet. Diese mit kennzeichnender, schuhförmiger, 3–4 cm großen Lippe, umgeben von 4 rotbraunen, lanzettlichen Blütenblättern, die schraubig gedreht sind. Blütezeit Mai bis Juli. Laubblätter breitelliptisch, hellgrün, feine Behaarung der Nervatur; sie umfassen den Stängel.

V Bevorzugt in schattigen Laub- und Nadelwäldern mit Kalkböden.

B Der »Schuh« stellt eine Insekten-Gleitfalle dar, d. h. die glatten, öligen Innenwände ermöglichen eingedrungenen Insekten nur einen Weg nach außen, der die Bestäubung gewährleistet. Futter als Lockmittel wird nicht angeboten.

Krebsschere G

Stratiotes aloides

M 15–40 cm. Frei auf der Oberfläche schwimmende Pflanze. Blüten 1geschlechtig; ♂ Blüten gestielt, ♀ Blüten sitzend, bestehen aus 3 grünen Kelchblättern und 3 weißen Kronblättern, die einem bleibenden Hochblatt entspringen. Blütezeit Mai bis Juli. Blätter schwertförmig, gesägt, dunkelgrün, bis 40 cm lang.

V In stehenden oder langsam fließenden Gewässern, v. a. in Verlandungszonen. Das Wasser muss nährstoffreich sein.

B Bildet oft dichte Bestände, die Ausbreitung erfolgt über Ausläufer.

Gemeiner Froschlöffel

Alisma plantago-aquatica

M 20–100 cm. An 2 cm langen, schlanken Stielen stehen von Juni bis September zwittrige, 5–8 mm große Einzelblüten; äußere 3 Blütenblätter grün, breit-eiförmig, innere 2–3 mal so groß, weißlich oder rosa, am Grunde mit gelbem Nagel. Lang gestielte, löffelartig geformte Luftblätter bilden eine aus dem Wasser ragende Rosette, daneben linealische, sitzende Wasserblätter.

V Im Röhricht von Sümpfen, Teichen und Gräben.

B Blätter und Wurzelstock der Pflanze sind giftig.

Wiesenlabkraut

Galium mollugo

M 30–100 cm. Weiße, 2–5 mm große Blüten in rispenartigen Blütenständen, die Blütenstiele sind etwas länger als die Blüten; die 4 Kronblätter laufen in eine feine Grannenspitze aus; Blütezeit Mai bis September. Blätter 2–8 mm breit, lanzettlich, glatt, flach oder im Randbereich leicht umgebogen; sie stehen meist zu 8 im Quirl. Der Stängel ist 4kantig, aufsteigend.

V Kommt auf Fettwiesen und in lichten Wäldern vor.

B Enthält Labferment, wurde früher zur Käseherstellung verwendet.

Waldmeister

Galium odoratum

M 10–30 cm. Am Oberende des glatten, 4kantigen Stängels stehen 5 mm große, weiße Blüten in rispigem Blütenstand; die 4zipfelige Blütenkrone ist trichtrig. Blütezeit April bis Mai. Blätter lanzettlichstachelspitz, stehen zu 6–9 in einem Quirl.

V Oft in Massenbeständen in lichten Laubmischwäldern.

B Die Pflanze enthält Cumarin, das den typischen Geruch verursacht. Wird in der Parfümerie und als Geschmacksstoff verwendet.

Hirtentäschelkraut

Capsella bursa-pastoris

M 10–50 cm. Weiße, 4–5 mm große Blüten in endständiger Traube, meist gemeinsam mit den bekannten, 3eckig verkehrt-herzförmigen Schötchen; die Blütenkronblätter sind länger als die grünen Kelchblätter; Blütezeit Februar bis September. Stängelblätter ungeteilt, mit breiten Öhrchen den Stängel umfassend; Grundblätter rosettig, buchtig gelappt bis fiederteilig.

V Wegränder, Äcker, Schuttplätze und Unkrautstandorte.

B Die Pflanze ist sehr formenreich, gilt als typischer Kulturbegleiter.

Ackerhellerkraut

Thlaspi arvense

M 15–40 cm. 4–5 mm breite, weiße Blüten in endständigen Trauben; Blütezeit von April bis Oktober. Unterhalb der Blüten stehen ringsum geflügelte Schötchen, ∅ 10–18 mm, Flügel an der Oberseite U-förmig eingekerbt. Grundblätter gestielt, verkehrt-eiförmig, Stängelblätter lanzettlich, sitzen am kantigen Stängel.

V Auf Äckern, in Gärten und Schuttplätzen anzutreffen.

B Die Pflanze gilt als typischer Kulturbegleiter. Aus den münzenähnlichen Schötchen (Name!) werden die Samen durch einen Schleudermechanismus verbreitet.

Hederich

Raphanus raphanistrum

M 20–60 cm. Blüten weiß bis gelblich, hellgelb oder violett geadert, mit aufrechtem Kelch; 2–3 cm groß; Blütezeit Juni bis August. Im Blütenstand meist perlschnurartig eingeschnürte, bis 10 cm lange Schoten. Blätter gestielt, obere Blätter ungeteilt und unregelmäßig gezähnt, untere Blätter fiederlappig bis fiederteilig.

V In allen Unkrautbeständen, sehr häufig an Ackerwegrändern.

B Gilt als Wildform unserer kultivierten Garten-Rettiche.

Knoblauchsrauke

Alliaria petiolata

M 20–100 cm. In endständiger Blütentraube stehen am kantigen, im unteren Teil behaarten Stängel bis 6 mm große, weiße Blüten, Blütezeit April bis Juni. Grundblätter nierenförmig mit kerbig gesägtem Rand, obere Blätter kurz gestielt, 3eckig, unregelmäßig gezähnt.

V In Laubwäldern, Unkrautbeständen, an Hecken und auf Schutt.

B Beim Zerreiben der Pflanze entsteht ein intensiver Knoblauchduft (Name!); wurde früher naturheilkundlich verwendet.

Weißer Alpenmohn

Papaver sendtneri

M 5–20 cm. Am Stängelende weiße, bis 4 cm große Blüte mit vielen Staubgefäßen und meist 5strahliger Narbe; Blütezeit Juli bis August. Blätter in grundständiger Rosette, blaugrün, einfach bis doppelt gefiedert, Blattzipfel meist spitz. Stängel steif gelb behaart.

V Auf Schutthalden und Geröllfeldern der nördlichen Kalkalpen.

B Bildet meist größere Bestände. Die Blüten duften. Hat eine tiefreichende Pfahlwurzel, die Seitenwurzeln dienen der Ernährung.

Alpenkuhschelle

Pulsatilla alpina

M 10–30 cm. Schneeweiße Blüten mit ausgebreiteten, außen zottig behaarten, blau überlaufenen Blütenkronblättern; erscheinen Juni bis Juli. Blätter des Hochblattquirls sind kurz und breit gestielt; Grundblätter 3zählig, zerstreut behaart, doppelt fiederschnittig, die Endabschnitte sind nicht bis zur Mittelrippe geteilt.

V Auf steinigen Alpenmatten in 1000–2400 m; kalkliebend.

B Eine Unterart ist die Schwefelkuhschelle (S. 96), diese meidet allerdings Kalk. Nach der Blüte bilden sich fedrige, schopfige Fruchtstände, die aus verlängerten, behaarten Griffeln bestehen.

Alpenhahnenfuß

Ranunculus alpestris

M 5–10 cm. Blüten leuchtend weiß, 2–3 cm groß, am Ende blattloser gefurchter Stängel; 5blättriger Kelch, kahl, kürzer als die 5 verkehrt-herzförmigen Honigblätter. Blüht Juni bis September. Blätter rundlich, gekerbt, 3–5lappig, mit herzförmigem Grund, glänzend.

V Feuchte Matten der Kalkalpen, in Schneemulden und auf überspülten Weiden in 1500–2800 m Höhe.

B Entwickelt schon unter der Schneedecke die Blätter, erblüht nach Schneeschmelze sehr schnell. Die scharf schmeckenden Blätter werden sehr gern von Gämsen gefressen (»Gamskress«).

Flutender Hahnenfuß

Ranunculus fluitans

M 1–3 m. Blüten weiß, gestielt, 1–2 cm groß, 5–12 Kronblätter und 5 grüne Kelchblätter; die Kronblätter sind am Grunde gelb; Blütezeit Juni bis August. Am flutenden, kahlen Stängel lange Wasserblätter mit pfriemlichen Zipfeln; Schwimmblätter fehlen.

V Dichte Bestände in schnell fließenden Bächen und Flüssen.

B Bestäubung und Fruchtbildung wird durch Überflutung erschwert.

Buschwindröschen

Anemone nemorosa

M 10–25 cm. Weiße bis rötlich violette Blüten mit gelben Staubbeuteln, 2–4 cm groß; Pflanze meist 1blütig; Blütezeit März bis April. 3 handförmig geteilte Hochblätter mit 2–3spaltigen Blattfiedern; Blattrand ungleich gesägt.
V In lichten Laub- und Nadelwäldern; Gebüschen und Waldwiesen.
B Die Pflanze bildet Massenbestände, gilt als typischer Frühblüher unserer Wälder. Bestäubung und Fruchtverbreitung durch Insekten.

Schneerose G

Helleborus niger

M 10–30 cm. Am einblütigen Blütenschaft stehen weiße oder rötliche Blüten, ∅ 5–8 cm, mit tütenförmigen, gelbgrünen Honigblättern; erscheinen Februar bis April. Stängel dick, fleischig, mit schuppigen Hochblättern. Blätter dunkelgrün, 7–9teilig, ledrig, wintergrün.
V In Wäldern, Gebüschen auf humusreichen Böden. In den Alpen an steinigen Abhängen und Bergwäldern; bis 1800 m Höhe.
B Entspringt einem schwarzen (niger=schwarz) Wurzelstock. Blüht in milden Wintern bereits ab Weihnachten, deshalb auch Christrose genannt. Enthält giftige Glykoside; wird naturheilkundlich verwendet.

Traubensteinbrech

Saxifraga paniculata

M 5–45 cm. Blüten 1–1,5 cm groß, in rispigen Trauben an den Seitenzweigen; weiß bis gelblich, oft rot gepunktet. Blütenstiel oben drüsig; entspringt einer halbkugeligen Grundrosette aus gesägten, bis 5 cm langen und 6 mm breiten Rosettenblättern, die am Grund steif bewimpert und ringsum mit weißen Kalkporen besetzt sind.
V Kommt auf kalkigem Gestein in Felsspalten, auf Schutt und Steinrasen vor. In den Alpen bis 3000 m Höhe.
B Erträgt sehr tiefe Temperaturen, kommt deshalb an Extremstandorten vor. Die kleinen, ledrigen Blätter verdunsten sehr wenig.

Waldsauerklee

Oxalis acetosella

M 5–15 cm. Einzeln stehende weiße bis rosa Blüten, purpurn geadert, von länglich eiförmigen Kelchblättern umgeben; Blütezeit April bis Mai. Blätter grundständig, gestielt, 3zählig kleeblattartig.
V Feuchte, schattige Laub- und Nadelwälder.
B Entspringt verzweigtem Rhizom. Enthält Oxalsäure (Name!), die den sauren Geschmack der Blätter verursacht.

Einblütiges Wintergrün

Moneses uniflora

M Am 1blütigen, 3–10 cm hohen, blattlosen Stängel steht eine nickende, 1,5–2 cm große weiße Blüte; Kronblätter radförmig ausgebreitet; gerader, großer Griffel von gehörnten Staubgefäßen umgeben; Blütezeit Mai bis Juli. Die Blätter sind immergrün, bis 2 cm lang, eiförmig bis eilänglich, der Rand fein gesägt, am Grund keilförmiger Übergang in den Blattstiel, sie stehen in einer Grundrosette.
V Bevorzugt in lichten Nadelwäldern, aber auch in Eichenwäldern.
B Lebt in Symbiose mit Wurzelpilzen, die die Wasser- und Nährstoffversorgung an den Wurzeln gewährleisten.

Sumpfherzblatt G

Parnassia palustris

M 10–45 cm. Weiße Blüten am Oberende des kantigen Blütenstängels; sie sind 5zählig, die Kronblätter mehrnervig, im Blütenzentrum wechseln 5 Staubblätter mit 5 gelbgrünen Honigblättern ab, die in gelben Drüsenköpfchen enden. Blütezeit Juli bis September. Im unteren Stängeldrittel ein sitzendes, ganzrandiges herzförmiges Blatt; Blätter in der Grundrosette lang gestielt, herz-eiförmig.
V In Sumpfwiesen, Flachmooren, im Gebirge auf Trockenrasen.
B Pflanze zeigt temperaturabhängige Größenvarianz, d. h. an kalten Standorten werden die Blüten meist nur 1 cm groß.

Fieberklee G

Menyanthes trifoliata

M 10–40 cm. Pflanze entspringt einer meist unter Wasser kriechenden Grundachse. Blüten in endständiger Blütentraube aus weißen, trichtrigen Blüten mit 5 zurückgeschlagenen, bärtigen Zipfeln; Staubgefäße violett; Blütezeit Mai bis Juni. Blätter gestielt, 3zählig gefingert mit verkehrt-eiförmigen, am Rand gekerbten Fiedern.
V In Mooren, Sumpfwiesen, Gräben; an Tümpeln und Teichen.
B Wurde als Heilpflanze zur Fiebersenkung (Name!) verwendet.

Bärlauch

Allium ursinum

M 20–50 cm. In flacher bis halbkugeliger Dolde stehen weiße, 1,5 cm große Blüten; Blütenblätter spitz-lanzettlich; blüht April bis Juni. Blätter lang gestielt, eiförmig bis lanzettlich. Stängel 3kantig.
V In Auenwäldern und feuchten Laub- und Mischwäldern.
B Meist in Massenbeständen. Pflanze riecht stark nach Knoblauch. Deshalb werden die Blätter gern in der Küche verwendet.

Taubenkropfleimkraut

Silene vulgaris

M 10–50 cm. Weiße Blüten mit kugeligem, bleichem Kelch (Name!); Kelch netzartig mit 20 Nerven. Kronblätter tief 2teilig; der Blütenstand rispig am Oberende des aufrechten Stängels; Blütezeit Juni bis September. Blätter elliptisch bis lanzettlich, blaugrün gefärbt.

V Auf Trockenrasen, an Wegrändern und Böschungen, auf Kies.

B Die formenreiche Art wird wegen ihres großen Nektarangebotes von verschiedenen Nachtfaltern angeflogen und bestäubt.

Weiße Lichtnelke

Silene latifolia

M 30–100 cm. Die 2–3 cm große, weiße Blütenkrone besteht aus 2lappigen Kronblättern; Kelch aufgeblasen, die Kelchzähne schmal 3eckig, stumpf; Blütezeit Juni bis September. Stängel aufrecht, mehrfach verzweigt, oben drüsig, weichhaarig, mit breit-lanzettlichen bis eiförmigen Blättern; untere Blätter gestielt, obere sitzend.

V Wächst auf Äckern, Schutt, an Wegrändern und Ruderalflächen.

B Die stark duftenden Blüten öffnen sich erst am Nachmittag. Es gibt ♂ und ♀ Pflanzen. Die Bestäubung erfolgt durch Nachtfalter.

Ackerhornkraut

Cerastium arvense

M 5–30 cm. Blüten mit tief 2teiligen Blütenkronblättern, etwa doppelt so lang wie der Kelch, ∅ 1,5–2 cm, mit 5 Griffeln; Kelch und Blütenstiele sind drüsig behaart. Sie stehen in lockerer 2gabeliger Trugdolde und erscheinen April bis September. Blätter länglich-lanzettlich, alle sitzend, in den Blattachseln Blattknospen oder Seitensprosse; Hochblätter an der Spitze breit-hautrandig. Stängel und Blätter dicht kurzhaarig, jedoch nicht weißfilzig.

V An Feld- und Wegrainen, Bahndämmen, auf Äckern und Dünen.

B Insektenbestäubung, Samenverbreitung durch Ameisen.

Große Sternmiere

Stellaria holostea

M 10–40 cm. Blüten mit weißen, bis zur Mitte gespaltenen Kronblättern, Kelch erreicht nur die halbe Kronblattlänge; Blüten 2–3 cm groß, blühen April bis Juni. Stängel unten 4kantig, oben zerstreut behaart; Blätter alle sitzend, sehr steif, lineal-lanzettlich.

V In krautreichen Laubwäldern, Gebüschen und Hecken.

B Blüten in einem Dichasium, d.h. Hauptachse verzweigt sich jeweils in 2 Seitentriebe mit Blüten.

Vogelmiere

Stellaria media

M 10–40 cm. Weiße Blüten mit tief 2teilig gespaltenen Kronblättern, ∅ 6–10 mm; Kelchblätter erreichen die Länge der Kronblätter; 3–5 Staubblätter; Blütezeit März bis Oktober. Stängel 1reihig behaart, rund, mit herz-eiförmigen Blättern, die unteren gestielt.

V In Gärten, Weinbergen, auf Äckern, an Ufern und in Wäldern.

B Die Pflanze gilt als Stickstoffzeiger. Sie ist ein klassischer Kulturfolger und weltweit verbreitet. Naturheilkundlich genutzt.

Schwarzer Nachtschatten

Solanum nigrum

M 30–100 cm. Blütenkrone weiß, gelbe vorragende Staubbeutel; ∅ 5–8 mm, Kronzipfel spitz, ausgebreitet bis zurückgeschlagen; die Blüten stehen in lockeren Blütenständen. Blütezeit Juni bis Oktober. Stängel schwach behaart bis kahl, die Blätter oval, ganzrandig. Typisch auch die schwarzen oder grünlich gelben Beeren.

V Gedeiht auf Äckern, Schuttplätzen und an Unkrautstandorten.

B Die Pflanze enthält giftige Alkaloide, v. a. in den Beeren; sie riecht unangenehm. Es gibt 2 ähnliche Unterarten.

Weiße Schwalbenwurz

Vincetoxicum hirundinaria

M 30–120 cm. Die Blüten stehen in ungleich gegabelten Teilblütenständen, sind weiß bis gelblich, trichterförmig mit kleiner Nebenkrone, ∅ 4–7 mm; Blütezeit Mai bis August. Stängel aufrecht mit länglich-herzförmigen, zugespitzten Blättern.

V In Gebüschen, Laub- und Mischwäldern und auf Trockenwiesen.

B Die Pflanze ist stark giftig. Die Bestäubung erfolgt durch Fliegen, die sich in einem Klemmkörper zwischen 2 Staubbeuteln verfangen; Befreiung ist nur möglich, wenn Pollenmasse mitgenommen wird.

Ährige Teufelskralle

Phyteuma spicatum

M 20–80 cm. Gelblich-weiße Blüten in anfangs eiförmigem, später ährigem Blütenstand; dieser wird 4–10 cm lang; Einzelblüten mit an der Spitze verwachsenen Kronblättern. Blütezeit Mai bis August. Blätter herzförmig, doppelt gesägt; Grundblätter gestielt, nach oben werden die Stiele kürzer, die oberen Blätter sitzen dem Stängel an.

V Auf Wiesen und in allen Waldtypen anzutreffen.

B Die Pflanze hat eine rübenförmige, dicke Wurzel. Sie wird von Insekten bestäubt, die Samen werden durch den Wind verbreitet.

Silberwurz

Dryas octopetala

M 2–10 cm. Am Ende drüsig behaarter Stängel stehen weiße Blüten mit 8 Kelch- und Kronblättern. Blütezeit Juni bis Juli. Blätter länglich-elliptisch, immergrün, ledrig, unterseits weißfilzig. Als Frucht entwickelt sich eine Sammelfrucht aus geschwänzten Nüsschen, die eine zottig behaarte »Perücke« bilden.

V Auf alpinen Steinrasen, Schutt und Zwergstrauchheiden in 500–2600 m Höhe. Bildet meist kleinere Trupps am Standort.

B Die Pflanze kann bis 100 Jahre alt werden. Die »Fruchtperücke« entsteht aus verlängerten, fedrig behaarten Griffeln.

Walderdbeere

Fragaria vesca

M 5–20 cm. Weiße Blüten mit 5 rundlichen, 5–6 mm langen Kronblättern am Oberende des blattlosen, behaarten Blütenstängels; Kelch steht waagrecht ab oder ist, v. a. zur Fruchtzeit, zurückgeschlagen; Blütezeit Mai bis Juni. Blätter 3zählig, am Rand gesägt, unterseits seidenhaarig, oben locker anliegend behaart. Als Frucht entwickelt sich die allbekannte, leuchtend rote Erdbeere.

V Gedeiht auf Waldlichtungen, an Gebüsch- und Heckenrändern.

B Die Erdbeere ist keine Beere, sondern eine Sammelfrucht: Auf der fleischig gewordenen Blütenachse sitzen zahlreiche sog. Nüsschen. Die Vermehrung erfolgt durch Ausläufer. Verbreitung der »Beeren« aber auch durch Menschen und Tiere.

Echtes Mädesüß

Filipendula ulmaria

M 50–150 cm. Die Blüten befinden sich in vielstrahligen Trugdolden, sind 5–10 mm groß, weiß bis gelblich und duften deutlich mandelartig; erscheinen Juni bis August. Stängel aufrecht, kantig, mit unpaarig gefiederten, dunkelgrünen, doppelt gesägten Laubblättern, unterseits weißfilzig; Endfieder handförmig, 3–5spaltig.

V Gedeiht auf nassen Wiesen, in Gräben, Flach- und Zwischenmooren und im Röhricht.

B Enthält giftige Glykoside, deshalb früher naturheilkundlich verwendet. Diente wegen des ätherischen Öls in den Blüten als Zusatz bei der Met-Herstellung (Name!), einem bierähnlichen Getränk.

Wiesenkerbel

Anthriscus silvestris

M 60–150 cm. In 8–15strahligen, 6–12 cm breiten Dolden stehen weiße Blüten mit wenig vergrößerten Randblüten; Döldchen mit 4–8blättrigen, am Rand bewimperten Hüllchen. Blütezeit April bis August. Stängel gefurcht, innen hohl, unten rau behaart. Blätter 2–3fach gefiedert, unterste Fieder kleiner als die Restspreite.

V In Fettwiesen, Gebüschen, an Wald- und Wegrändern.

B Tritt meist in größeren Massen auf und gilt als Stickstoffzeiger. Verwandt mit dem Gartenkerbel *(A. cerefolium)*; dessen Dolden allerdings nur 2–6strahlig und der Stängel fein gerillt.

Geißfuß

Aegopodium podagraria

M 50–100 cm. Stängel kantig gefurcht, am Oberende mit 12–20strahliger Dolde mit kleinen weißen Blüten; Hüll- und Hüllchenblätter fehlen; Blütezeit Mai bis September. Blätter doppelt 3zählig; unterste Blattfieder ziegenfußähnlich (Name!) 2spaltig.

V In feuchten Wäldern, an Wegrändern, Hecken und Ufern.

B Pflanze entspringt unterirdischen Ausläufern, deshalb als Gartenunkraut sehr hartnäckig. Früher als Heilpflanze verwendet.

Wiesenbärenklau

Heracleum sphondylium

M 30–250 cm. Weißblütige Dolde mit 15–45 Strahlen, ∅ bis 20 cm; keine Hülle, jedoch lanzettliche Hüllchenblätter; blüht Juni bis Oktober. Stängel 4–20 mm dick, hohl, deutlich gefurcht und beborstet. Blätter einfach gefiedert, bis 40 cm groß, untere rinnig gestielt, obere sitzend mit aufgeblasenen Blattscheiden.

V Auf Fettwiesen, in Wäldern, Gräben, Gebüschen und an Ufern.

B Bestäubung durch Fliegen und Käfer, die oft auf den Dolden anzutreffen sind. Früher naturheilkundlich eingesetzt.

Wilde Möhre

Daucus carota

M 50–120 cm. Blütendolde flach gewölbt, in der Mitte häufig schwarzpurpurne »Mohrenblüte«, Hüllchenblätter linealisch; Blütezeit Mai bis Juli. Zur Fruchtzeit bildet die Dolde eine nestartige Mulde. Stängel borstig behaart mit 2–4fach gefiederten Blättern.

V Auf Wiesen und Äckern, an Wegrändern und in Steinbrüchen.

B Gilt als Stammform der Gartenmöhre *(D. sativus)*; Wurzel riecht möhrenartig. Wurde als vitaminreiche Heilpflanze angebaut.

Waldsanikel

Sanicula europaea

M 20–50 cm. In köpfchenförmigen Döldchen stehen weiße oder gelbliche Blüten, ∅ 3 mm. Blütezeit Mai bis Juli. Grundblätter gestielt, handförmig 3–5teilig, 5eckig, immergrün; Stängelblätter sitzend.

V Bevorzugt schattige Laub- und Nadelmischwälder.

B Wegen des Gehalts an Kieselsäure, Gerb- und Bitterstoffen früher als Heilpflanze bei Verletzungen und inneren Blutungen eingesetzt. Die kugeligen Früchte sind hakig beborstet, bleiben am Fell von Tieren haften und werden dadurch verbreitet.

Große Sterndolde

Astrantia major

M 30–100 cm. Weiße, rosa oder grünliche Blüten in runden Dolden; diese sind von grünlichen bis rosafarbenen, derben, lanzettlichen Hüllblättern umgeben; blüht Juni bis August. Blätter grundständig, 3–7teilig, tief handförmig; die 2–3teiligen Einzelabschnitte sind grob gezähnt, die seitlichen teilweise verwachsen.

V In Auen- und Nadelwäldern, Gebüschen und auf Wiesen.

B Blütendolden vermitteln den Eindruck großer Einzelblüten, was die Attraktivität für Insekten erhöht. Zeigt Vorweiblichkeit, d. h. ♂ Blüten erscheinen vor den ♀, was Selbstbestäubung verhindert.

Silberdistel

Carlina acaulis

M 3–30 cm. Blütenköpfchen 4–6 cm breit, besteht nur aus Röhrenblüten; innere Hüllblätter 3–5 cm lang, silberweiß glänzend. Blütezeit Juli bis September. Laubblätter 8–25 cm lang, in bodennaher Rosette; sie sind deutlich fiederteilig und stark bedornt.

V Auf Trockenrasen, an sonnigen Waldrändern und Hängen.

B Die weißen Hüllblätter zeigen feuchtigkeitsabhängige Bewegung, d. h. bei Befeuchtung bewegen sie sich nach innen, bei Trockenheit nach außen. Insektenbestäubung; Windverbreitung der Samen.

Gewöhnliche Schafgarbe

Achillea millefolium

M 15–80 cm. Blüten doldig angeordnet, 3–6 mm groß, mit weißen oder rosa Zungenblüten am Rand, zentrale Röhrenblüten weiß; Blütenhüllblätter braun umrandet; blüht Mai bis Oktober. Blätter länglich, doppelt fiederteilig, stehen wechselständig.

V Auf Wiesen und Weiden, Trockenrasen und an Wegrändern.

B Alte Heilpflanze bei Verdauungsproblemen und zur Wundheilung.

Margerite

Leucanthemum vulgare

M 20–80 cm. Blütenkörbchen 3–5 cm groß, weiße randliche Zungenblüten, gelbe zentrale Röhrenblüten; steht am Oberende des zähen Stängels; blüht Mai bis Oktober. Untere Blätter gestielt, Rand gekerbt; obere ungestielt, länglich-lanzettlich, am Rand gesägt.

V In Massenbeständen auf Wiesen und Magerweiden.

B Sehr formenreiche Art mit schwer zu bestimmenden Unterarten. Insektenbestäubung, Samenverbreitung durch den Wind.

Geruchlose Kamille

Tripleurospermum perforatum

M 10–50 cm. Blütenköpfchen aus zentralen, gelben Röhrenblüten sowie 12–20 weißen, randlichen Zungenblüten; die waagrecht abstehen; ∅ 3–4 cm; geruchlos. Blätter 2–3fach fiederteilig mit langen fädigen Abschnitten: Stängel nur im oberen Bereich verzweigt.

V Auf Ruderalstandorten, Äckern, Schutt und an Wegrändern.

B Im Gegensatz zur unten beschriebenen Echten Kamille keine Bedeutung als Heilpflanze, da sie kaum ätherische Öle enthält.

Echte Kamille

Matricaria recutita

M 15–40 cm. Weiße, bald herabhängende Zungenblüten umgeben die goldgelben, 5zähnigen Röhrenblüten; im Unterschied zur oben beschriebenen Geruchlosen Kamille ist der Blütenboden hohl, der Duft sehr aromatisch. Blüht Mai bis August. Blätter 2–3fach fiederteilig mit schmal-linealischen Zipfeln.

V Auf Äckern und Ödland, in Feldern und an Wegrändern.

B Enthält verschiedene ätherische Öle mit entzündungshemmender und krampfstillender Wirkung. Auch heute noch als wichtige Heilpflanze, meist als Tee, verwendet.

Gänseblümchen

Bellis perennis

M 3–20 cm. Blütenkörbchen auf blattlosem Stängel; randliche Zungenblüten weiß bis rosa, zentral stehende, dottergelbe Röhrenblüten; ∅ 1–2,5 cm; Blütezeit März bis November. Blätter spatelförmig bis verkehrt-eiförmig, in grundständiger Rosette.

V Sehr verbreitete Art. Auf Wiesen, Weiden und in Gärten, an Wegrändern, auf Grasplätzen und in Parks.

B Fast das ganze Jahr anzutreffen. Sehr hohes Lichtbedürfnis. Gärtnerisch in gefüllter Form als »Tausendschön« gezüchtet.

Zottiges Franzosenkraut

Galinsoga ciliata

M 10–80 cm. Auf anliegend behaarten, rotdrüsigen Stielen sitzen 3–8 mm große Blütenköpfchen mit 4–5 weißen Zungenblüten; die Tragblätter des Köpfchens, sog. Spreublätter, sind ungeteilt, lineal-lanzettlich; Blütezeit April bis Oktober. Stängel im oberen Bereich kurz anliegend behaart. Blätter grob gezähnt, gegenständig.

V Äcker, Gärten, Weinberge und typische Unkrautstandorte.

B Aus Süd- und Mittelamerika in der Mitte des letzten Jahrhunderts eingeschleppt. Wird häufig mit dem Kleinblütigen Franzosenkraut *(G. parviflora)* verwechselt. Dieses hat 3spaltige Spreublätter.

Weiße Pestwurz

Petasites albus

M 15–35 cm. Weiße bis gelbliche Blütenkörbchen, 8–10 mm groß, stehen in dicht traubig angeordnetem Blütenstand. Direkt darunter bleiche Schuppenblätter. Blütezeit März bis Mai. Blätter bis 40 cm breit und 1 m lang, grundständig, erscheinen erst nach der Blüte; Blattstiel seitlich zusammengedrückt, oberseits gefurcht. Blattspreite rundlich-herzförmig, unterseits weißlich, am Grund mit Lappen, die die Blattbucht frei lassen; Blattrand doppelt gezähnt.

V An feuchten Standorten der Bachufer, in Schluchtwäldern, auf Matten und Zwergstrauchheiden bis 1800 m Höhe.

B Bildet am Standort meist größere Massenbestände. Sie wird von Insekten bestäubt, die Fruchtverbreitung erfolgt durch den Wind.

Edelweiß G

Leontopodium alpinum

M 5–10 cm. Der allbekannte Blütenstern besteht aus 5–6 Blütenköpfchen, die in endständiger Trugdolde stehen; sie sind umgeben von 5–13, 3eckig-lanzettlichen, weißwolligen Hochblättern, die für Blütenblätter gehalten werden. Blüht Juli bis September. Blätter länglich lanzettlich, unten dicht filzig behaart.

V Sehr bekannte Alpenpflanze auf sonnigen Hängen, in Felsspalten und auf Schutt. In Höhen von 1600–3000 m.

B Kann wegen ihrer dichten Behaarung sehr gut Trockenzeiten überstehen, da durch das eingeschlossene Luftpolster die Verdunstung vermindert wird. Auch hohe Sonneneinstrahlung kann ertragen werden, da die filzige Behaarung Licht reflektiert.

Weiße Seerose

Nymphaea alba

M Bis 3 m. Blüte aus ca. 20 spiralig angeordneten, weißen Kronblättern, umgeben von 4 fast gleich langen, grünen Kelchblättern; im Zentrum viele gelbe Staubblätter; Narbe 11–22strahlig, flach. Blütezeit Juni bis Oktober. Schwimmblätter ledrig, mit weit auseinander stehenden Basallappen; an langen elastischen Stielen; deren Ursprung am dicken, im Schlamm kriechenden Wurzelstock.

V Auf Teichen, Seen und strömungsarmen Altwässern der Flüsse.

B Blüten öffnen sich nur von ca. 7–16 Uhr und schließen dann erstaunlich schnell. Wichtiger Laichschutz für manche Fischarten.

Gemeine Zaunwinde

Calystegia sepium

M 1–3 m. Weiße Blütenkrone, trichterförmig, 3–6 cm groß; Staubfäden in der unteren Hälfte dicht drüsenhaarig; Blütenkelch ist von 2 herzförmigen Vorblättern eingeschlossen, die die Kelchblätter überragen. Blüht Juni bis September. Blüten stehen in den Achseln der 8–15 cm langen, tief herzförmigen Blätter. Windet sich an anderen Pflanzen empor und breitet sich mit unterirdischen Ausläufern aus.

V In Hecken und Gärten, an Zäunen und Wegrändern. In Verlandungszonen von Gewässern.

B Wird von Nachtschmetterlingen bestäubt, die mit dem langen Rüssel in den Blütentrichter reichen.

Frühlingskrokus

Crocus albiflorus

M 8–15 cm. Die 6 Blütenkronblätter sind weiß, seltener zart violett oder violett gestreift; 2,5 cm lang, 8 mm breit; unten sind sie zu einer Röhre verwachsen, die innen leicht behaart ist; Griffel intensiv gelb; Blütezeit März bis Juni, vor dem Erscheinen der Blätter. Die Blätter sind grundständig, schmal linealisch, mit weißem Mittelstreifen. Die Pflanze entspringt einer Sprossknolle.

V Feuchte Standorte in Bergwiesen und Matten, bis 2700 m Höhe.

B Bildet am Standort meist sehr große Bestände. Die Sprossknolle wird jährlich neu gebildet. Wird von Insekten bestäubt. Manche Krokus-Arten werden als Gartenblumen kultiviert. *C. sativus* wird zur Safrangewinnung in großen Mengen angebaut.

Schneeglöckchen G

Galanthus nivalis

M 8–25 cm. Blüten nickend, 2–2,5 cm lang, am Stängelende. 6 Blütenhüllblätter, die 3 äußeren doppelt so lang wie die inneren; die Spitze der inneren grün gefleckt; Blütezeit Februar bis April. 2 grundständige Laubblätter, lineal, blaugrün bereift, 4 mm breit.
V In Laubwäldern, Gebüschen und auf feuchten Wiesen.
B Häufig sind die gefundenen Pflanzen verwilderte Gartenpflanzen.

Frühlingsknotenblume G

Leucojum vernum

M 10–30 cm. Die 6 Blütenhüllblätter sind weiß mit gelblich oder grünlich gefleckter Spitze; sie sind alle gleich lang; die Blüte ist glockenähnlich hängend, selten 2 Blüten pro Stängel; blüht Februar bis April. Eine häutige Blattscheide überragt um 3–4 cm den Blütenstängel. Blätter linealisch, 20–30 cm lang und 1 cm breit.
V In feuchten Laub- und Schluchtwäldern und auf Bergwiesen.
B Die Pflanze ist giftig. Ihrer Blütezeit entsprechend auch Märzenbecher genannt. Duftet intensiv; wird von Insekten bestäubt.

Maiglöckchen

Convallaria majalis

M 10–25 cm. Am blattlosen Blütenstängel nickende, glockenförmige Blüten in einseitswendiger Blütentraube; Einzelblüte 5–8 mm groß, Blütenblätter am Grunde verwachsen, die Zipfel nach außen gebogen. Blüten duften intensiv, erscheinen Mai bis Juni. 2–3 breit-lanzettliche Laubblätter, umhüllen den Blütenstängel.
V In lichten Laubwäldern und Gebüschen mit kalkreichen Böden.
B Enthält giftige herzwirksame Glykoside. Als Früchte entwickeln sich blutrote Beeren mit blauen Samen; die von Tieren verbreitet werden. Die Bestäubung erfolgt durch verschiedene Insekten.

Schattenblume

Maianthemum bifolium

M 5–15 cm. Am Stängelende 8–15blütiger, traubiger Blütenstand; Einzelblüte 3–5 mm groß, 4zählig; Blütezeit April bis Juni. 2 kurz gestielte herz-eiförmige Laubblätter, bei nicht blühenden Pflanzen nur 1 Laubblatt. Die Pflanze entspringt einem kriechenden Erdspross.
V Entsprechend dem Namen in schattigen Laub- und Nadelwäldern anzutreffen; der Boden muss humusreich sein. Bis 1800 m Höhe.
B Bevorzugt saure Böden und gilt deshalb auch als Säurezeiger. Die Früchte sind rote Beeren; sie werden von Tieren verbreitet.

Vielblütige Weißwurz

Polygonatum multiflorum

M 30–70 cm. Röhrig-glockige Blüten in einseitswendigem Blütenstand; sie stehen zu 2–5 in den Blattachseln, sind weiß, grünlich überhaucht, mit behaarten Staubfäden; Blütezeit Mai bis Juni. Die Blüten sind geruchlos. Der Stängel ist rund, die Blätter eiförmig, ausgebreitet; stehen wechselständig, 2zeilig. Als Früchte entwickeln sich rote, ca. 6 mm große Beeren, die später schwarzblau werden.

V In schattigen Laub- und Nadelmischwäldern bis 1800 m Höhe.

B Die Pflanze ist giftig, wird naturheilkundlich verwendet. Am kriechenden Erdspross erkennt man siegelringähnliche Narben der abgestorbenen Triebe (»Salomonssiegel«). Wird von Hummeln bestäubt, die Fruchtverbreitung erfolgt durch verschiedene Tiere.

Wohlriechende Weißwurz

Polygonatum odoratum

M 15–40 cm. Im Gegensatz zur oben beschriebenen Vielblütigen Weißwurz stehen die duftenden Blüten hier zu 1–2 in den Blattachseln; 6 Blütenhüllblätter bilden eine 5–7 mm dicke bauchige Blütenkronröhre, sie laufen in grünen Spitzen aus; Staubfäden unbehaart; Blütezeit Mai bis Juni. Blätter breit-elliptisch, 2zeilig am überhängenden, kantigen Stängel; Blattgrund stängelumfassend.

V In lichten Laubmischwäldern, an Waldrändern, an steinigen, buschigen Hängen und in Kiefernwäldern.

B Ihrer giftigen Inhaltsstoffe wegen wie die obgige Art naturheilkundlich verwendet. Die enthaltenen Glykoside kommen auch beim Maiglöckchen und bei den anderen *Polygonatum*-Arten vor.

Sumpfschlangenwurz **G**

Calla palustris

M 15–30 cm. Vielblütiger Blütenkolben, 2–4 cm lang, eiförmig-rundlich, bis zur Spitze mit Blüten besetzt, die unteren Blüten meist zwittrig, die oberen ♂. Kolben wird von weißer Scheide umhüllt, sie wird 7 cm lang. Blütezeit Mai bis Juli. Blätter rundlich-herzförmig, wirken ledrig; sie entspringen einem ausdauernden, grünen, kriechenden Wurzelstock. Als Früchte entwickeln sich korallenrote Beeren.

V An Teichrändern, in Waldsümpfen, Erlenbrüchen und Torfstichen. Bildet meist größere Bestände.

B Der Name leitet sich von der früheren Verwendung bei Schlangenbissen ab. Gilt als leicht giftig. Wird von Schnecken bestäubt.

Weißes Waldvöglein

Cephalanthera damasonium

M 20–60 cm. In lockerer Traube stehen 3–10 weiße bis gelbliche Blüten; die äußeren Blütenkronblätter sind 1,5–2 cm lang; Lippe innen orangegelb, Tragblätter länger als der Fruchtknoten. Blütezeit Mai bis Juni. Blätter ei-lanzettlich, 5–10nervig.

V Auf kalkigen Böden in schattigen Laubwäldern.

B Die Blüten dieser Orchidee öffnen sich nur wenig, werden von Insekten bestäubt; Selbstbestäubung kommt ebenfalls vor. Pflanze überwintert mit ihrem verzweigten Wurzelstock, dem sog. Rhizom.

Echte Sumpfwurz G

Epipactis palustris

M 20–50 cm. Der einseitswendige Blütenstand enthält 8–15 Blüten mit 3 bräunlichen, äußeren Blütenblättern und weißen, inneren Blütenblättern; die Lippe ist 2teilig mit rundlichem, rosa geadertem vorderem Teil, der deutlich vom weißen, rot geaderten, hinteren Lippenteil abgesetzt ist. Blüht Juni bis August. Stängel kantig, mit 1–2 cm breiten, länglich-lanzettlichen, graugrünen Laubblättern.

V In Sumpf- und Moorwiesen und Pfeifengrasbeständen.

B Bestäubende Insekten sind bei dieser Orchidee meist Bienen und Wespen, die auf dem vorderen Lippenteil landen.

Zweiblättrige Kuckucksblume G

Platanthera bifolia

M 20–40 cm. Blütenstand 5–10 cm lang mit locker stehenden, 10–18 mm großen Blüten. Äußere 3 Blütenblätter stehen ab, die inneren bilden einen Helm; Lippe ungeteilt, linealisch, länger als breit; parallel gestellte Staubbeutelfächer; Sporn fadenförmig. Die Blüten duften intensiv; Blütezeit Mai bis Juli. Blätter klein lanzettlich.

V In lichten Laub- und Mischwäldern und auf Magerrasen.

B Wird von Nachtfaltern bestäubt, die mit langem Rüssel den Nektar erreichen; als Frucht entwickelt sich eine samenreiche Kapsel.

Weiße Taubnessel

Lamium album

M 20–50 cm. Brennnesselähnliche Pflanze mit 2lippigen, weißen Blüten; die Oberlippe ist helmartig, Kronröhre gekrümmt, innen mit schrägem Haarring. Blüht April bis August. Blätter zugespitzt, scharf gesägt, ohne Brennhaare; kreuzgegenständig am 4kantigen Stängel.

V An Wegrändern, Zäunen, in Hecken und auf Schuttplätzen.

B Bestäubung durch Hummeln. Wird als Heilpflanze verwendet.

Weißklee

Trifolium repens

M 15–45 cm. Weiße, kugelige, 8–12 mm große Blütenköpfchen aus 2–5 mm langen, gestielten Einzelblüten; Kelch 10nervig. Beim Verblühen werden die Blüten hellbraun und hängen herab; Blütezeit Mai bis September. Weit kriechender Stängel, an den Knoten wurzelnd. Blätter bestehen aus 3 eiförmigen, fein gezähnten Fiederblättchen; die Nebenblätter sind trockenhäutig, rotviolett oder grün genervt.

V Auf Wiesen, Äckern, an Wegrändern und in Parks.

B Enthält viel Eiweiß, gilt deshalb als sehr wichtige Futterpflanze.

Weißer Steinklee

Melilotus albus

M 30–120 cm. Weiße, 4–5 mm große Blüten in 4–6 cm langen Blütentrauben; die Einzelblüten hängen; Blütezeit Juni bis September. Blätter 3zählig, Einzelfieder mit 6–12 Paar Seitennerven und ebenso vielen Zähnen. Die Frucht ist eine 3,5 mm lange, schwärzliche Hülse.

V An Wegrändern, Schuttplätzen und anderen Ruderalstellen.

B Duftet beim Trocknen nach Cumarin, dem Duftstoff des Waldmeisters. Wichtige Bienenweide und eiweißhaltiger Gründünger.

Gemeiner Augentrost

Euphrasia rostkoviana

M 5–25 cm. Blüten weiß mit violett angehauchter Oberlippe und 3gelappter, violett geaderter Unterlippe; gelber Schlundfleck. Die Blütenkrone verlängert sich während der Blüte auf 15 mm; blüht Juli bis Oktober. Blätter eiförmig, ungestielt, mit Drüsenhaaren.

V Auf Magerrasen, Schafweiden und Trockenrasenhängen.

B Die Pflanze ist ein Halbschmarotzer, entzieht anderen Pflanzen Wasser und Nährsalze. Wegen der enthaltenen Gerbstoffe und ätherischen Öle bei Augenerkrankungen angewendet (Name!).

Alpenfettkraut G

Pinguicula alpina

M 5–15 cm. Blütenkrone weiß, mit 2spaltiger Ober- und 3lappiger Unterlippe; Schlund mit 2 gelben Flecken; Sporn kegelförmig. Blütezeit Mai bis Juni. Blätter fleischig, länglich-lanzettlich und drüsig-klebrig behaart; bilden grundständige Rosette; rollen sich vom Rand her ein. Stängel ebenfalls drüsig behaart.

V An feuchten, quelligen Stellen der Alpen; bis 2500 m Höhe.

B Fleisch fressende Pflanze; v. a. kleine Insekten haften an den Drüsenköpfchen der Blätter und werden von Enzymen verdaut.

Klatschmohn

Papaver rhoeas

M 20–80 cm. Leuchtend scharlachrote Blüten mit 2–4 cm langen Kronblättern, am Grunde oft mit schwarzem Fleck; sehr viele dunkel-violette Staubfäden, in deren Zentrum Fruchtknoten, aus dem sich die charakteristische Mohnkapsel entwickelt. Blüht Mai bis Juli. Blütenstiel, Stängel und Blätter abstehend oder anliegend borstig behaart, letztere fiederteilig mit tieflappigen, gezähnten Abschnitten.

V Äcker, Wegränder und andere Ruderalstellen.

B Enthaltener Milchsaft ist leicht giftig. Alte Heilpflanze.

Schmalblättriges Weidenröschen

Epilobium angustifolium

M 20–150 cm. Purpurrote Blüten in verlängerten Trauben; Einzelblüte 2–3 cm groß, Kronblätter kurz genagelt, verkehrt-eiförmig. Blüht Juni bis August. Blätter schmal (Name!), 1–2,5 cm breit, lineal-lanzettlich, am Rand häufig leicht gewellt, unterseits blaugrün. Kapselfrüchte 3–8 cm lang, 4kantig und behaart.

V Auf Kahlschlägen, an Waldrändern und auf Schuttplätzen.

B Bestäubung durch Bienen. Die Samen haben einen langen Federschopf, der den Fruchtstand bauschig erscheinen lässt.

Zottiges Weidenröschen

Epilobium hirsutum

M 50–150 cm. Beblätterte Blütentraube mit 1–2 cm großen, purpurroten Blüten; 4 Kronblätter, Griffel länger als die 8 Staubblätter, die Narbe 4spaltig, sternförmig. Blütezeit Juli bis August. Stängel ästig, rund; Blätter 6–12 cm lang, länglich-lanzettlich, Rand gesägt bis gezähnt, halb stängelumfassend, herablaufend, weichhaarig. Während der Blüte bereits auch lange Kapselfrüchte im Blütenstand.

V In Gräben, feuchten Wiesen, Unkrautbeständen und an Flüssen.

B Wie bei *E. angustifolium* die Samen auch hier mit Haarschöpfen.

Wiesenschaumkraut

Cardamine pratensis

M 10–40 cm. Blüten 1,5–2,5 cm groß, zart violett, rosa oder weiß, mit gelben Staubgefäßen; 4 Kelch- und Kronblätter. Blütezeit April bis Juli. Rosettig stehende Grundblätter, 3–11zählig, rundblättrig gefiedert mit 3lappiger Endfieder; Stängelblätter mit linealischen Fiederblättern. Stängel rund und hohl.

V In feuchten Wiesen, Mooren, Auenwäldern und an Ufern.

B Bildet im Frühjahr in vielen Wiesen den sog. Frühjahrsaspekt.

Spinnwebige Hauswurz G

Sempervivum arachnoideum

M 4–12 cm. Blüten hellkarminrot, am Ende des aufrechten Stängels, die 8–10 Blütenkronblätter mit dunklem Mittelnerv, 7–10 mm lang; Blütezeit Juli bis September. Die Blattrosetten klein, nur 1–3 cm B, an der Spitze der braunroten Rosettenblätter mit spinnwebigen Wollhaaren (Name!). Stängelblätter rot bespitzt.

V An Felsen, auf Geröll und Mauern bis 2900 m Höhe.

B Die Art ist als Zierpflanze in unseren Gärten häufig anzutreffen.

Purpurfetthenne

Sedum telephium

M 20–50 cm. Blüten 5zählig in gedrungenen Trugdolden, Blütenkronblätter meist gelb bis purpurn; blüht Juni bis September. Blätter länglich-eiförmig, ungleich gezähnt, dickfleischig; die oberen Stängelblätter sitzend, am Grund abgerundet. Stängel aufrecht.

V Trockene Wälder, Gebüschsäume, Äcker und an Steinwällen.

B Ähnlich ist die gelbgrünblütige Große Fetthenne *(S. maximum)*.

Großer Wiesenknopf

Sanguisorba officinalis

M 30–100 cm. An der Spitze der Stängel dunkelrote, eiförmige Blütenköpfchen; Einzelblüten zwittrig mit 4 Staubbeuteln und 1 Griffel; Blütezeit Juni bis September. Blätter in grundständiger Rosette; sie sind unpaarig gefiedert, Einzelfieder 2–4 cm lang, gestielt, jederseits mit etwa 12 Zähnen, unterseits blaugrün.

V An feuchten Standorten, wie Moorwiesen, sumpfigen Fettwiesen; auch an Wegrändern anzutreffen.

B Enthält im Wurzelstock Gerbstoffe und Saponine, wurde deshalb als Heilpflanze bei Durchfall und Nierenleiden verwendet.

Bachnelkenwurz

Geum rivale

M 20–60 cm. Blüten nickend, in Mehrzahl am verzweigten, drüsig behaarten Stängel; Kronblätter außen rötlich, innen gelb, der Kelch braunrot, anliegend; der 2gliedrige Griffel ist am oberen Glied fedrig behaart; Blütezeit April bis Mai. Grundblätter langstielig, unterbrochen gefiedert, Endfieder 3lappig, groß; obere Stängelblätter nur leicht gelappt. Der Wurzelstock riecht nach Nelkenöl (Name!).

V In Auen- und Bruchwäldern, an Bachufern und in Nasswiesen.

B Wird vorwiegend von Hummeln bestäubt, die die Blüten anbeißen, um an den Nektar zu gelangen. Ehemalige Heilpflanze.

Schlangenknöterich

Polygonum bistorta

M 30–80 cm. 4–5 mm große, hellrosa Blüten in 3–5 cm langen, walzlichen Scheinähren. Blütezeit Mai bis Juli. Grundblätter mit eirundlich-länglicher Spreite, zugespitzt, unten blaugrün, oben dunkelgrün, bis 15 cm lang; Stängelblätter sitzend, mit herzförmigem Grund. Dicker, walzlicher, schlangenähnlicher Wurzelstock (Name).

V Kommt v. a. auf feuchten Wiesen vor, die von Quellwasser durchzogen werden; bildet dort meist größere Bestände.

B Enthält im Wurzelstock Gerbstoffe, weshalb die Pflanze naturheilkundlich verwendet wurde. Gilt als gute Bienenweide.

Wasserknöterich

Polygonum amphibium

M 30–100 cm. Rosa Blüten mit 5 Staubblättern, 4 mm groß, in endständiger, 3–5 cm langer Scheintraube; ragen bei der Wasserform über die Wasseroberfläche; blüht Juni bis September. Schwimmblätter länglich-elliptisch, lang gestielt, dunkelgrün und ledrig. Stängel von Luftkanälen durchzogen.

V In stehenden und langsam fließenden Gewässern.

B Neben der Wasserform gibt es eine Landform mit länglich-lanzettlichen und behaarten Blättern. Sie gedeiht v. a. an Ufern.

Echter Baldrian

Valeriana officinalis

M 50–150 cm. Blütenstand bildet eine Trugdolde aus 3–6 mm großen, hellrotlila bis weißlichen Blüten; sie duften sehr stark. Blütezeit Juni bis August. Stängel kahl; Blätter mit 7–9 Fiederpaaren, ganzrandig bis grob gezähnt; nur untere Blätter gestielt.

V In feuchten Laubwäldern, Gebüschen, Moorwiesen und Gräben.

B Der Blütenduft zieht Katzen an. Alte Heilpflanze; wird als Beruhigungsmittel und zur Krampflösung angewandt, wozu die Inhaltsstoffe aus dem Wurzelstock extrahiert werden.

Schwanenblume

Butomus umbellatus

M 50–150 cm. Rosarote, dunkel geaderte Blüten am Oberende des blattlosen, runden Stängels; sie stehen in Dolden; 6 kronblattartige Blütenhüllblätter, 9 Staubblätter und 6 Fruchtblätter; blühen Juni bis August. Blätter in grundständiger Rosette, linealisch, 10 mm breit.

V In stehenden und langsam fließenden Gewässern.

B Gedeiht ausschließlich in verschlammten Bodenbereichen.

Stinkender Storchschnabel

Geranium robertianum

M 20–50 cm. Blütenkronblätter 9–12 mm lang, rosa, mit gabeligen Nerven, Staubbeutel rotbraun; Kelchblätter 6–7 mm lang, ca. halb so lang wie die Kronblätter; Blütezeit Mai bis September. Pflanze insgesamt stark drüsig behaart; Blätter stehen 3–5zählig am karminroten Stängel, sind fast bis zum Mittelnerv gefiedert; Fiedern doppelt fiederspaltig. Die Pflanze duftet herb und unangenehm.

V In allen Waldtypen, in Schluchten, an Felsen und an Mauern.

B Schattenpflanze,die früher naturheilkundlich verwendet wurde. Die Samen werden aus den Springfrüchten herausgeschleudert.

Wilde Malve

Malva sylvestris

M 40–120 cm. Blütenkronblätter mit 2,5–3 cm 3–4 mal so lang wie der Kelch; sie sind purpurrot mit 3 dunkleren Streifen, am Grund dicht bewimpert, tief ausgerandet; Blüten stehen meist zu 2–6 in den Blattachseln; blüht Mai bis September. Blätter 5–7lappig, herzförmig bis rundlich, mit gesägten, spitz zulaufenden Lappen.

V An Wegrändern, Mauern; in Hecken und auf Ruderalstandorten.

B In der Antike als Gemüse gegessen und als Heilpflanze genutzt.

Wegmalve

Malva neglecta

M 10–50 cm. Im Gegensatz zur oben beschriebenen Wilden Malve sind die Blütenblätter mit 1 cm nur doppelt so lang wie der Kelch; sie sind tief ausgerandet, rosa bis weiß, stehen in den Blattachseln. Blütezeit Juni bis November. Nach der Blüte neigen sich die Fruchtstiele nach unten. Blätter lang gestielt, rundlich, handförmig gelappt; Blattrand gekerbt, Unterseite behaart.

V An Ruderalstellen, Ackerrändern, in Gärten und Weinbergen.

B Pflanze gilt als Stickstoffzeiger. Früher als Heilpflanze verwendet.

Ackerwinde

Convolvulus arvensis

M 30–60 cm. Rosarote, gestielte Blüten in den Blattachseln der bis 1 m langen, kriechenden und windenden Triebe; ∅ bis 3 cm, trichterförmig, am Rand schwach gelappt mit 5 purpurfarbenen Streifen; Narbe 2teilig. Blütezeit Mai bis Oktober. Blätter spieß- oder pfeilförmig, 3–4 cm lang; am Blütenstiel 2 fadenförmige Vorblätter.

V An Zäunen, Wegrändern, in Gärten und auf Schuttplätzen.

B Blüten öffnen sich nur 1 Tag von ca. 8 bis 14 Uhr.

Karthäusernelke

Dianthus carthusianorum

M 15–40 cm. Blüten 2–2,5 cm, in 2–10blütigen Köpfchen, dunkel-purpurn, von trockenen, lang begrannten Außenkelchblättern umgeben; Kronblätter an der Spitze gezähnt; blüht Juni bis September. Blätter linealisch, 2–4 mm breit, Blattrand rau; sie stehen gegenständig, am Grunde scheidig verwachsen. Blütenstängel überragen die blütenlosen Stängel deutlich.

V Auf Trockenrasen, Heiden, in lichten Wäldern mit Sandböden.

B Die Nelke wurde früher in Karthäuserklöstern angebaut (Name!).

Echtes Seifenkraut

Saponaria officinalis

M 30–70 cm. Bis 3 cm große, blassrosa bis weiße Blüten in dichten Büscheln (Dichasien); Kronblätter am Schlund mit 2 Schuppen, ausgerandet; Kelch röhrig, kahl, rötlich überlaufen; blüht Juni bis September. Am aufrechten, fein flaumigen Stängel elliptische bis länglich lanzettliche Blätter, bis 10 cm lang, stehen gegenständig.

V An Wegrändern, Schuttplätzen und Ruderalstandorten mit feuchten Böden; gerne in Flussauen und auf Kiesbänken.

B Enthält in der Wurzel Saponine mit schäumender Wirkung, deshalb als Waschmittel benutzt; auch als Heilpflanze verwendet.

Rotes Seifenkraut

Saponaria ocymoides

M 10–30 cm. 5–10 mm große rote Blüten in gabelig verzweigten Scheindolden; Kronblätter vorn abgerundet, am Schlund ein Nebenkrönchen; Kelch verwachsen, bauchig röhrig, dicht kurzhaarig. Niederliegender bis aufsteigender Stängel mit gegenständig angeordneten, ei- bis spatelförmigen Blättern. Blütezeit September bis Oktober.

V An felsigen Abhängen, auf Geröll; in Höhen bis 2200 m.

B Ausschließlich auf Kalkgestein; aus dem Mittelmeerraum stammend. Häufig in Steingärten kultiviert, von dort ausgewildert.

Stängelloses Leimkraut

Silene acaulis

M 1–5 cm. Polsterbildende Pflanze mit rosaroten, 1,5–2,5 cm großen Blüten; Kelch verwachsen, 10nervig. Blüht Juni bis September. Blätter linealisch, ledrig, am Rand stachelig bewimpert, 12 mm lang.

V Auf steinigen Alpenweiden und an Felshängen in 1500–3400 m.

B Hat tief reichende Wurzeln, die selbst auf steinigsten Böden eine optimale Ernährung gewährleisten.

Rote Lichtnelke

Silene dioica

M 30–80 cm. In lockerer Trugdolde 1geschlechtige, rote Blüten; 5 Kronblätter, tief 2lappig; 5 Griffel; bauchiger, behaarter, 10nerviger Kelch. Blütezeit April bis September. Kennzeichnend auch die 10 nach außen zurückgerollten Zähne der Fruchtkapsel. Blätter eiförmig-spitz; Stängel oben ästig verzweigt. Pflanze drüsig behaart.

V An feuchten Standorten in Auenwäldern, Misch- und Nadelwäldern, auf Kahlschlägen und auch in Wiesen.

B Blüten nur tagsüber geöffnet; werden von Faltern und Hummeln bestäubt. Die Pflanze ist geruchlos. Gilt als Nässeanzeiger.

Kuckuckslichtnelke

Lychnis flos-cuculi

M 30–80 cm. Tief 4spaltige, rosafarbene Kronblätter; Kelch 10nervig, rötlich; Blütenstand locker verzweigt. Blütezeit Mai bis August. Blätter rau, schmal-linealisch; die Grundblätter eher spatelig. Der Stängel ist unter den Knoten nicht klebrig.

V In feuchten Wiesen, Sumpf- und Moorwiesen.

B Die Pflanze gilt als Feuchtigkeitsanzeiger. Sie wird von langrüsseligen Tagfaltern bestäubt, da nur diese an den tief in der Blütenröhre deponierten Nektar gelangen können.

Kornrade G

Agrostemma githago

M 30–100 cm. Trüb purpurne Blütenkronblätter bilden kelchige, 3–5 cm große Blüten; 5 Kelchblätter, röhrig verwachsen, mit lang ausgezogenen Zipfeln, die die Blütenkrone deutlich überragen. Blütezeit Juni bis September. Blätter gegenständig, linealisch; Blattgrund verwachsen. Ganze Pflanze graufilzig-zottig behaart.

V Bevorzugt in Getreidefeldern mit nährstoffreichen Böden.

B Sehr selten geworden; war früher wegen ihrer giftigen Samen ein ungeliebtes Unkraut in den Getreidefeldern.

Gewöhnliche Grasnelke

Armeria maritima

M 5–40 cm. Köpfchenförmiger Blütenstand mit rosafarbenen Blüten; Blütenhüllblätter überragen nicht das Köpfchen; Blütenschaft mit bräunlicher Scheide; blüht Mai bis Oktober. Blätter grasartig.

V Auf sandigen, kiesigen Salzwiesen, Dünen und Heiden.

B Die Gattung ist sehr formenreich, es kommen mehrere Unterarten vor. Wuchshöhe ist stark von den Außenbedingungen abhängig.

Wasserfeder G

Hottonia palustris

M 50–120 cm. Die rosa, im Schlund gelb gefärbten Blüten sind 2–2,5 cm groß, stehen in 3–6blütigen Quirlen, die einen pyramidenförmigen Blütenstand bilden; dieser überragt die Wasseroberfläche; Blütezeit Mai bis Juli. Blätter rosettig, hellgrün, kammförmig mit zahlreichen linealischen Abschnitten; unter der Wasseroberfläche.

V In stehendem Wasser von Tümpeln, Sümpfen, und Gräben.

B Die Gattung *Hottonia* besteht nur aus dieser einzigen Art.

Ackergauchheil

Anagallis arvensis

M 5–30 cm. In den Blattachseln am 4kantigen Stängel stehen ziegelrote, selten blaue, 8–10 mm große Blüten; sie sind lang gestielt; Blütenkronblätter verkehrt eiförmig, am Rand drüsig; Kelchblätter schmal-lanzettlich, fast so lang wie die Kronblätter. Blütezeit Juni bis Oktober. Blätter gegenständig, eiförmig-stumpflich, mit schwarzen Drüsenpunkten auf der Unterseite.

V Auf Äckern, in Gärten, Weingärten und an Ruderalstandorten.

B Enthält Saponine und wurde früher naturheilkundlich verwendet.

Mehlprimel G

Primula farinosa

M 5–30 cm. Hell- bis purpurrote Blüten, ∅ 8–16 mm, mit intensiv gelbem Schlund. Sie stehen in allseitswendiger, vielstrahliger Dolde; Kronröhre etwa so lang wie der Kelch; Blütezeit Mai bis Juli. Blätter verkehrt-eiförmig, gekerbt bis gesägt, schwach runzelig, unten wie der Kelch und das Blütenschaftende mehlig weiß bestäubt (Name!).

V Wächst in Sumpfwiesen und Flachmooren bis 2600 m Höhe.

B Der »Mehlstaub« ist eigentlich ein Sekret aus Drüsenhaaren.

Behaarte Primel

Primula hirsuta

M 1–7 cm. Blüten duftend, rosarot, mit weißem Schlund, 1–2 cm groß, meist 1–3, jedoch bis zu 20 Blüten pro Dolde möglich; Kronblätter flach ausgebreitet, ein Viertel der Länge eingekerbt; der Kelch steht ab. Blühen April bis Juli. Blütenstiel kürzer als die Laubblätter; diese sind oval, fleischig, am Rand grob gezähnt; verschmälern sich in den geflügelten Blattstiel. Pflanze drüsig behaart.

V In Felsspalten und auf steinigen Matten in 700–3000 m Höhe.

B Bevorzugt die Zentralalpen. Bildet Bastarde mit der Aurikel (S. 100), aus denen die Gartenschlüsselblume gezüchtet wurde.

Wildes Alpenveilchen

Cyclamen purpurascens

M 6–15 cm. Karminrote Blüten mit dunklerem Fleck am Grund der zurückgeschlagenen, länglich elliptischen Kronblätter; der Kelch ist wenig länger als die Kronröhre. Blütezeit Juni bis September. Die Blätter stehen in grundständiger Rosette und entspringen einer knolligen Grundachse; sie sind gestielt, immergrün, nieren-herzförmig, schwach gekerbt, Oberseite silbrig gefleckt, unten karminrot.

V Auf steinigen Böden in Laubwäldern und Gebüschen bis 1200 m.

B Die duftende Pflanze enthält ein giftiges Glykosid.

Schachbrettblume G

Fritillaria meleagris

M 15–30 cm. Die Blüten stehen nickend am Stängelende, sind variabel purpurrot bis purpurbraun, 3–4 cm groß, mit an der Spitze umgebogenen, schachbrettartig gemusterten Blütenblättern. Blütezeit April bis Mai. 4–5 Laubblätter, graugrün, lineal rinnig, 5 mm breit.

V Wächst in bodennassen Wiesen und Auenwäldern.

B Als Liliengewächs entspringt die Pflanze einer kugeligen Zwiebel; diese enthält giftige Alkaloide. Wird von Bienen bestäubt. Mittlerweile sehr selten geworden; gilt als sicherer »Nässezeiger«.

Türkenbundlilie

Lilium martagon

M 30–120 cm. Hängende, 3–5 cm große Blüten in lockerer Traube; die 6 dicken Blütenblätter sind zurückgerollt, hell-braunrot und dunkler gefleckt; die Staubbeutel und Griffel ragen aus dem Blütenzentrum weit heraus. Blütezeit Juli bis August. Blätter ei-lanzettlich, im mittleren Stängelbereich in 3–10blättrigen Quirlen, die oberen Blätter sind wechselständig angeordnet.

V Auf kalk- und nährstoffreichen Böden in Laub- und Nadelmischwäldern, auf Bergwiesen und Hochstaudenfluren.

B Die Blüten der Lilie werden sehr gern von Rehen abgebissen. Bestäubt werden die Blüten von verschiedenen Tagfaltern und Schwärmern. Mit Hilfe sog. Zugwurzeln reguliert sich die Zwiebel der Pflanze im Boden auf eine bestimmte Tiefe ein.

Blutweiderich

Lythrum salicaria

M 50–150 cm. Am Oberende des Stängels stehen in langer Ähre bläulich-purpurrote Blüten mit 10–12 Staubblättern; ∅ 8–12 mm; Blüten haben unterschiedliche Griffel- und Staubblattlängen, um Selbstbestäubung zu verhindern; Blütezeit Juni bis September. Blätter am Grunde herzförmig abgerundet, lanzettlich-spitz, bis 12 cm lang. Die Pflanze ist behaart; der Stängel mehrkantig.

V An Ufern von Teichen und Seen, in Gräben und Mooren.

B Heilpflanze, die früher zur Blutstillung eingesetzt wurde.

Gemeiner Wasserdost

Eupatorium cannabinum

M 50–150 cm. Blüten rosa, selten weiß, mit rosa-gelblichen Narben, die weit aus der Blüte herausragen; Blüten in 4–6blütigen Köpfchen, die ihrerseits Schirmrispen bilden; blühen Juli bis September. Viele gegenständig stehende, handförmige, 3–7schnittige Blätter.

V An Ufern, Gräben; an feuchten Waldstellen, v. a. in Auwäldern.

B Hanfähnliche Blätter (lat. Artname!). Wird von Tagfaltern bestäubt. Enthält verschiedene naturheilkundlich wirksame Inhaltsstoffe.

Filzige Klette

Arctium tomentosum

M 50–120 cm. Die purpurnen Scheibenblüten sind von verschieden gestalteten Hüllblättern umgeben: äußere grün, mit hakiger Spitze, die inneren rötlich, mit gerader Spitze; alle Hüllblätter dicht spinnwebig-wollig miteinander verbunden; Blütezeit Juli bis September. Blätter ei-herzförmig, gestielt, Unterseite weißwollig.

V An Wegrändern, Ufern, auf Schutt und an Zäunen.

B Die bekannten Klettfrüchte werden durch Tiere verbreitet. Sie haken sich im Fell fest und werden andernorts wieder abgestreift.

Gemeine Pestwurz

Petasites hybridus

M 30–120 cm. Rötliche, 0,4–1,2 cm große Blüten in traubigen, eiförmigen Blütenständen; die ♂ Blüten doppelt so groß wie die ♀. Blütezeit März bis Mai. Blätter grundständig, am Grund mit abgerundeten Lappen, die sich am Blattstiel fast berühren, gezähnt, unterseits wollig, bis 1 m lang und 60 cm breit; Blattstiel rinnig gefurcht. Nach der Blütezeit entwickeln sich hohe weißhaarige Fruchtstände.

V In nassen Wiesen, an Ufern und feuchten Waldrändern.

B Früher als Pestheilmittel verwendet. Bestäubung durch Insekten.

Gewöhnlicher Erdrauch

Fumaria officinalis

M 10–30 cm. Aufrecht stehende Pflanze mit reichblütiger Traube; Blüten 6–9 mm, rosarot mit rotschwarzen Spitzen und ca. 8 mm langem Sporn; Kelchblätter schmäler als die Kronröhre, erreichen ca. ein Drittel der Röhrenlänge. Blütezeit April bis Oktober. Blätter blau-grün, doppelt gefiedert. Nierenförmige, oben eingedrückte Früchte.

V Auf Äckern und Schuttplätzen, in Gärten mit lehmigen Böden.

B Heilpflanze bei Hauterkrankungen und Verdauungsstörungen.

Hohler Lerchensporn

Corydalis cava

M 10–30 cm. In 4–20blütiger Traube stehen purpurrote oder weiße, 18–28 mm große Blüten, innere Kronblätter an der Spitze verwachsen, oberes äußeres Blatt nach hinten gespornt, unteres Kronblatt bildet verbreiterte Unterlippe; Tragblätter der Blüten eiförmig, ganzrandig. Blütezeit März bis Mai. Blätter blaugrün, doppelt 3zählig.

V In Laubwäldern, Auwäldern, bevorzugt in Buchenwäldern.

B Wird von Bienen und Hummeln bestäubt. Die unterirdische Wurzelknolle wird im Alter hohl; sie enthält verschiedene Alkaloide, wurde deshalb früher bei verschiedenen Heilanzeigen verwendet.

Drüsiges Springkraut

Impatiens glandulifera

M 150–300 cm. Rote bis hellpurpurne, 2,5–4 cm große Blüten mit dickem Sporn; sie stehen zu 2–14 in lang gestielten Trauben; unteres Kelchblatt fingerhutförmig. Blütezeit Juli bis September. Stängel sehr kräftig, glasig durchscheinend, an den Knoten verdickt. Blätter gezähnt, ei-lanzettlich, an den basalen Zähnen und am Blattstiel mit gut erkennbaren Drüsen (Name!).

V Feuchte Bodenstellen von Bachufern, Gräben und Auenwäldern.

B Frucht eine bei Berührung aufspringende Saftkapsel (s. Echtes Springkraut, *Impatiens noli-tangere*, S. 120)

Dornige Hauhechel

Ononis spinosa

M 20–60 cm. In den Blattachseln und an Zweigspitzen rosa bis purpurne, kurz gestielte, spärlich behaarte Blüten; duften süßlich, 8–25 mm groß; erscheinen Juni bis August. Spross drüsig-zottig; Blätter mit schmal elliptischen, fein gezähnten Endfiedern.

V Auf Trockenrasen, an Wegrändern und Ruderalstandorten.

B Heilpflanze bei Nieren- und Blasenleiden, Rheuma und Gicht.

Wiesenklee

Trifolium pratense

M 10–30 cm. Blütenköpfchen kugelig bis eiförmig, aus rosa bis roten Einzelblüten; ∅ 1–2 cm; Kelch 10nervig und behaart. Blütezeit Mai bis September. Blätter 3zählig gefiedert; Fiederblättchen gefleckt, ganzrandig, Nebenblätter zugespitzt, an der Spitze pinselförmig.

V Auf gut gedüngten Wiesen, an Wegrändern und in lichtem Wald.

B Wichtige Futterpflanze, da sehr hoher Eiweißgehalt. Der zur Eiweißproduktion notwendige Stickstoff wird mit Hilfe symbiontischer Wurzelbakterien aus der Luft entnommen und gebunden.

Bunte Kronwicke

Securigera varia

M 30–100 cm. In einer Dolde 10–20 typische Schmetterlingsblüten mit Fahne, Schiffchen und Flügel; erstere rosa, Schiffchen und die Flügel weiß. Blütezeit Mai bis September. Stängel niederliegend bis aufsteigend; Blätter kurz gestielt, aus 4–12 Paaren von Seitenfiedern. Die Frucht ist eine aufwärts gekrümmte 4kantige Hülse.

V Auf kalkigen Halbtrockenrasen, in Steinbrüchen, an Böschungen.

B Die Pflanze enthält giftige Glykoside, ist jedoch als Futter nutzbar.

Futteresparsette

Onobrychis viciifolia

M 30–60 cm. Traubig angeordnete, rosa bis rote, kurz gestielte Blüten mit purpurner Aderung; pro Blütenstand sind bis zu 50 Blüten möglich; ∅ 10–14 mm; Kelch lang gezähnt, wollig behaart. Blüht Mai bis Juli. Blätter aus 13–25 lineallänglichen, 5–8 mm breiten, unten behaarten Fiedern. Stängel aufrecht bis aufsteigend.

V Auf trockenen Wiesen und Kalkmagerrasen.

B Wird seit dem 16. Jahrhundert angebaut, heute häufig verwildert.

Knollenplatterbse

Lathyrus tuberosus

M 20–100 cm. Wohlriechende, leuchtend karminrote Blüten; erscheinen Juni bis Juli. Am kantigen, nicht geflügelten Stängel stehen Blätter aus einem Paar elliptischer bis verkehrt-eiförmiger Fiedern mit verzweigten Endranken. Nebenblätter halbpfeilförmig. Die Pflanze entspringt unterirdischen Ausläufern mit Wurzelknollen.

V In Getreidefeldern, auf Schutt, an Bahndämmen und Wegen.

B Die Wurzelknollen dieser Futterpflanze sind essbar. Mit den Endranken ihrer Blätter kann die Pflanze sehr gut an anderen Pflanzen emporranken. Die Gattung *Lathyrus* ist sehr artenreich.

Schuppenwurz

Lathraea squamaria

M 10–25 cm. Die Blüten stehen in einseitswendiger, nickender Traube; Einzelblüte 1–1,5 cm groß, rötlich; 4spaltiger, glockenförmiger Kelch, fast so lang wie die Blütenkrone. Blütezeit März bis April. Am blassrosa Spross sitzen schuppenförmige Blätter.

V In der Nähe bestimmter Baumarten in Au- und Schluchtwäldern.

B Die Pflanze parasitiert an der Wurzel von Erlen, Ulmen, Buchen, Haseln u. a., entzieht dabei außer Wasser und Nährsalzen auch Fotosyntheseprodukte und benötigt deshalb kein eigenes Blattgrün.
Entspringt einem bis 5 kg schweren, schuppigen Wurzelstock.

Roter Fingerhut

Digitalis purpurea

M 40–150 cm. Glockige, purpurrote, seltener rosa oder weiße Blütenkrone, innen dunkelrot weißrandig gefleckt, behaart; Blütenstand einseitswendig, traubig. Blütezeit Juni bis Juli. Blätter ei-lanzettlich, gekerbt, unten filzig behaart; untere gestielt, obere sitzend.

V Auf Kahlschlägen, an Wegrändern und buschigen Abhängen.

B Sehr giftig; enthält sog. Digitalis-Glykoside, die als Herz-und Kreislaufmittel verwendet werden. Bestäubung durch Hummeln.

Gemeiner Dost

Origanum vulgare

M 30–60 cm. Blüten in lockeren Rispen und Doldenrispen; Blütenkrone rosa, bestehend aus aufrechter, ausgerandeter Oberlippe und 3teiliger Unterlippe; Blüten duften sehr aromatisch. Blüht Juli bis September. Blätter eiförmig, ganzrandig; Unterseite drüsig punktiert. Tragblätter und Kelchzähne purpurn überlaufen.

V Auf Trockenrasen, in Hecken und an Böschungen.

B Die Inhaltsstoffe dieser Pflanze wirken krampflösend, hustenstillend und auswurffördernd; sie wird bei verschiedenen Krankheitsbildern angewendet. Wird auch als Wilder Majoran bezeichnet.

Gemeiner Thymian

Thymus pulegioides

M 5–20 cm. Purpurfarbene Blüten bilden einen kugeligen Quirl, sind 3–6 mm groß, mit bewimperten Kronzähnen. Blütezeit Juni bis Oktober. Am aufrechten oder aufsteigenden, 4kantigen und 4zeilig behaarten Stängel sind ovale, kahle, selten zerstreut behaarte Blätter.

V Auf Magerrasen, Heiden und an sonnigen Waldrändern.

B Gehört in die sehr formenreiche Kollektivart *Th. serpyllum*.

Rote Taubnessel

Lamium purpureum

M 10–30 cm. Purpurfarbene, 1–1,5 cm große Blüten in pyramidenförmigem Blütenstand; innerhalb der Kronröhre erkennt man einen deutlichen, quer verlaufenden Haarring; Kronblätter doppelt so lang wie der Kelch. Blütezeit März bis Oktober. Untere Blätter rundlich, kaum gekerbt, rötlich; obere Blätter 3eckig.
V Auf Äckern, Schutt, in Gärten und Weinbergen, an Wegrändern.
B Gilt als typischer Stickstoffanzeiger und Kulturbegleiter.

Gefleckte Taubnessel

Lamium maculatum

M 20–80 cm. Größer und kräftiger als die oben beschriebene Rote Taubnessel; Blüten hier 2–3 cm groß, ebenfalls purpurn mit innerem weißem Haarring, auf der Unterlippe gefleckt, die Kronröhre aufwärts gebogen. Blüht April bis September. Blätter lang gestielt, eiförmig 3eckig, gezähnt und spitz auslaufend, bis 8 cm lang.
V In Wäldern, Gebüschen, an Wegrändern und Straßengräben.
B Die Bestäubung erfolgt v. a. durch langrüsselige Hummeln und Schmetterlinge, die Samenverbreitung durch Ameisen.

Gemeiner Hohlzahn

Galeopsis tetrahit

M 10–80 cm. Rote bis weißliche, 1,5–2 cm lange Blüten; Oberlippe helmförmig; Unterlippe mit fast rechteckigem Mittellappen, rot punktiert mit gelbem Gaumenfleck; die Blüten stehen in Scheinquirlen. Blütezeit Juli bis Oktober. Blätter gestielt, ei-lanzettlich. Stängel mit stark verdickten, beborsteten Knoten.
V In typischen Unkrautbeständen an Wegen, auf Äckern und Schuttplätzen. Bevorzugt steinige, stickstoffreiche Böden.
B Bastarde bei Hohlzahn-Arten sind sehr häufig; wahrscheinlich ist diese Art durch Bastardierung als stabile neue Art entstanden.

Weicher Hohlzahn

Galeopsis pubescens

M 20–60 cm. Blüten dunkelrot, Blütenkrone doppelt so lang wie der Kelch, 18–25 mm; Schlund gelb; an der Lippenbasis auf jeder Seite eine zahnförmige Ausstülpung. Blütezeit Juli bis September. Im Gegensatz zum Gemeinen Hohlzahn hier an den Stängelknoten auch weiche, anliegende Flaum- und Drüsenhaare. Blätter behaart.
V Auf Äckern, Ödland, in Kahlschlägen und Gebüschen.
B Es gibt 2 regional unterschiedlich vorkommende Unterarten.

Waldziest

Stachys sylvatica

M 30–100 cm. Dunkelpurpurne Blüten zu 4–10 in Scheinquirlen; Kelch dicht behaart, halb so lang wie die Blüten. Blütezeit Juni bis August. Alle Blätter gestielt, breitherz-eiförmig, grob und spitz gezähnt, abstehend behaart. Stängel ebenfalls behaart.

V Feuchte Laubmischwälder, Gewässerufer und Waldränder.

B Pflanze entspringt einem kriechenden Wurzelstock (Rhizom). Kann als extreme Schattenpflanze auch im Unterholz gedeihen.

Sumpfziest

Stachys palustris

M 10–60 cm. Im Gegensatz zum oben beschriebenen Waldziest Blüten hier hellpurpurn; Blütenquirle auch mit maximal 10 Blüten; blüht Juni bis August. Blätter länglich-lanzettlich, gekerbt bis gesägt, locker anliegend behaart, fast kahl; obere Blätter sitzend.

V Auf nassen Wiesen, feuchten Äckern, an Ufern und Wegrainen.

B Bei allen *Stachys*-Arten ist die Blüte deutlich in Ober- und Unterlippe getrennt. Sie gehören zu den Lippenblütlern.

Rotes Waldvöglein

Cephalanthera rubra

M 20–50 cm. Die rosa bis purpurnen Blüten der Orchidee stehen in lockerer Ähre. Blütenblätter stehen bei voller Blüte deutlich ab; Lippe mit rotem Rand und gelblichen, gekräuselten Längsleisten. Blütezeit Juni bis Juli. Blätter ei-lanzettlich, spitz. Stängel im oberen Bereich dicht kurzhaarig. Entspringt einem verzweigten Rhizom.

V In lichten Laub- und Mischwäldern bis 1800 m Höhe anzutreffen.

B Gedeiht an schattigen Stellen; wird von Bienen bestäubt.

Geflecktes Knabenkraut G

Dactylorhiza maculata

M 15–50 cm. Blütenstand kegelförmig, später zylindrisch, mit vielen helllila bis rosaweißen Blüten. Blüten bespornt, mit seicht 3teiliger Lippe; der Mittellappen kleiner als die abgerundeten, gezähnelten Seitenlappen; Lippenzeichnung purpurn und schleifenförmig. 6–10 lanzettlich-längliche, braun gefleckte (Name!) Laubblätter; erreichen den Blütenstand nicht. Stängel markig, nicht zusammendrückbar.

V In feuchten Wiesen, lichten Wäldern, Flachmooren und Heiden.

B Die Art lebt, wie die meisten Orchideen, in Symbiose mit Wurzelpilzen, die mit ihrem dichten Wurzelgespinst die Wasser- und Mineralienversorgung der Pflanze gewährleisten.

Helmknabenkraut G

Orchis militaris

M 20–50 cm. Blüte 12–20 mm groß, mit außen blassrosafarbenem, länglich-eiförmigem Helm; Lippe purpurn, dunkelrot punktiert; Mittellappen der Lippe doppelt so breit wie die Seitenzipfel, nach vorn verbreitert und tief geteilt. Blütenstand lockerblütig, anfangs pyramidenförmig, später lang gestreckt. Blütezeit Mai bis Juni. Blätter elliptisch, an der Spitze zusammenlaufend.
V An grasigen, sonnigen Hängen, Waldrändern, in lichten Wäldern; bevorzugt sehr kalkreiche Böden.
B Bildet mit anderen *Orchis*-Arten sehr häufig Bastarde. Entspringt einer Wurzelknolle.

Schwarzes Kohlröschen

Nigritella nigra

M 5–25 cm. Blütenstand zunächst kegelförmig, später kugelig. Rote bis schwarzbraune, 4–6 mm große Blüten mit konkaver, nach oben weisender Lippe; Sporn kurz sackförmig, kürzer als der Fruchtknoten; duftet intensiv nach Vanille. Blüht von Mai bis September. Blätter linealisch, spitz; Stängel schwach kantig.
V Nährstoffarme Bergwiesen in 1600–2500 m Höhe; kalkliebend.
B Die Art kommt in 2 schwer zu unterscheidenden Unterarten vor.

Fliegenragwurz G

Ophrys insectifera

M 15–40 cm. Blüten haben eine gewisse Fliegenähnlichkeit; sie stehen zu 2–10 in einem lockeren Blütenstand. Lippe 3spaltig, braunrot, mit tief 2lappigem Mittelzipfel, in ihrem Zentrum 4eckiger, blaugrauer Fleck; die inneren Blütenblätter sind insektenfühlerähnlich, die äußeren 3 Blütenblätter sind oval und grünlich. Blütezeit Mai bis Juni. Blätter lanzettlich, meist nur unten am Stängel.
V Auf sonnigen Magerrasenhängen mit kalkigem Boden.
B Sehr raffinierter Bestäubungsmechanismus: Blüten imitieren ♀ Insekten und werden demzufolge von ♂ angeflogen. Bei den Begattungsversuchen kommt es zur Bestäubung. Die Attraktivität der Blüten wird durch die Produktion von Duftstoffen erhöht, die den Sexuallockstoffen der Insekten ähneln.

Wildes Silberblatt

Lunaria rediviva

M 30–150 cm. Wohlriechende, blassviolette 4zählige Blüten in zusammengesetzter Traube; ∅ 2–2,5 cm; Kelchblätter etwa halb so lang wie die Kronblätter. Blütezeit Mai bis Juli. Alle Blätter gestielt, Blattspreite herzförmig, Blattrand stachelspitzig gezähnt. Als Frucht entwickeln sich elliptisch-lanzettliche Schötchen, die an beiden Enden zugespitzt sind. Die blattartigen Fruchtscheidewände glitzern silbern (Name!), sind 4–9 cm lang und bis 3 cm breit.

V In feuchten, schattigen Hangwäldern oder Schluchten der Alpen.

B Wird von Nachtfaltern bestäubt. Das verwandte Judas-Silberblatt *(L. annua)* wird als Gartenzierpflanze kultiviert.

Deutscher Enzian **G**

Gentianella germanica

M 5–30 cm. Blüten 2–4 cm lang, rosaviolett, an kurzen Seitenästen im oberen Bereich der Pflanze; 5zipfelige Blütenkrone, Schlund bärtig; Kelchzähne am Rand rau, Kelchzipfel spitz. Blütezeit Mai bis Oktober. Stängelblätter sitzend, eilanzettlich; Grundblätter spatelig.

V Auf Wiesen, Magerrasen und Matten bis in 1600 m Höhe.

B Kommt in mehreren Unterarten vor, die z. T. eine frühblühende Sommerform und eine spätblühende Herbstform bilden.

Echtes Alpenglöckchen

Soldanella alpina

M 5–15 cm. Am Oberende der drüsigen, später verkahlenden Blütenstiele 2–3 Blüten; ∅ 8–15 mm; glockig trichterförmig, violett bis azurblau; Blütenkrone bis zur Hälfte in zierliche Fransen zerschlitzt, der Griffel ragt aus der Krone hervor. Blütezeit April bis Juli. Blätter dicklich, ganzrandig, rundlich nierenförmig, grundständig.

V Auf Matten und in Schneetälchen in 1000–2900 m Höhe.

B Bastarde zwischen verschiedenen *Soldanella*-Arten sind häufig.

Herbstzeitlose

Colchicum autumnale

M 5–20 cm. Blüten aus 6 blassvioletten Blütenblättern, unten zu einer bis 20 cm langen Röhre verwachsen; im Zentrum 3 Griffel und 6 Staubblätter; erscheinen August bis November. Blätter breit-lanzettlich; erscheinen im Frühjahr mit der Fruchtkapsel.

V Bevorzugt feuchte Wiesen und Auenwälder.

B V. a. in der unterirdischen Knolle ist Colchizin enthalten, ein starkes Zellteilungsgift, z. T. in der gärtnerischen Züchtung verwendet.

Gewöhnliche Kuhschelle G

Pulsatilla vulgaris

M 5–10 cm. Blüten 5–6 cm lang, violett; 6 Blütenhüllblätter, an der Rückseite zottig behaart, anfangs zusammenneigend, später ausgebreitet; im Zentrum viele leuchtend gelbe Staubblätter. Blütezeit März bis Mai. Unterhalb der Blüte sitzen 3 Hochblätter. Nach der Blüte erscheinen 2–3fach gefiederte Grundblätter.

V Auf sonnigen Trockenrasen mit kalkhaltigen Böden.

B Die zottigen Fruchtstände entwickeln sich nach starker Verlängerung der Blütenstängel. Die Pflanze wird homöopathisch verwendet.

Waldstorchschnabel

Geranium sylvaticum

M 30–60 cm. Blüten zu zweit am Blütenstiel, 3–3,5 cm groß; lebhaft rotviolett; Blütenstiele bleiben nach der Blüte aufrecht. Blütezeit Juni bis Juli. Blätter handförmig, 7teilig; Blattlappen bis über die Mitte unregelmäßig gezähnt. Stängel und Blütenstiele drüsig behaart.

V Fettwiesen und Auwälder der Mittelgebirge und Alpen.

B Die Pflanze enthält vor allem im Wurzelstock Gerbstoffe. Die Fruchtverbreitung erfolgt durch einen Schleudermechanismus.

Nesselblättrige Glockenblume

Campanula trachelium

M 30–100 cm. Blüten trichterförmig, lila, 3–4 cm groß, in traubigem, beblättertem Blütenstand; Blütezeit Juli bis September. Stängel scharfkantig, steifhaarig mit 3eckig-eiförmigen Blättern; Rand grob gesägt, brennnesselartig; untere Blätter lang gestielt. Blütenstiele am Grund mit 2 Vorblättern, diese kleiner als die Laubblätter.

V In schattigen Gebüschen und Wäldern bis 1700 m Höhe.

B Die Gattung *Campanula* ist sehr artenreich. Vormännlichkeit der Blüten, d. h. Reifung der Pollen vor den Samenanlagen, verhindert Selbstbestäubung. Alle *Campanula*-Arten entwickeln Kapselfrüchte.

Wiesenglockenblume

Campanula patula

M 20–60 cm. Blüten in rispigem Blütenstand, lila, 1,5–2,5 cm lang; die Blütenkrone fast bis zur Hälfte in Zipfel gespalten, nickend; Kelchzipfel spitz lanzettlich. Blüht Mai bis August. In der Mitte des Blütenstiels 2 kleine Vorblätter; Stängelblätter lanzettlich, die Grundblätter kurz gestielt, länglich-eiförmig, am Rand gekerbt.

V Fettwiesen und Gebüsche; auf feuchten, lehmigen Böden.

B Sehr lichtbedürftige Art. Die Bestäubung erfolgt durch Bienen.

Echtes Lungenkraut

Pulmonaria officinalis

M 15–30 cm. Während der Blütezeit wechselt die Farbe der 1 cm großen Blüten von Rot- zu Blauviolett; Blütenkrone mit 5 Haarbüscheln versehen, überragt den zipfeligen Kelch. Blütezeit März bis Mai. Grundblätter gelbgrün, derb, mit rundlichen, scharf begrenzten, weißen Flecken; Stängelblätter oval, stängelumfassend.
V In Laub- und Mischwäldern, an Waldrändern und in Gebüschen.
B Wird naturheilkundlich zur Wundbehandlung und bei Lungenerkrankungen verwendet. Der Wechsel der Blütenfarbe wird durch die stoffwechselbedingte Änderung des Säuregrades verursacht.

Gemeiner Beinwell

Symphytum officinale

M 30–100 cm. Rotviolette oder gelbliche Blüten in Doppelwickeln, 12–18 mm groß, glockig, mit langen Schlundschuppen. Blütezeit Mai bis Juli. Stängel vom Grund an ästig, hohl, steif behaart. Blätter lanzettlich, borstig, bis 25 cm groß, am Stängel weit herablaufend.
V An Bachufern, auf feuchten Wiesen, in Gräben und Auwäldern.
B Die Pflanze wurde früher bei Knochenbrüchen (Name!) verwendet. Sie entspringt einer bis 30 cm langen Pfahlwurzel.

Strandflieder G

Limonium vulgare

M 20–50 cm. In dichtblütiger Doppelrispe stehen blauviolette, 5zählige Blüten in schraubiger Anordnung; Blütezeit August bis September. Stängel rund, verzweigt. Blätter verkehrt-eiförmig, immergrün, ganzrandig, verschmälern sich in den Blattstiel; sie sind stachelspitz, knorpelrandig, abgestorben lebhaft gelb oder rot.
V Auf Salzwiesen und im Schlick der Nord- und Ostsee.
B Der Salzgehalt der Pflanze ist erhöht, um die erschwerte Wasseraufnahme im salzhaltigen Boden dennoch zu ermöglichen. Kommt auch mit rauem Klima sehr gut zurecht.

Tollkirsche

Atropa belladonna

M 50–150 cm. Glockenförmige, 2,5–3 cm große Blüten mit kurzem, 5lappigem Saum; außen braunviolett, innen gelbgrün, violett geadert. Blütezeit Juni bis August. Blätter eiförmig, ganzrandig, drüsig behaart. Früchte sind schwarz glänzende, sehr giftige Beeren.
V Auf Waldlichtungen und Kahlschlägen aller Waldtypen.
B Enthält verschiedene Alkaloide, u. a. das stark giftige Atropin.

Bittersüßer Nachtschatten

Solanum dulcamara

M 30–200 cm. Blütenstand traubig-doldig mit dunkelvioletten Blüten; 5teilige, ausgebreitete Krone mit zentral stehenden, kegelig verwachsenen, gelben Staubbeuteln. Blütezeit Juni bis August. Pflanze halbstrauchig kletternd, mit breit-lanzettlichen Blättern, die oberen spießförmig bis geöhrt. Früchte sind ovale, glänzend rote Beeren.

V In Auenwäldern, Gebüschen, an Ufern, Gräben und in Hecken.

B Enthält giftige Alkaloide; wurde früher heilkundlich verwendet.

Strandaster

Aster tripolium

M 15–60 cm. Am kahlen, oft rot überlaufenen Stängel meist mehrere Blütenköpfe mit zartlila Zungenblüten und zentral stehenden, orangefarbenen Röhrenblüten; ∅ 1–3 cm; Hüllblätter länglich-eiförmig, stumpf, kahl. Blütezeit Juni bis Oktober. Blätter dicklich, länglich-lanzettlich, ganzrandig, am Rand gewimpert.

V Salzwiesen der Nord- und Ostsee, an Salinen im Binnenland.

B Typische Salzpflanze (Halophyt). Zur besseren Wasserspeicherung ist das Gewebe sehr fleischig ausgebildet. Wegen des schlickigen, sauerstoffarmen Bodens hat die Wurzel Luftkammern.

Alpenaster

Aster alpinus

M 5–20 cm. Im Gegensatz zur oben beschriebenen Strandaster hier meist einzelne Blütenköpfe am Stängel; sie bestehen aus 25–40 violetten bis rosa Zungenblüten und goldgelben Scheibenblüten. Blütezeit Juni bis August. Stängel behaart, aufrecht mit ganzrandigen, flaumig behaarten Blättern; obere lanzettlich, sitzend; Grundblätter länglich-spatelig, kurz gestielt.

V Auf Magermatten, Triften, Felsen; in 1400–2800 m Höhe.

B Kommt oft mit dem Edelweiß vor; wird von Faltern bestäubt.

Wiesenflockenblume

Centaurea jacea

M 20–80 cm. Blütenköpfe rotviolett, nur aus Röhrenblüten, Randblüten vergrößert; ∅ 2–6 cm; Hüllblattanhängsel schwarzbraun bis weißlich, eingerissen. Blütezeit Juni bis Oktober. Stängel kantig, rau; Grundblätter gestielt, oft gefiedert; Stängelblätter lanzettlich, sitzend.

V Wiesen, Magerrasen, auf Moorwiesen und an Wegrändern.

B Der Pollen wird bei dieser Pflanze durch eine Staubblattbewegung ausgepresst und am Insektenkörper abgestreift.

Ackerwitwenblume

Knautia arvensis

M 30–100 cm. Blütenköpfe blauviolett, 2–4 cm groß, mit deutlich vergrößerten Randblüten; Kelch mit 8 gefiederten Borsten; Blütenkopfboden ohne Spreublätter. Blütezeit Mai bis September. Stängel verzweigt, unten abstehend behaart, mit fiederspaltigen, graugrünen Blättern; Grundblätter lanzettlich, gestielt.

V Auf Trockenwiesen, Äckern, an Weg- und Waldrändern.

B Wegen der enthaltenen Gerb- und Bitterstoffe als Heilpflanze verwendet. Bestäubung durch Bienen und Schmetterlinge.

Wilde Karde

Dipsacus silvestris

M 70–150 cm. In kegelförmiger bis länglicher, 3–8 cm großer Ähre stehen lila Blüten, die ein wanderndes Band zur Ährenspitze hin bilden. Blütezeit Juli bis August. Am stacheligen, schwach verzweigten Stängel sitzen ungeteilte, am Rand kahle oder stachelige Blätter; am Mittelnerv sind sie unterseits stachelig. Hochblätter steigen bogig auf, die längsten überragen die Ähre.

V An Ufern, Wegrändern, Böschungen und auf Ruderalstandorten.

B Wird von Hummeln, Fliegen und Bienen bestäubt.

Ackerkratzdistel

Cirsium arvense

M 50–150 cm. Blütenkörbchen an den Zweigenden, 1,5–3 cm lang, von eng anliegenden, purpurfarbenen, zugespitzten Hüllblättern eingefasst und spinnwebig behaart. Blütezeit Juli bis September. Stängel stark verzweigt mit lanzettlichen, ungeteilt bis buchtig-gezähnten Blättern; Blattvorsprünge mit starren Stacheln.

V Typisches Ackerunkraut, an Wegrändern und auf Ruderalstellen.

B Hat sehr tief reichende (bis 3 m!) Wurzeln; gilt als Pionierpflanze.

Gemeine Kratzdistel

Cirsium vulgare

M 60–180 cm. Violette, 2–4 cm große Blütenköpfe, meist paarweise oder in 3er-Gruppen; Blütenhülle ohne Wollfilz. Blütezeit Juli bis September. Blätter deutlich stachelig gezähnt, in einen langen, gelben Stachel auslaufend; unten weißfilzig, laufen im Gegensatz zur oben beschriebenen Ackerkratzdistel am Stängel herab.

V Auf Ödland und Schuttplätzen im offenen Gelände.

B Gilt als Zeigerpflanze für stickstoffreiche Böden. Wird von Hummeln und Käfern bestäubt.

Frühlingsplatterbse

Lathyrus vernus

M 20–40 cm. Blüten verschiedenfarbig von rotviolett bis blau oder grünblau; sie stehen in 3–8blütigen Trauben. Blütezeit April bis Mai. Stängel aufrecht, unverzeigt, an der Basis Niederblätter; obere Blätter 4–6fiedrig; Fiedern 3–7 cm lang, zugespitzt, unten glänzend.

V In Nadelmisch- oder Laubwäldern, bevorzugt Buchenwäldern.

B Die Blüten wechseln ihre Farbe mit zunehmender Blühdauer von rotviolett nach blaugrün, da sich der Säuregrad des Zellsaftes verändert und der Blütenfarbstoff Indikatoreigenschaft hat.

Vogelwicke

Vicia cracca

M 20–150 cm. In 10–30blütiger Traube stehen 8–12 mm große, blauviolette Blüten; Tragblatt des Blütenstandes ist so lang wie die Blütentraube. Blütezeit Juni bis Juli. Stängel kahl oder anliegend behaart, kantig; Blätter bestehen aus 15–20 lanzettlichen Fiedern.

V Auf Wiesen, Äckern, in Gebüschen und an Waldrändern.

B Klettert mit Hilfe der an den Blattspitzen sitzenden, verzweigten Ranken an anderen Pflanzen empor. Wird von Bienen bestäubt.

Zaunwicke

Vicia sepium

M 30–60 cm. Blüten zu 3–5 in traubigen Blütenständen, bräunlich-violett, bis 15 mm lang; Kelchzähne ungleich lang; blüht von Mai bis Juni. Blätter in 8–14 eiförmige Fiedern unterteilt, an der Spitze in eine geteilte Ranke auslaufend; Stängel kann auch selbstständig stehen.

V Auf Wiesen, an Weg- und Ackerrändern, in Gebüschen.

B An der Unterseite der Nebenblätter gibt es Nebenblattnektarien, die einen bei Ameisen begehrten Nektar ausscheiden. Die Gattung *Vicia* ist sehr artenreich, u. a. gehört auch die eiweißreiche Futterwicke *(V. sativa sativa)* in diese Gattung.

Saatluzerne

Medicago sativa

M 20–80 cm. Blüten blau, violett oder weißlich, 8–12 mm groß, in kopfigen Trauben; Blütezeit Mai bis September. Blätter 3zählig mit an der Spitze gezähnten, stachelspitzen Fiederblättchen.

V An Wegrändern, Böschungen und als Futterpflanze angebaut.

B Wegen des hohen Eiweißanteils eine wichtige Futterpflanze. Ferner wird Luftstickstoff von symbiontischen Wurzelbakterien fixiert.

Gundermann

Glechoma hederacea

M 15–60 cm. Blüten in 2–3blütigen Halbquirlen, blauviolett; die Unterlippe ist 3lappig mit vergrößertem Mittellappen, die Oberlippe vorn ausgerandet, gerade; die Staubblätter und Griffel überragen die Kronröhre. Blütezeit April bis Juni. Stängel und Blätter zerstreut behaart, letztere rundlich-nierenförmig, oben glänzend, unten mattgrün, oft rötlich. An den Stängelknoten bewurzelt.

V Auf feuchten Wiesen, in Wäldern, an Mauern und Ufern.

B Wegen des Gerbstoffgehaltes früher zur Wundheilung benutzt.

Kleine Braunelle

Prunella vulgaris

M 10–30 cm. Blauviolette Blüten, 2–2,5 cm lang, mit gekrümmter Röhre, helmähnlicher Oberlippe mit 3 stachelspitzen Zähnen, Kelch 2lippig, mittlerer Zahn der Kelchoberlippe breiter als die seitlichen. Die Blüten stehen in ährigem Blütenstand; blühen Juni bis September. Blätter länglich-eiförmig, schwach behaart.

V Auf Wiesen, Parkrasen, an Waldrändern und an Wegen.

B Breitet sich mit oberirdischen Ausläufern aus. Früchte werden durch einen von Regentropfen ausgelösten Schleudermechanismus verbreitet. Hat verschiedene heilende Inhaltsstoffe.

Ackerminze

Mentha arvensis

M 10–45 cm. Blüten in blattachselständigen Scheinquirlen, lila, mit glockenförmigem, gleichmäßig 5zähnigem, außen locker behaartem Kelch; Blütenquirle nie endständig. Blütezeit Juli bis September. Stängel 4kantig, aufsteigend; Blätter eiförmig bis elliptisch.

V Bevorzugt feuchte Äcker, Gräben, Sumpfwiesen und Ufer.

B Enthält ätherische Öle; wird beim Zerreiben der Pflanze deutlich.

Wasserminze

Mentha aquatica

M 20–80 cm. Meist mehrere kugelige Scheinquirle übereinander, die aus einer Vielzahl 5–8 mm großer, lila bis rosa Blüten bestehen; Blütenkrone innen behaart, Staubbeutel herausragend. Blütezeit Juli bis Oktober. Stängel kantig mit kreuzgegenständig stehenden Blättern; Blattform eiförmig bis ei-lanzettlich, gestielt, fein gekerbt.

V An Ufern, in Sumpfwiesen, Röhricht und Gräben.

B In der Gattung *Mentha* gibt es sehr viele Bastarde. Allen Arten ist der Gehalt an ätherischen Ölen gemeinsam.

Waldveilchen

Viola reichenbachiana

M 10–30 cm. Blüten rotviolett, 12–15 mm, mit 5–6 mm langem, nach unten gebogenem, dunkelviolettem Sporn; die Kronblätter überdecken sich nicht. Blütezeit April bis Juni. Grundblätter herz-eiförmig, oben zerstreut behaart, unten oft violett; Nebenblätter schmal lanzettlich, lang gefranst bis ganzrandig.

V Kommt in allen Laub- und Nadelmischwäldern vor.

B Insektenbestäubung, wobei der für die Insekten produzierte Nektar am Staubblattanhängsel produziert und in den Sporn hinein abgegeben wird. Die Samenverbreitung erfolgt durch Ameisen.

Wohlriechendes Veilchen

Viola odorata

M 5–10 cm. Im Vergleich zum oben beschriebenen Waldveilchen sind die Blüten dunkelviolett und wohlriechend; der Sporn gerade. Blütezeit März bis April. Grundblätter fein behaart, rundlich-nierenförmig bis herz-eiförmig; Nebenblätter zugespitzt, ganzrandig.

V In lichten Laubwäldern, an Bachufern und in Gärten.

B Die Duftstoffe dieser Art werden in der Parfümindustrie genutzt.

Gemeines Fettkraut G

Pinguicula vulgaris

M 5–15 cm. Blauviolette, 2lippige Blütenkrone mit langem, dünnem Sporn; im Schlund ein weißer Fleck; Kelchzipfel bis zur Mitte miteinander verwachsen. Blütezeit Mai bis August. Blätter in grundständiger Rosette; sie sind verkehrt-eiförmig oder elliptisch, ganzrandig, am Rand aufgebogen; hellgrün mit drüsiger Oberfläche.

V An bodennassen Stellen in Hoch- und Flachmooren, in Felsspalten und auf Rieselfluren bis 1900 m Höhe.

B Die Art gehört zu den Insekten fressenden Pflanzen (Insektivoren); Beuteinsekten bleiben an den Drüsenköpfchen der Blattbehaarung haften und werden mit Enzymen verdaut.

Mauerzimbelkraut

Cymbalaria muralis

M 30–60 cm. Hellviolette, lang gestielte Blüten mit gelbem Gaumen und gekrümmtem Sporn; stehen einzeln in den Blattachseln; blühen von Juni bis September. Blätter lang gestielt, rundlich nierenförmig, unterseits oft violett; am kahlen, kriechenden Stängel.

V An schattigen und feuchten Mauerstellen und Felsnischen.

B Wurde bei uns aus dem Mittelmeerraum eingebürgert.

Alpenhelm

Bartsia alpina

M 5–10 cm. Blüten stehen in den Achseln von Tragblättern; sie sind schwarzviolett und bilden insgesamt eine kopfige Ähre; Krone rachenförmig, 1,5–2,5 cm groß, mit ungeteilter, helmförmiger Oberlippe und 3lappiger Unterlippe; Kelch röhrig-glockig, 4spaltig, drüsig-zottig. Blütezeit Juni bis August. Blätter eiförmig mit herzförmigem Grund, kurz behaart; obere Blätter violett überlaufen.

V Auf feuchten Matten und Quellfluren in 900–2500 m Höhe.

B Entzieht als Halbschmarotzer anderen Pflanzen an deren Wurzeln mit speziellen Saugorganen Wasser und Mineralsalze.

Kleines Knabenkraut G

Orchis morio

M 8–30 cm. Blütenblätter rot, grün gesteift; Lippe violett-purpurn, 3lappig, Seitenlappen besonders breit; Sporn keulig verdickt, waagrecht oder aufsteigend. Blütezeit April bis Juli. Stängel kantig, mit ungefleckten, breit- bis länglich-lanzettlichen Blättern.

V In trockenen und bodennassen, jedoch ungedüngten Wiesen.

B Die Orchidee enthält in der Knolle Schleimstoffe, die naturheilkundlich nutzbar sind. Wird auch als Salep-Knabenkraut bezeichnet.

Mückenhändelwurz

Gymnadenia conopsea

M 20–60 cm. In reichblütiger, bis 10 cm langer Ähre stehen 1–1,5 cm große, rosa bis violette Blüten; Blütensporn 1,5–2 mal so lang wie der Fruchtknoten, nach unten gebogen; seitliche Blütenhüllblätter oval, Lippe 3lappig, zur Spitze verbreitert. Blütezeit Juni bis August. Blätter lanzettlich, bis 15 cm lang.

V Auf trockenen Kalkmagerrasen, in lichten Wäldern, an buschigen Hängen und in Moorwiesen bis 2400 m Höhe.

B Orchidee mit handförmigen Wurzelknollen (Name!); wird von Schmetterlingen bestäubt, die Nektar aus der Spornspitze saugen.

Breitblättriges Knabenkraut G

Dactylorhiza majalis

M 15–60 cm. Blüten purpurrot bis lila, in reichblütiger Ähre; 3lappige Lippe mit herabgeschlagenen Seitenlappen und intensiv purpurnem Linienmuster. Blüht Mai bis Juni. Blätter meist gefleckt, lanzettlich.

V In Flachmooren und feuchten Wiesen mit kalkhaltigem Boden.

B Knabenkräuter bevorzugen nährstoffarme Böden, diese Orchidee toleriert jedoch hohe Nährstoffgehalte.

Sumpfvergissmeinnicht

Myosotis palustris

M 15–40 cm. In traubenförmigem, tragblattlosem Blütenstand stehen kurz gestielte, blaue Blüten; ∅ 5–10 mm; Kelch glockenförmig, mit breit 3eckigen Kelchzipfeln, diese angedrückt behaart. Blütezeit Mai bis September. Am kantigen Stängel sitzende, länglich lanzettliche Blätter, kahl oder angedrückt kurzhaarig.
V In nassen Wiesen, Gräben, Sümpfen, an Ufern und im Röhricht.
B Die Blütenknospen sind oft zartrosa, da der Blütenfarbstoff Indikatoreigenschaft hat und sich mit dem Säuregrad der Zellen ändert.

Kornblume

Centaurea cyanus

M 30–80 cm. Blaue Blütenköpfe, ∅ 2–3 cm, aus zentralen Scheibenblüten und zipfeligen Randblüten; Blütenhülle eiförmig, 1,5 cm lang. Blütezeit Juni bis September. Stängel kantig; Blätter 2–5 mm breit, lanzettlich; mittlere und obere nicht herablaufend.
V In Kornfeldern, auf Schuttplätzen und Unkrautfluren.
B Gilt als Kulturbegleiter, wird aber immer seltener. Wurde früher naturheilkundlich bei Augen- und Blasenerkrankungen eingesetzt.

Gemeine Wegwarte

Cichorium intybus

M 25–120 cm. Nur aus Zungenblüten bestehende Blütenköpfchen, ∅ 3–4 cm, umgeben von 2reihig stehenden, drüsenhaarigen Hüllblättern. Blütezeit Juli bis September. Stängel sparrig-ästig; Grundblätter schrotsägeförmig, unterseits borstig behaart; Stängelblätter lanzettlich, ganzrandig bis schwach gezähnt.
V Typisch an Wegrändern, auf Äckern, Schuttplätzen und Weiden.
B Die geröstete und gemahlene Wurzel der »Zichorie« war im letzten Jahrhundert ein üblicher Kaffeeersatz. Die Pflanze wurde auch als Salat gegessen und naturheilkundlich bei Leberleiden verwendet.

Bergflockenblume

Centaurea montana

M 30–70 cm. Blütenköpfe ausschließlich aus Röhrenblüten, ∅ 6–8 cm, die Randblüten sind blau, die Scheibenblüten violett; Fransen der Hüllblätter schwarz, mit kammförmig gefranstem Anhängsel. Blüht Mai bis Juli. Blätter länglich-lanzettlich, unterseits filzig; die oberen laufen am Stängel flügelig herab.
V Lichtungen von Bergwäldern, Hochstaudenfluren bis 2100 m.
B Bildet unterirdisch kriechende Ausläufer. Liebt lehmigen Boden.

Wiesenstorchschnabel

Geranium pratense

M 20–60 cm. Blauviolette Blüten, ∅ 2–4 cm, stehen meist paarweise; nach der Blütezeit Blütenstiel meist herabgeschlagen, bei der Fruchtreifung richtet er sich wieder auf. Blütezeit Juni bis August. Blätter 7lappig, doppelt fiederspaltig; Stängel drüsig behaart.

V Bevorzugt auf Fettwiesen, an Wegrändern und in Gräben.

B Bestäubung durch Bienen. Samenverbreitung durch einen Schleudermechanismus, wobei eine gespannte, eingerollte Granne an den Samen den Schleudervorgang verursacht.

Leberblümchen

Hepatica nobilis

M 5–15 cm. Blütenkrone blau, selten weiß, ∅ 1,5–3 cm, bestehend aus 6–9 Kronblättern; unterhalb der Blüte 3 ganzrandige, kelchartige Hochblätter. Blütezeit März bis April. Blätter erscheinen erst nach der Blüte, sind grundständig, 3lappig, lang gestielt.

V In verschiedenen Laubwäldern und Nadelmischwäldern.

B Wird von Insekten bestäubt, Ameisen verbreiten die Samen. Früher naturheilkundlich bei Leber- und Gallenleiden verwendet.

Kleines Immergrün

Vinca minor

M 15–20 cm. In den Blattachseln entspringen hellblaue Blüten mit 2 cm ∅; Krone aus 5 Kronblättern, stieltellerförmig. Blütezeit März bis Juni. Am niederliegenden Spross stehen immergrüne, lanzettliche, glänzende und ledrig wirkende Blätter, Länge 4 cm.

V Im Unterholz von Laubwäldern und Gebüschen, meist in Massen.

B Vermehrt sich in erster Linie durch die üppig wuchernden Ausläufer, jedoch auch durch Samen, die durch Ameisen verbreitet werden. Wird gerne als Bodendecker in Gärten verwendet.

Zweiblättriger Blaustern

Scilla bifolia

M 10–20 cm. Runder, schräg abstehender Blütenstiel, am Ende mit 2–8 leuchtend blauen Blüten; Staubbeutel violett, Blütenhüllblätter 6–9 mm lang, länglich-elliptisch. Blütezeit März bis April. Meist nur 2 lanzettliche Blätter, die den Stängel scheidig umschließen. Ein Blütenstiel entspringt jeweils einer Zwiebel.

V Auf feuchten Wiesen, in lichten Wäldern, bevorzugt Auwäldern.

B Bildet am Standort meist größere Bestände; benötigt humus- und nährstoffreiche Böden. Insekten- oder Selbstbestäubung.

Frühlingsenzian G

Gentiana verna

M 4–15 cm. Meist 1, selten 2–3 Blüten pro Stängel; sie sind tief dunkelviolett, blau bis weißlich; am Grund der Kronzipfel jeweils ein 2zähniges Anhängsel; Kelch geflügelt. Blütezeit März bis Juli. Rosettenblätter 3 mal so lang wie breit, stumpf, am Rand rau.

V Auf Bergmatten, in Flachmooren und Zwergstrauchheiden bis 2600 m Höhe; auch auf kalkigsteinigen Böden im Tiefland.

B Bei warmer Witterung im Herbst eine zweite Blüte möglich.

Gefranster Enzian G

Gentianella ciliata

M 8–25 cm. 4 Blütenkronblätter mit gefransten Rändern; leuchtend blau, unten röhrig zusammengefasst; Blüten stehen meist einzeln am Oberende des biegsamen Stängels und sind bis 5 cm lang. Blütezeit Juli bis Oktober. 1–3 linealische, zugespitzte Stängelblätter.

V Auf Trockenrasen, Heiden, Schafweiden und an Waldrändern; im Gebirge auf felsigen Fluren bis 2200 m Höhe.

B Die Blüten werden von Hummeln bestäubt.

Stängelloser Enzian G

Gentiana clusii

M 4–8 cm. Leuchtend blaue, glockige Blüten; Blütenkrone außen grünlich blau, innen immer ohne grünliche Flecken; lanzettliche, spitze Kelchzähne; sie erreichen die halbe Kronröhrenlänge, haben spitze Kelchbuchten und einen rauen Rand. Blütezeit April bis August. Blütenstiel sehr kurz oder fehlend; die Blätter bilden eine grundständige Rosette, sind lanzettlich, am Rand papillös.

V Auf Magerrasen, alpinen Matten, Triften und Flachmooren; bis in Höhen von 2600 m; liebt Kalkböden.

B Kann leicht mit dem Keulen-Enzian *(G. acaulis)* verwechselt werden. Dieser hat jedoch grüne Flecken in der Blütenkrone, breite Kelchbuchten und einen glatten Rand; er meidet Kalkböden.

Schwalbenwurzenzian G

Gentiana asclepiadea

M 30–70 cm. Am überhängenden Stängel stehen intensiv blaue, 3,5–5 cm große Blüten meist zu 1–3 in den oberen Blattachseln; Krone innen hell und rötlich violett gepunktet oder gestreift; Glockenrand 5zipfelig, zwischen den Zipfeln je 1 stumpfer Zahn. Blütezeit Juli bis September. Blätter eiförmig-lanzettlich, 5nervig, stehen gekreuzt gegenständig. Pflanze bildet vielblütige Staude.

V Auf Bergwiesen und Matten, in Bergwäldern und Ufergebüsch.

B Die Blattform ähnelt jener der Schwalbenwurz (Name!, S. 134).

Knäuelglockenblume

Campanula glomerata

M 20–60 cm. In endständigem, köpfchenförmigem Blütenstand leuchtend blaue, selten weiße, 1,5–3 cm große Blüten; sie sind trichterförmig, behaart; Griffel ragt nicht aus der Krone hervor. Blütezeit Juni bis August. Grundblätter oval-stumpf, am Grund herzförmig oder abgerundet; Stängelblätter spitz, halbstängelumfassend oder gestielt; alle Blätter und der Stängel weich behaart.

V Auf Wiesen, in Gebüschen, Wäldern und Triften bis 1900 m.

B Licht- bis Halbschattenpflanze. Bestäubung durch Insekten.

Rundblättrige Glockenblume

Campanula rotundifolia

M 10–50 cm. Blüten in wenigblütiger Rispe; sie sind dunkelblau und im oberen Drittel zipfelig geteilt, nickend, als Knospe aufrecht. Blütezeit Juni bis September. Grundblätter lang gestielt, rundlich bis herzförmig; Stängelblätter schmal-lanzettlich, kahl.

V Auf Magerrasen, Heiden und in lichten Wäldern.

B Auch diese *Campanula*-Art ist eine Lichtpflanze.

Kleine Traubenhyazinthe G

Muscari botryoides

M 10–25 cm. Die Blütenhülle ist rundlich, himmelblau und weiß gesäumt, 2–5 mm groß; Blüten stehen in 10–20blütigem, traubigem, kegelförmigem Blütenstand. Blütezeit April bis Mai. 2–3 grundständige Blätter; sie stehen aufrecht, sind bis 10 mm breit und erreichen die Länge des Blütenstiels.

V Kommt auf trockenen Wiesen, Hängen und in Weinbergen vor.

B Bildet oft Massenbestände. Wird von Insekten bestäubt. Es gibt in unserer Flora 4 weitere *Muscari*-Arten, die allesamt gefährdet sind.

Herzblättrige Kugelblume

Globularia cordifolia

M 3–10 cm. Blütenköpfe kugelig, blau, 1–1,5 cm breit; Einzelblüten 6–8 mm lang, Oberlippe tief gelappt; Kelchzähne gleich lang oder kürzer als die Kronröhre; Hüllblätter oval oder lanzettlich, gewimpert. Blütezeit Mai bis Juni. Blattspreite der Grundblätter 5 mm breit, spatelförmig, vorn ausgerandet. Pflanze rasenbildend.

V In Felstriften und auf Geröll der Alpen bis 2200 m Höhe.

B Die Art verbreitet sich mit kriechenden, wurzelnden Sprossen.

Kugelige Teufelskralle

Phyteuma orbiculare

M 10–40 cm. Kugeliger, köpfchenförmiger Blütenstand aus blauen, 1–1,5 cm großen Einzelblüten, umgeben von ei-lanzettlichen Hüllblättern; vor dem Aufblühen ist die Blütenkrone stark gekrümmt. Blütezeit Mai bis September. In der Grundrosette herz-eiförmige bis lanzettliche, lang gestielte Blätter; Stängelblätter ei-lanzettlich, gesägt oder ganzrandig, oberste ungestielt.

V Auf Matten, Triften, Magerrasen und Moorwiesen bis 2400 m.

B Pflanze wird von Insekten bestäubt.

Gewöhnliche Akelei

Aquilegia vulgaris

M 30–80 cm. Blütenkrone blau, ∅ 3–5 cm; Nektarblätter mit hakenförmig gebogenen Spornen; im Blütenzentrum zahlreiche herausragende, gelbe Staubblätter. Blütezeit Mai bis Juli. Grundständige Blätter blaugrün, doppelt 3teilig, Stängelblätter 3lappig, sitzend.

V In lichten Laubwäldern, auf Wiesen und Trockenrasen.

B Bestäubung erfolgt durch langrüsselige Hummeln, die den Nektar in den Spornen der Nektarblätter erreichen.

Sibirische Schwertlilie G

Iris sibirica

M 30–90 cm. Am Stängelende meist 2 blaue Blüten mit 3 äußeren, am Grund weißlich-blau geaderten Blütenblättern, die sich in den braungelb und purpurn geaderten Nagel verschmälern; innere Blütenblätter stehen aufrecht. Blütezeit Mai bis Juni. Blätter kürzer als der hohle Stängel, schmal-linealisch, 2–6 mm breit.

V Auf Sumpfwiesen, in Flachmooren, Gräben, feuchten Wäldern.

B Verträgt zeitweise Überflutung des Bodens und gedeiht nur auf sehr stickstoffarmen, ungedüngten Böden. Kommt sehr gerne in Beständen von Pfeifengras (*Molinia caerulea*, S. 240) vor.

Bachehrenpreis

Veronica beccabunga

M 20–60 cm. In 10–30blütiger Traube stehen intensiv hell- bis dunkelblaue, 4–9 mm große Blüten. Blütezeit Mai bis August. Am runden Stängel stehen kurz gestielte, eiförmig-elliptische, fleischige, kahle Blätter; Blattrand gesägt-gekerbt. Stängel rund und hohl.

V Kommt an Bächen, in Gräben, Sümpfen und Quellfluren vor.

B Galt früher als Heilpflanze gegen Hauterkrankungen.

Gamanderehrenpreis

Veronica chamaedris

M 10–30 cm. Am Oberende des 2zeilig behaarten Stängels stehen in blattachselständigen Trauben himmelblaue Blüten; Blütenkelch 4blättrig, Kronblätter dunkel geadert; 2 Staubblätter. Blütezeit Mai bis August. Blätter eiförmig-spitz, grob gekerbt, sitzend, untere gestielt.

V In lichten Wäldern, auf Wiesen und in Triften bis 2200 m Höhe.

B Enthält giftige Glykoside und wurde deshalb früher bei Leber-, Magen- und Darmerkrankungen verwendet. Insektenbestäubung.

Wiesensalbei

Salvia pratensis

M 30–60 cm. Blüten dunkelblau, in 4–8blütigem, drüsig behaartem Quirl; sie sind 18–25 mm lang, die Oberlippe sichelförmig; ihre Tragblätter grün, kürzer als der Kelch und zurückgeschlagen. Blütezeit Mai bis August. Stängel 4kantig, borstig behaart. Blätter vorwiegend grundständig, eiförmig, gekerbt und gestielt.

V Auf Magerrasen, an Feld- und Wegrainen, auch auf Fettwiesen.

B Wird durch Hummeln bestäubt, die beim Nektarsaugen einen Hebelmechanismus betätigen; die Staubgefäße werden dadurch nach unten gekippt und der Pollen auf dem Hinterleib abgestreift.

Kriechender Günsel

Ajuga reptans

M 15–30 cm. Blüten blau, selten rötlich oder weiß, 2–2,5 cm groß, in mehrblütigem Quirl; Oberlippe reduziert oder fehlend, Unterlippe 3lappig; Kelch kürzer als Kronröhre und behaart. Blütezeit Mai bis August. Grundblätter lang gestielt, spatelig; Stängelblätter ungeteilt und eiförmig. Stängel unten kahl, oben 2zeilig behaart.

V Auf Magerwiesen, an Wegrändern, in Gebüschen und Wäldern.

B Bildet oberirdische Ausläufer (Name!), die der Verbreitung dienen. Enthält Gerbstoffe; wurde deshalb früher naturheilkundlich verwendet. Insektenbestäubung; Selbstbestäubung kommt vor.

Gewöhnlicher Natternkopf

Echium vulgare

M 30–100 cm. Blüten in schmal pyramidalem Blütenstand, zuerst rötlich, dann blau. Kronblätter länger als der Kelch, Kronmündung schief; ungleich lange Staubblätter überragen die Blüte. Blütezeit Juni bis Oktober. Grundständige Rosettenblätter lanzettlich, bis 15 cm lang, gestielt; Stängelblätter sitzend. Pflanze borstig behaart.

V An Wegrändern, auf Schutt und in Unkrautfluren.

B Typische Pionierpflanze auf neu zu besiedelnden Standorten.

Ackerrittersporn G

Consolida regalis

M 15–40 cm. Blaue Blüten in Rispen oder wenigblütigen Trauben; Sporn bis 22 mm lang, gerade oder schwach nach oben gebogen. Blüht Mai bis August. Blätter 3zählig, in Zipfel gespalten; linealische Hochblätter kürzer als die Blütenstiele. Stängel ästig.

V Auf Äckern und Schutt mit sehr kalkhaltigem Boden.

B Enthält einige Alkaloide; wurde deshalb früher zur Wundheilung verwendet. Wird von Schmetterlingen und Hummeln bestäubt.

Blauer Eisenhut

Aconitum napellus

M Blüten tief dunkelblau, 3–4 cm groß, in dichter Traube; Blütenhelm breiter als hoch, im Innern Nektarblätter; Stiel der Nektarblätter bogig gekrümmt. Blütezeit Juli bis August. Stiel aufrecht mit handförmig geteilten Blättern, Abschnitte schmal linealisch; Blattoberseite dunkelgrün, Unterseite heller und glänzend.

V Gebirgswälder, Lägerfluren und Bachufer; bis 3000 m Höhe.

B Enthält stark giftige Aconitin-Alkaloide, die in verschiedenen Potenzierungen in der Homöopathie Verwendung finden; v. a. bei grippalen Infekten sowie Schmerzen. Im Altertum als Mordgift bekannt.

Vielblättrige Lupine

Lupinus polyphyllus

M 60–150 cm. In 15–60 cm langem Blütenstand intensiv blaue, selten weiße Blüten; Kronblätter 12–14 mm lang; Kelch 2lippig. Blütezeit Juni bis September. Früchte sind klappig aufspringende Hülsen. Blätter aus 9–15 verkehrt-eiförmigen, lanzettlichen Blattfiedern.

V Überwiegend als Wildfutter angepflanzt, aber auch an vielen Standorten verwildert. Häufig als Zierpflanze in Gärten.

B Heimat ist Nordamerika. Mit der Schmalblättrigen Lupine *(L. angustifolius)* verwechselbar, diese hat nur 5–9zählige Blätter.

Stinkende Nieswurz

Helleborus foetidus

M 30–50 cm. Grüne, unangenehm riechende Blüten, glockig zusammenneigend; Krone besteht nur aus Kelchblättern, Blütenblätter zu Honigblättern umgebildet. Blütezeit März bis April. Blätter unten gestielt, handförmig, 7–9teilig; obere Blätter sitzend, einfach bis 3spaltig, allmählich in die Blütenhüllblätter übergehend.

V An steinigen Abhängen, trockenen Gebüschen und in Bergwäldern; nur auf kalkhaltigen, lockeren Böden.

B Nah verwandt mit der Schneerose *(H. niger*, S. 128).

Haselwurz

Asarum europaeum

M 5–10 cm. Nickende, einzeln stehende, endständige Blüten, deren 3 Zipfel außen bräunlich, innen purpurn sind; ∅ 1–1,5 cm. Blüht März bis Mai. Stängel kriechend, am Grund mit schuppenförmigen, bräunlichen, 2zeilig stehenden Niederblättern besetzt. 2 Laubblätter, lang gestielt, nierenförmig bis rundlich, oben glänzend.

V In Laub- und Nadelwäldern, Auenwäldern und Gebüschen; vorwiegend auf kalkigen Böden.

B Die Blätter riechen pfefferartig, verursacht durch ätherische Verbindungen. Selbstbestäubung, Samenverbreitung durch Ameisen.

Knotige Braunwurz

Scrophularia nodosa

M 50–100 cm. Blüten rötlich braun, am Grunde grünlich, 6–8 mm lang, mit undeutlich getrennter Ober- und Unterlippe; Kelchzipfel schmal, häutig berandet. Sie stehen in blattloser, lockerer, drüsenhaariger Scheinrispe; Blütezeit Juni bis Juli. Stängel scharf 4kantig, mit ebenfalls 4kantig gestielten und eiförmig spitzen Blättern mit doppelt gesägtem Rand. Pflanze entspringt einem Rhizom.

V In lichten, bodenfeuchten Wäldern, Gebüschen und an Ufern.

B Enthält Saponine, Alkaloide und Glykoside; wurde früher deshalb bei Halsgeschwüren (»Bräune«, Name!) verwendet.

Gewöhnlicher Frauenmantel

Alchemilla vulgaris

M 10–50 cm. In knäueligen, lockeren Rispen stehen gelbgrüne, 2–4 mm große, unscheinbare Blüten; bestehen nur aus Kelchblättern. Blütezeit Mai bis September. Blätter rundlich-nierenförmig, Spreite gefaltet, kahl bis zottig, mit ringsum gezähnten Abschnitten. Der Blattstiel ist länger als 5 cm.

V In Wiesen, Wäldern und an feuchten Waldrändern.

B Bei dieser Pflanze werden in den Morgenstunden von sog. Wasserspalten an den Blatträndern aktiv Wassertropfen ausgepresst.

Salzmiere

Honckenya peploides

M 10–30 cm. Weiße, 1geschlechtige Blüten in gedrängter Trugdolde; ∅ 6–10 mm; sie bestehen aus 5 Kronblättern und 5 grünen Kelchblättern und enthalten 10 Staubgefäße; bei den ♀ Blüten sind die Kronblätter so lang wie die Kelchblätter, bei den ♂ Blüten sind sie kürzer. Blütezeit Juni bis Juli. Stängel fleischig, niederliegend-aufrecht, wurzelt an den Knoten. Blätter ebenfalls fleischig, eiförmig, kahl; sitzen 4zeilig am Stängel.

V Im Spülsaumbereich und in den Dünen von Nord- und Ostsee.

B Das Gewebe der Pflanze ist wasserspeichernd, was vor Austrocknung durch das umgebende Salzwasser schützt.

Moschuskraut

Adoxa moschatellina

M 5–20 cm. In einem 4–6blütigen Blütenstand von würfeliger Gestalt sind anatomisch unterschiedliche Blüten; Endblüte 4zählig mit 2teiligem Kelch und 8 Staubblättern; seitliche Blüten radiär, 5zählig, mit 3teiligem Kelch und 10 Staubblättern. Blütezeit März bis Mai. 2 gegenständige Blätter 3zählig; Grundblätter doppelt 3zählig.

V In feuchten Laub- und Auenwäldern bis 1800 m Höhe.

B Beim Verwelken der Pflanze entsteht Moschusduft (Name!).

Mandelblättrige Wolfsmilch

Euphorbia amygdaloides

M 30–70 cm. Blütenstand stark verästelt; Hochblätter des Blütenstandes paarweise zu Becher verwachsen, Honigdrüsen halbmondförmig. Blütezeit April bis Juni. Blätter ei-lanzettlich, 4–7 cm lang, kahl oder flaumig behaart.

V Bevorzugt in krautigen Buchenwäldern mit Kalkböden.

B Enthält, wie viele Wolfsmilchgewächse, gelblichen Milchsaft.

Waldbingelkraut

Mercurialis perennis

M 15–30 cm. Im knäuelig-rispigen Blütenstand stehen gelbgrüne, 1geschlechtige, 3–5 mm große Blüten mit 3teiligem, grünem Kelch; ♂ Blüten mit 3zähliger Blütenhülle und 9–12 Staubgefäßen, ♀ Blüten mit 2fächrigem Fruchtknoten. Blütezeit April bis Mai. Blätter gestielt, elliptisch bis länglich-lanzettlich; Stängel rund.

V In schattigen Laubwäldern, Nadelmischwäldern und Schluchten.

B Enthält im Gegensatz zu den übrigen Wolfsmilchgewächsen keinen Milchsaft. Naturheilkundlich gegen Rheuma verwendet.

Spitzwegerich

Plantago lanceolata

M 10–50 cm. Am 5furchigen, blattlosen, 15–50 cm hohen Ährenschaft in eiförmiger Ähre unscheinbare, bräunliche Blüten; sie haben 4 Kelchblätter, braune Kronzipfel und lange, herausragende Staubgefäße mit gelben Staubbeuteln. Blütezeit Mai bis September. Blätter in grundständiger Rosette, schmal-lanzettlich, parallelnervig.

V An Wiesen- und Wegrändern und auf Schuttplätzen bis 1800 m.

B Gilt als Heilpflanze, deren gequetschte Blätter auf Wunden aufgelegt werden; innerlich bei Husten und Blasenleiden angewendet.

Breitwegerich

Plantago major

M 5–30 cm. Lineal-walzliche Blütenähre, genauso lang wie ihr Schaft; Blüten gelblich-weiß, Staubfäden weiß oder rot, Krone 4teilig. Blüht von Juni bis Oktober. Blätter lang gestielt, Spreite breit-eiförmig, 3–7nervig, kahl oder spärlich behaart.

V An und auf Wegen, in Gräben, auf Schutt und Wiesen.

B Auf Grund mehrerer Inhaltsstoffe als Wundheilmittel eingesetzt. Pflanze ein charakteristischer Vertreter von Trittrasengesellschaften.

Strahlenlose Kamille

Matricaria discoidea

M 5–40 cm. Blüten in halbkugeligen, grünlich gelben Körbchen, nur aus 4zähnigen Röhrenblüten bestehend; blüht Juni bis August. Blätter fein doppelt fiederteilig, Stängel aufrecht, ästig, kahl. Die Pflanze duftet in allen Teilen sehr intensiv.

V An Wegen, Bahndämmen, Mauern und auf Schuttplätzen.

B Der Geruch wird durch ätherische Öle verursacht, denen allerdings die Heilwirkung der Echten Kamille (S. 142) fehlt.

Gewöhnlicher Beifuß

Artemisia vulgaris

M 50–240 cm. Blütenkörbchen in großen und breitästigen Rispen; sie sind 3–4 mm groß, gelblich bis rotbraun; Hüllblätter filzig. Blütezeit Juli bis Oktober. Stängel reich verzweigt; Blätter fiederteilig, unterseits weißfilzig; Fiedern der oberen Blätter am Rand oft eingerollt. Die Pflanze duftet unangenehm.

V An Wegen, Gewässerufern und auf Schuttplätzen bis 1600 m.

B Wird als Küchenkraut verwendet, in manchen Gegenden obligatorisch für den Gänsebraten. Früher als Heilpflanze genutzt. Kommt bei uns in 2 Unterarten vor, wobei eine auf die Küste beschränkt ist.

Krauser Ampfer

Rumex crispus

M 30–100 cm. Blütenstand aus zahlreichen Einzelblüten, bis zur Spitze beblättert; innere Blütenhüllblätter rundlich-herzförmig, einzelne mit großen Schwielen; Blütezeit Mai bis Juli. Derbe, bis 30 cm lange, länglich-lanzettliche Blätter mit wellig krausem Rand.

V In Unkrautfluren, auf Wiesen, Weiden, Schutt, Äckern, an Ufern.

B Wie viele Ampfer-Arten sehr formenreich; gilt als Stickstoffzeiger. Wurzelextrakte wurden naturheilkundlich als Abführmittel angewendet, die Frucht hingegen bei Durchfällen.

Spreizende Melde

Atriplex patula

M 30–100 cm. Aufrechte Scheinähre mit 1geschlechtigen, in Knäueln stehenden Blüten; Blütezeit Juli bis Oktober. Kennzeichnend die ei-rautenförmige durch kurzen Zahn beiderseits über dem Grund spießförmige, glatte oder weichstachelige Fruchthülle. Blätter rhombisch-lanzettlich, wenig gezähnt; die Äste deutlich abstehend.

V In Unkrautbeständen auf stickstoffreichen Böden und – eine nordische Unterart – am Strand der Nordseeküste.

B Die Gattung *Atriplex* ist sehr formenreich.

Weißer Gänsefuß

Chenopodium album

M 20–150 cm. Pflanze insgesamt weißmehlig bereift; Blütenstände pyramidenförmig, end- oder achselständig, blattlos; Blütenhüllen 5teilig, ebenfalls mehlig. Blütezeit Mai bis Oktober. Blätter rautenförmig bis lanzettlich, 3lappig; Rand buchtig oder gelappt gezähnt.

V Schuttplätze, Unkrautstandorte, an Wegrändern und Ufern.

B Kulturbegleiter und Pionierpflanze auf neuen Standorten.

Gemeiner Queller

Salicornia europaea

M 20–40 cm. Blüten stehen in 1–5 cm langer Endähre an den armleuchterartig verzweigten Trieben der Pflanze. Blütezeit August bis Oktober. Stängel dickfleischig, gegliedert, graugrün bis grün, verfärbt sich im Herbst lebhaft rot. Blätter zu Schuppen reduziert, die fest mit dem Stängel verbunden sind.

V Im Wattenmeer, auf Salzschlickböden der Nord- und Ostsee.

B Sukkulente Pflanze, d.h. Triebe sind aus wasserspeicherndem Gewebe, das eine Austrocknung durch den hohen Salzgehalt des Bodens verhindert. Wurde früher zur Behandlung von Harnwegserkrankungen angewendet; hat entwässernde Wirkung.

Tannenwedel

Hippuris vulgaris

M 10–80 cm. Winzige, 2–4 mm große, grünliche Blüten; sie stehen in den Blattachseln, haben keine Blütenkrone und bestehen nur aus 1 Staubblatt und 1 Fruchtknoten. Blütezeit Mai bis August. Blätter in 6–12zähligen Quirlen; lineal, ganzrandig, stehen über der Wasseroberfläche steif ab; Unterwasserblätter bräunlich und schlaff.

V In stehenden oder sehr langsam fließenden Gewässern.

B Bildet meist größere Bestände. Windbestäubung, die Samenverbreitung erfolgt durch Wasservögel oder mit der Strömung.

Schwimmendes Laichkraut

Potamogeton natans

M 50–150 cm. Blüten klein, in allseitswendiger, bis 8 cm langer Ähre; Blütezeit Mai bis August. Schwimmblätter längsoval, bis 12 cm lang, Blattstiel oberseits rinnig; untergetauchte Wasserblätter spreitenlos, binsenartig, zur Blütezeit meist nicht mehr vorhanden.

V In nährstoffarmen Seen und Teichen bis 1500 m Höhe.

B Entspringt einem stärkehaltigen Rhizom, das früher zur Schweinemast verwendet wurde. Bietet Laichplätze für Fische (Name!).

Ähriges Tausendblatt

Myriophyllum spicatum

M 10–300 cm. Rötliche Blüten in aufrechter Ähre, bilden Quirle am Oberende des bleichen, rosa überlaufenen Stängels. Blütezeit Juni bis September. Blätter mit gegenständigen Fiedern, kammförmig.

V In stehenden und langsam fließenden Gewässern; untergetaucht.

B Gehört zum typischen Schwimmpflanzenbestand kalkreicher Gewässer. Bietet Fischen guten Unterschlupf und Futterplätze.

Vogelknöterich

Polygonum aviculare

M 5–50 cm. Weißliche oder rosafarbene Blüten; Blütenblätter 2–3 mm lang; sie stehen zu 1–5 in den Blattachseln. Blütezeit Mai bis September. Blätter elliptisch-lanzettlich, kurz gestielt; Blattgrund bildet stängelumfassende Röhre. Stängel niederliegend bis aufgerichtet, reich verzweigt und dunkel gestreift.

V An und auf Wegen, auf Schutt und zwischen Straßenpflaster.

B Gilt als Kulturbegleiter und wird naturheilkundlich bei Lungenkrankheiten verwendet.

Große Brennnessel

Urtica dioica

M 30–120 cm. 2häusige Pflanze, d.h. es gibt ♂ und ♀ Pflanzen mit jeweils rispigen Blütenständen, diese länger als die Blattstiele. Blütezeit Juni bis Oktober. Blätter grob gesägt, mit Brennhaaren, stehen kreuz-gegenständig am kantigen Stängel.

V An Wegrändern, auf Schutt und allen Ruderalstandorten.

B Bei Berührung werden aus speziellen Nesselzellen verschiedene Wirkstoffe in die Haut injiziert, die in kleinsten Mengen wirken und die charakteristischen Nesselquaddeln zur Folge haben.

Ästiger Igelkolben

Sparganium erectum

M 30–50 cm. An den Seitenästen des Blütenstängels sitzen unten ♀ oben ♂ Blütenköpfchen; sie sind morgensternförmig bzw. kugelig und 1–2 cm groß. Blütezeit Juni bis August. Blätter derb, an der Basis 3kantig, bis zur Spitze gekielt, 3–15 mm breit. Kriechende Grundachse im Uferbereich der Gewässer.

V Im Röhricht von Teichen und Seen mit schlammigen Böden.

B Liebt nährstoffreiches Wasser; bildet Schwimmfrüchte.

Weißer Germer

Veratrum album

M 50–150 cm. Blüten innen weiß, außen grünlich oder insgesamt grünlich; der Blütenstand bildet eine bis 50 cm lange Rispe. Blütezeit Juni bis August. Blätter wechselständig, breit-eiförmig, ganzrandig, längs gefaltet; auf der Unterseite flaumig behaart; Blattgrund stängelumhüllend. Pflanze duftet recht intensiv.

V Auf feuchten Wiesen, Matten, in Flachmooren; von 800–2200 m.

B Enthält stark giftige Alkaloide; wurde bei Hautausschlägen verwendet. Kann mit dem Gelben Enzian (S. 102) verwechselt werden.

Breitblättriger Rohrkolben

Typha latifolia

M 1–2 m. ♀ Kolben ca. 20 cm lang, schwarzbraun, aus reduzierten, nackten Blüten, die auch als Fruchtstand braun gefärbt bleiben; ♂ Blüten darüber, bestehen nur aus 3 Staubblättern und bilden einen gleich langen, hellgefärbten, dünneren Kolben. Blütezeit Juni bis August. Blätter 1–2 cm breit, bandförmig, aufrecht, blaugrün; sie erreichen oder übertreffen die Länge des Blütenstängels und entspringen einer dicken, kriechenden Grundachse.

V Im Verlandungsbereich von Seen und Teichen bis 2 m Tiefe.

B Die Gewässerverlandung wird durch die Verfestigungsfunktion der kriechenden Rhizome begünstigt.

Vierblättrige Einbeere

Paris quadrifolia

M 10–40 cm. Im Zentrum eines 4blättrigen Blattquirls steht eine lang gestielte Einzelblüte; Blütenhülle 8–10blättrig, im äußeren Kreis grün, im inneren Kreis gelblich gefärbt; 6–10 Staubgefäße, Fruchtknoten mit 4–5 freien Griffeln. Blüht Mai bis Juni. Blätter eiförmig, netznervig, spitz auslaufend. Frucht schwarze, giftige Beere.

V In Laub-, Misch- und Auenwäldern mit feuchten Böden.

B Die Pflanze enthält giftige Saponine auch in den Beeren; wurde früher homöopathisch verwendet. Vögel fressen die für sie offenbar ungiftigen Früchte und verbreiten damit die Samen.

Gefleckter Aronstab

Arum maculatum

M 15–50 cm. Blüten an der Basis eines keulenförmigen Kolbens, der von einem grünlich weißen Hüllblatt (Spatha) umgeben ist; in der bauchigen Erweiterung der Spatha ganz basal ♀ Blüten in einem Ring, darüber ♂ Blüten. Blütezeit April bis Mai. Blätter grundständig, pfeilförmig, schwärzlich gefleckt oder auch ungefleckt.

V In feuchten Laubwäldern, Auwäldern und Gebüschen.

B Der Blütenstand ist eine Kesselfliegenfalle, die durch aasähnliche Duftstoffe bestimmte Insekten anlockt. Geraten die Insekten in den Spathakessel, können sie erst wieder entkommen, wenn die ♀ Blüten bestäubt sind und die ♂ Blüten ihre Pollen ausgestreut haben. Als Früchte entwickeln sich fleischige rote Beeren in einem ährenartigen Fruchtstand. Sie sind giftig.

Breitblättrige Ständelwurz G

Epipactis helleborine

M 25–60 cm. In 15–30 cm langer, einseitswendiger Traube stehen bei dieser Orchidee grünliche bis rötliche Blüten; äußere Hüllblätter grünlich; Lippe rötlich überlaufen oder purpurn gezeichnet, ihr Vorderglied breiter als lang, 2höckrig; die Staubbeutel ungestielt. Blütezeit Juli bis August. Blätter differenziert; unten breit-eiförmig, darüber lanzettlich, Tragblätter lineal. Stängel unten rötlich überlaufen.

V Kommt in Laub- und Nadelwäldern vor; auch in Gebüschen.

B Die Bestäubung der unscheinbaren Blüten erfolgt überwiegend durch Wespen.

Nestwurz

Neottia nidus-avis

M 20–50 cm. Bei dieser Orchidee stehen die hellbraunen Blüten in 10–30blütiger Traube; äußere Blütenhüllblätter neigen sich helmartig zusammen; Lippe groß, 2teilig und an der Basis verbreitert. Blütezeit Mai bis Juni. Die Pflanze ist blattgrünlos und gelbbraun gefärbt; sie hat scheidenartige Schuppenblätter am aufrechten Stängel.

V In schattigen Buchen- und Nadelwäldern.

B Dieses Knabenkraut lebt in Symbiose mit Wurzelpilzen und muss deshalb keine Fotosynthese betreiben, um energiereiche Stoffe zu produzieren. Man nennt diese Symbiose Mykorrhiza. Der Wurzelstock ist nestartig geformt und verflochten (Name!).

Großes Zweiblatt

Listera ovata

M 20–65 cm. Orchidee mit traubigem Blütenstand; äußere Blütenhüllblätter deutlich zusammengeneigt; Lippe zugespitzt, gelblich, tief 2lappig, keine Seitenlappen. Blüht Mai bis Juli. 2 große, breit-eiförmige, derbe Blätter (5–18 cm lang!) sind gegenständig angeordnet; gut sichtbare Blattnervatur.

V In feuchten Laubmischwäldern und Auenwäldern, auch auf Trockenrasen und in Gebüschen; bis 2000 m Höhe.

B Die Pflanze entspringt einem kriechenden, verzweigten Wurzelstock. Sie wird von Schlupfwespen und Käfern bestäubt.

Breitblättriges Wollgras G

Eriophorum latifolium

M 20–60 cm. In den überhängenden Ähren befinden sich 4–12 Blüten; sie sind zwittrig, die äußeren Blütenblätter sind zu weichen Borsten und Haaren reduziert, die zur Fruchtzeit wollig büschelig werden und als Flugorgane für die Windverbreitung dienen. Blütezeit April bis Mai. Stängel stumpf, 3kantig; Blätter 3–8 mm breit, in 3kantiger Spitze auslaufend; untere Blätter mit schwarzbraunen Blattscheiden. Pflanze bildet keine Ausläufer.

V In Sumpfwiesen und Flachmooren mit torfigen Böden; bis 2000 m.

B Wichtiger Torfbildner, jedoch nur noch selten anzutreffen.

Gemeine Teichbinse

Scirpus lacustris

M 1–3 m. Blütenstand scheinbar seitenständig, kopfig oder rispenartig; mit kurzem, glattem Tragblatt; rotbraune Ährchen, 3 Narben. Blütezeit Juni bis Juli. Stängel bis 1,5 cm dick, stielrund, grün.

V Am Ufer von Teichen, Seen und auch Flüssen; bis 1400 m Höhe.

B Getrocknete Halme sind zum Flechten von Matten und Körben verwendbar. Das Stängelmark wurde zur Papierherstellung genutzt.

Waldhainsimse

Luzula sylvatica

M 30–90 cm. Blütenstand groß und verzweigt; Blüten zu 3–4 an den Ästen gebüschelt; Blütenblätter braun oder rotbraun, mit grünem Mittelstreifen; untere Hüllblätter kürzer als der Blütenstand. Blütezeit April bis Mai. Blätter glänzend dunkelgrün, 10–15 mm breit, am Rand und an der Scheidenmündung haarig bewimpert.

V Auf Heiden, in humusreichen, bodensauren Wäldern bis 2300 m.

B Die Art bildet häufig ausgedehnte Bestände. Wird vom Wild weitgehend gemieden.

Einjähriges Rispengras

Poa annua

M 2–30 cm. Ährchen 1–8blütig, 3 mm lang, in lockerer Rispe mit 2zeilig angeordneten Rispenästen, unterste waagrecht abstehend; Hüllspelzen zugespitzt, in der Mitte am breitesten; Deckspelzen grün bis rotviolett, auf dem Kiel und am Rand zottig behaart. Blüht Februar bis November. Halme fühlen sich am Rand leicht rau an.

V Auf Äckern, in Wiesen, Gärten und Ruderalstellen; rasenbildend.

B Sehr anpassungsfähige und robuste Pflanze; an fast allen Stellen unserer Kulturlandschaft und nahezu das ganze Jahr anzutreffen.

Gemeine Quecke

Elymus repens

M 20–150 cm. Ährchen in 2reihiger, eiförmiger Ähre; sie sind 3–8blütig, mit mehrnervigen, lanzettlichen Hüllspelzen, diese fast so lang wie die kurz begrannten Deckspelzen. Blütezeit Juni bis Juli. Am aufrechten Halm grün oder blau bereifte Blätter; oberseits mit Stachelhaaren auf den Nerven; Blattspreite am Grund mit sichelförmigem Öhrchen; Spreitenoberseite wellig bis gerippt.

V An Wegrändern, Ufern, Stränden; in Gebüschen und Gärten, an Ruderalstandorten und Schuttplätzen.

B Bildet weit kriechende Ausläufer, die selbst härtesten Boden durchziehen. Ist als Unkraut deshalb kaum auszurotten.

Ausdauerndes Weidelgras

Lolium perenne

M 20–60 cm. Ähre 10–20 cm lang, Ährchen zur Blütezeit aufgerichtet; Ähren und Ährchenachse glatt; Hüllspelzen etwas länger als die anliegende Deckspelze, letztere unbegrannt. Blütezeit Mai bis September. Blätter in Knospenlage gefaltet, oberseits fein gerieft.

V Auf Wiesen, an Wegrändern und Schutt.

B Wegen der Robustheit häufiger Bestandteil in Rasenmischungen.

Wiesenlieschgras

Phleum pratense

M 20–100 cm. Ährenrispe dicht, walzenförmig, bis 20 cm lang, bleibt beim Umbiegen gleichförmig zylindrisch; Hüllspelzen nicht verwachsen, zottig bewimpert; Staubbeutel violett. Die 3–9 mm breiten Blätter beidseits rau; Blatthäutchen spitz, 1–5 mm lang.

V Sehr häufig auf Fettwiesen und Weiden.

B Gilt als gutes Futtergras und wird deshalb angesät. Von unten beschriebener Art dadurch zu unterscheiden, dass Ährchen eine stiefelknechtartige Form aufweisen.

Wiesenfuchsschwanz

Alopecurus pratensis

M 30–100 cm. Ährenrispe 1 cm dick, bis 10 cm lang; pro Rispenästchen 4–6 Ährchen; Hüllspelzen fast bis zur Mitte verwachsen, nur auf den Nerven behaart; am Grund der zugespitzten Deckspelze entspringt eine Granne. Blüht Mai bis Juli. Am glatten, aufrechten Halm sitzen 6–10 mm breite, oben raue Blätter.

V Bodenfeuchte Wiesen, auch an Ufern und in Gärten.

B Eines der besten Futtergräser. Mit Wiesenlieschgras verwechselbar.

Wiesenkammgras

Cynosurus cristatus

M 20–60 cm. Einseitswendige, 3–10 cm länglich-lineale Ährenrispe mit 2reihig angeordneten, grünen, 3–4 mm langen Ährchen; jedes fruchtbare Ährchen wird von einem unfruchtbaren überdeckt. Blütezeit Juni bis Juli. Blätter oben glänzend, unten mattgrün, gerieft, 2–3 mm breit; Blatthäutchen etwa 1 mm lang.

V In nährstoffreichen Wiesen und Weiden, in Triften bis 1800 m.

B Gilt als sehr nährstoffreiches Futtergras.

Zittergras

Briza media

M 20–50 cm. Weit ausladende, locker ausgebreitete Rispe mit sehr dünnen, geschlängelten Rispenästen. Ährchen nickend, herzförmig, grannenlos, oft violett überhaucht. Blüht Mai bis August. Halm dünn und glatt; Blätter 2–5 mm breit, am Rand rau; Blatthäutchen 1 mm.

V Auf trockenen Wiesen und Halbtrockenrasen.

B Die Ährchen sind auf Grund der sehr dünnen Ährchenstiele sehr leicht zum Zittern zu bringen (Name!). Kommt mit sehr nährstoffarmen und auch festgetretenen Böden zurecht.

Landreitgras

Calamagrostis epigejos

M 60–150 cm. Rispe knäuelig gelappt, bis 30 cm lang, Rispenachse steif aufrecht; Deckspelzen am Rücken begrannt, die Granne überragt die Deckspelze. Blütezeit Mai bis August. Blätter 5–10 mm breit, beiderseits rau; Pflanze insgesamt graugrün bis blaugrün.

V In lichten Wäldern, auf Kahlschlägen, an Ufern und auf Dünen.

B Das Gras hat lange unterirdische Ausläufer. Sehr nah verwandt mit dem Uferreitgras *(C. pseudophragmites)*, das sich in der Verbreitung auf die Ufer der Gebirgsflüsse beschränkt.

Wiesenknäuelgras

Dactylis glomerata

M 50–120 cm. Rispe von unten nach oben dichter, d.h. untere Rispenäste weit herausragend, obere dicht stehend und kurz; Ährchen oft violett getönt, 3–5blütig; Hüllspelzen grün, behaart, auf dem Kiel lang bewimpert; Deckspelzen dicht behaart, mit 1–2 mm langer Granne. Blüht Mai bis Juni. Halm rau, Blätter 4–10 mm breit.

V Auf allen Wiesentypen, an Wegrändern und in lichten Wäldern.

B Hat keine Ausläufer, bildet jedoch Horste. Bevorzugt nährstoffreiche Standorte und gilt deshalb als Stickstoffzeiger.

Strandhafer

Ammophila arenaria

M 60–100 cm. Ährenrispen weißlich-gelblich, bis 15 cm lang; Ährchen 1blütig, etwa 1 cm lang, von spitzen Hüllspelzen eingeschlossen; Deckspelze unbegrannt, am Grund behaart. Blütezeit Juni bis Juli. Blätter graugrün, spitz; oberseits gerippt und fast immer eingerollt; Blatthäutchen bis 25 mm lang.

V Typisches Dünengras der Nord- und Ostseeküsten.

B Sehr wichtig für die Dünenbefestigung, da die tief wurzelnden Rhizome Horste bilden und damit den Dünensand verfestigen.

Wasserschwaden

Glyceria maxima

M 90–200 cm. Allseitswendige Rispe mit starren Rispenästen; Ährchen länglich, 5–8blütig, zunächst hellgrün, später bräunlich oder leicht violett. Blüht Juli bis August. Blattspreite 1–2 cm breit, oben und am Rand rau, unten lediglich auf dem Mittelnerv.

V Im schlammigen Ufer von Gewässern, in Röhricht und Gräben.

B Wie vom unten beschriebenen Schilf wurde auch das Stroh dieses Grases zum Dachdecken benutzt.

Gewöhnliches Schilf

Phragmites australis

M 2–4 m. Rispe einseitswendig, 20–40 cm lang, vielblütig, während der Blüte seidig weiß, später braun-violett. Blüht Juli bis September. Stängel stabil aufrecht, treibt am Grund bis 10 m lange Ausläufer oder oberirdische »Legehalme«. Blätter graugrün, ca. 50 cm lang; statt Blatthäutchen weißer Haarkranz.

V Im Uferbereich von Flüssen und Seen.

B Wichtiger Unterschlupf und Nistmöglichkeit für Amphibien, Kleintiere, Fische und Vögel. Das Stroh wird für Reetdächer verwendet.

Pfeifengras

Molinia caerulea

M 30–200 cm. Schieferblaue bis grünliche, aufrechte, bis 1 m lange Rispe; sie ist locker verzweigt, Ährchen 2–5blütig, 4–6 mm lang; Deckspelze der untersten Blüte 3–4 mm lang, am Ende rundlich. Blütezeit Juli bis Oktober. Blattspreiten blaugrün, 5–8 mm breit, steif.

V In nassen Wiesen, Moorwiesen und lichten Wäldern.

B Bildet dichte Horste und Bestände (»Pfeifengraswiesen«). Meidet kalkhaltige Böden. Als Futterpflanze wertlos; früher wurden die Halme für kleine Besen und als Bindeschnur verwendet.

Weizen

Triticum aestivum

M 1–1,5 m. Aufrecht stehende Ähre, 4seitig, über 5 cm lang, unbegrannt; setzt sich aus dicht stehenden, 4blütigen Ährchen zusammen; die Achsenabstände zwischen den Ährchen betragen 4–8 mm; Deckspelzen unbegrannt mit kurzer, dünner Spitze, bei einigen Sorten mit bis 15 cm langen Grannen. Blütezeit Juni bis Juli. Blätter am Grunde deutlich geöhrt, die Öhrchen gewimpert.

V Gedeiht auf trockenwarmen, nährstoffreichen Böden bis 1000 m.

B Wird als Sommer- oder Winterfrucht angebaut; ist weltweit die wichtigste Getreideart und dient der Herstellung von Weißmehl, Grieß, Graupen und Weizenkleie. Auch zur Bierbrauerei verwendet. Bereits seit dem 6. Jahrtausend v. Chr. als Feldfrucht kultiviert.

Roggen

Secale cereale

M 1–2 m. Ähre überhängend, 4kantig, 8–15 cm lang; besteht aus zahlreichen 2blütigen Ährchen; der Rand der 4–8 cm langen Deckspelzen hat einen gewimperten Kiel und eine bis 3 cm lange Granne. Blütezeit Mai bis Juni. Die Blattöhrchen sind kurz und kahl; die gesamte Pflanze ist blau bereift.

V Auf allen Bodenarten in ganz Europa kultiviert; bis 1200 m Höhe.

B Ist sehr anspruchslos an die Bodenverhältnisse, gedeiht auch auf lockeren Sandböden. Wird meist als Winterfrucht angebaut und zu Brotmehl verarbeitet. Auch als Tierfutter und zur Branntweinherstellung wird die aus Asien stammende Pflanze häufig verwendet.

Gerste

Hordeum vulgare

M 100–120 cm. Ähre je nach Unterart 4- oder 6zeilig, 5–8 cm lang; Ährchen auf den Absätzen der stufigen Ährenspindeln, 3blütig, mit langen Grannen. Blüht Juni bis Juli. Die Blattöhrchen sind sehr lang und umfassen den Halm; sie sind kahl.

V Anbau auf allen Ackerböden möglich.

B Wird als Winterfrucht angebaut und dient als Grün- oder Körnerfutter, zur Graupen- und Grießherstellung. Die verwandte Zweizeilige Gerste *(H. distichon)* ist eine Sommerfrucht und wird in erster Linie als Braugerste verwendet, selten zur Graupenherstellung.

Hafer

Avena sativa

M 60–120 cm. Allseitswendige Rispe, bis 30 cm lang, mit abstehenden Ästchen; Ährchen 2–3blütig, bis 3 cm lang; untere Blüte eines Ährchens mit 1,5–4 cm langer Granne, obere unbegrannt; Deckspelzen 1–2,5 cm lang. Blütezeit Juni bis Juli. Halm aufrecht; Blattspreiten rau, graugrün, Spreitengrund ohne Öhrchen.

V Bevorzugt feuchte, mittelschwere Böden, häufig verwildert.

B Wird als Sommerfrucht angebaut. Kommt in zahlreichen Sorten vor, die zu Haferflocken verarbeitet werden oder als Grünfutter und Pferdefutter dienen. Vor der Einführung der Kartoffel war Hafermus die wichtigste Kohlenhydratquelle in der Ernährung.

Mais

Zea mays

M 1,5–3 m. Endständige Rispe aus ♂ Ähren mit 6–8 mm langen Ährchen; ♀ Blüten sind zu Kolben vereinigt, sie sind von Blattscheiden umhüllt und stehen in den Blattachseln im mittleren Stängelbereich; Narben 15–20 cm lang, fädig, sie ragen am Oberende des Kolbens heraus. Blütezeit Juli bis September. Blätter 5–12 cm breit; Stängel markig, an der Basis bis 4 cm dick. Die Früchte sind an der markigen Spindel zum allbekannten Maiskolben aufgereiht; sie sind sortenabhängig gelb, weiß, rot oder violett.

V Auf feuchten, kalkhaltigen Ackerböden.

B Die Pflanze hat entsprechend ihrer süd- und mittelamerikanischen Herkunft einen hohen Wärmeanspruch. Aus den Körnern wird Maisöl und Stärkemehl gewonnen; auch als Tierfutter verwendet. Ferner dient die ganze Pflanze als Futter (Maissilage).

Raps

Brassica napus

M 60–120 cm. Kronblätter goldgelb, 11–18 mm lang, Blütenknospen überragen die geöffneten Blüten. Blütezeit April bis September. Blätter blaugrün bereift, kahl; die untersten Blätter gestielt und borstig behaart, die oberen länglich-lanzettlich, kahl, mit herzförmigem Grund, stängelumfassend, sitzend. Linealische Fruchtschote, 5–10 cm lang, verschmälert sich zu einem dünnen Schnabel.

V Als Kulturpflanze auf allen Bodentypen angebaut.

B Raps leitet sich vom Gemüsekohl *(B. oleracea)* ab, der auch in zahlreichen anderen Kulturformen angepflanzt wird. Neben der »Normalform« des Rapses, der v. a. zur Gewinnung von Rapsöl angebaut wird, gibt es die nah verwandte Kohlrübe, die wegen ihrer verdickten Wurzel als Futter- und Gemüsepflanze kultiviert wird.

Zuckerrübe

Beta vulgaris rapacea var. altissima

M 80–100 cm. Selten blühend zu sehen, da erst im 2. Jahr in Blüte, im Herbst des 1. Jahres aber bereits der Wurzel wegen abgeerntet wird. Blüten zu 2–4 in Knäueln, insgesamt bilden sie einen rispigen Blütenstand. Blütezeit Juni bis September. Blütenhüllblätter erhärten bei der Fruchtreife und schließen die Frucht ein. Blätter breit-eiförmig bis rhombisch; Wurzel als weißgraue Zuckerrübe verdickt.

V Auf Kulturland mit allen Bodentypen angebaut.

B Der Zuckergehalt ist mit 20g Zucker pro 100g Rübenmasse sehr hoch. Nah verwandte Kulturpflanzen sind Mangold *(B. vulgaris vulgaris)*, Runkelrübe *(B. vulgaris rapacea* var. *crassa)* und Rote Rübe *(B. vulgaris rapacea* var. *conditiva)*.

Kartoffel

Solanum tuberosum

M 30–80 cm. Blütenstände lang gestielt mit weißen, rosa oder violetten Blüten; Kronzipfel 3eckig, außen behaart. Blütezeit Juni bis September. Blätter unterbrochen gefiedert mit beidseits 3–6 ovalen bis herzförmigen Abschnitten. Frucht ist eine kleine grüne Beere.

V Wird auf allen Bodentypen angebaut.

B Die Kartoffel stammt aus den Anden von Peru, Bolivien und Nordargentinien. Sie ist unser wichtigster Kohlenhydratlieferant. Anatomisch gesehen ist sie eine sog. Sprossknolle an unterirdischen Ausläufern, demnach keine Frucht und kein Teil der Wurzel. Der Pflanze selbst dienen die Knollen als Überwinterungsorgan, aus dem im nächsten Frühjahr an den »Augen« neue Triebe wachsen.

Ackerbohne

Vicia faba

M 80–140 cm. Weiße 1,5–2 cm große Blüten mit schwarzviolettem Fleck am Blütenflügel; sie stehen in 1–9blütigen Trauben. Blühen von Mai bis August. Die Blätter sind rankenlos, paarig gefiedert, eiförmig, dick, blaugrün. Stängel 4kantig. Hülsenfrucht stielrund, kurzflaumig, 12–16 cm lang, zur Reifezeit im August/September schwärzlich.

V In vielen Sorten auf allen Bodentypen angebaut.

B Wird auch Sau-, Pferde- oder Puffbohne genannt. Die Bohnen selbst sind 2–3 cm groß, braun, nährstoffreich und wohlschmeckend. Wie bei allen Schmetterlingsblütlern ist der Eiweißgehalt sehr hoch, die Art gilt deshalb als wichtige Futterpflanze.

Wurzelmundqualle

Rhizostoma octopus

M Hutförmig gewölbte, milchigweiße bis bläuliche Glocke (∅ bis 60 cm) mit bogig gelapptem, dunkelblauem Glockensaum. Charakteristisch sind 8 blumenkohlartig gekräuselte Mundtentakel unterhalb der Glocke (»Blumenkohlqualle«).

V Nordsee. Im Sommer und Herbst oft massenhaft an der Küste.

L Treibt mit der Strömung oder bewegt sich durch Kontraktionen der Glocke (Rückstoßprinzip!) fort. Saugt Kleinstlebewesen (Plankton) durch Poren der Mundlappen. Durch geschlechtliche Fortpflanzung entstehen festsitzende Stadien (sog. Polypen), die sich ungeschlechtlich vermehren: von der Mundscheibe des Polypen ausgehend schnüren sich ringförmige Scheiben ab, die sich wiederum zu freischwimmenden Quallen entwickeln.

Kompassqualle

Chrysaora hyoscella

M Glocke durchsichtig, flach (∅ bis 30 cm) mit 16 gelb bis rotbraun gefärbten Radialstreifen, die an die Windrose eines Kompasses erinnern (Name!). Schirmrand mit 24 langen Tentakeln.

V Nordsee, Atlantik, Mittelmeer; oft in Scharen.

L Lebt von Plankton. Die Qualle ist zuerst männlich, dann zwittrig, später weiblich, sodass Selbstbefruchtung möglich ist.

Ohrenqualle

Aurelia aurita

M Flache, durchsichtige Glocke (∅ bis 40 cm) mit dichtem randlichem Fransensaum. Namensgebend sind 4 auffällige rosa-violette »Ohren«, die Geschlechtsorgane, die durch die Gallerte scheinen.

V In allen Weltmeeren; v. a. im Sommer in großen Scharen.

L Lebt von Plankton oder räuberisch von kleinen Meerestieren. Ihre Nesselzellen werden dem Menschen kaum gefährlich. Fortpflanzung (wie oben) über einen Generationswechsel.

Blaue Nesselqualle

Cyanea lamarcki

M Kornblumenblaue Glocke (∅ bis 30 cm) mit flach gelapptem Rand und zahlreichen feinen Fangtentakeln.

V Nordsee, Atlantik; im Sommer oft massenhaft an der Küste.

L Die Fangtentakel tragen unzählige Nesselbatterien, die dem Beutefang dienen. Sie rufen bei Hautkontakt unangenehme Verbrennungen mit lang anhaltenden Schmerzen hervor.

Erbsenmuschel

Pisidium spec.

M Schale 2,5–11 mm lang, 5–8 mm breit, schiefoval; gelblichbraun bis graubraun mit unregelmäßigen, konzentrischen Rippen. Die etwa 16 einheimischen, sehr kleinen Arten sind nur schwer voneinander zu unterscheiden.
V Stehende und Fließgewässer der Ebenen bis ins Hochgebirge.
L Erbsenmuscheln können an der Wasseroberfläche hängend kriechen und besiedeln höchst unterschiedliche Lebensräume: feinsandige Teiche, kiesige Bäche und Flüsse, fast ganzjährig zugefrorene Seen der Hochgebirge und der Arktis.

Wandermuschel

Dreissena polymorpha

M Schale 3kantig (»Dreikantmuschel«), 2,5–4 cm, glänzend gelb-braun mit dunkelbraunen, oft gezackten konzentrischen Streifen. Einzige Süßwassermuschel mit Byssusfäden (s. auch S. 252 oben)!
V Flüsse, Seen; ursprünglich Meeresbewohner, breitete sich von dort in die Flüsse und Seen Europas aus.
L Filtriert Nahrungspartikel aus dem Wasser; erzeugt mittels der Byssusdrüse ein Büschel hornartiger Fäden, mit deren Hilfe sie sich an Pfählen, Steinen, Schiffen (Verbreitung!) festsetzt. Getrenntgeschlechtlich: entlässt Samen und Eier zur Befruchtung ins Wasser, hier entwickelt sich ein frei schwimmendes Larvenstadium, das sich nach ca. 8 Tagen zur sesshaften Jungmuschel wandelt.

Teichmuschel G

Anodonta cygnaea

M Schale länglich-eiförmig, bis 20 cm, dünnwandig; außen bräunlich-grün, innen perlmutterartig glänzend. Wirbel gerunzelt, kaum zerfressen; Schalenschloss ohne Zähne (wissenschaftlicher Name!).
V Teiche, Seen, sehr langsam fließende Gewässer; unsere häufigste heimische, sehr formenreiche Süßwassermuschel.
L Durchpflügt zur Nahrungssuche mit keilförmigem, breitem Fuß den Bodenschlamm der Gewässer, filtriert dabei Plankton aus dem Wasser. Zur Befruchtung strudelt das ♀ die Samenzellen des ♂ zur Befruchtung der Eier in den Mantelraum; die entstandenen Larven werden ins Wasser entlassen, entwickeln sich dort, an der Haut von Fischen festgehakt, innerhalb 8–10 Wochen zu Jungmuscheln.

Miesmuschel

Mytilus edulis

M Schale länglich-keilförmig, bis 10 cm, hinten abgerundet, nach vorne verschmälert 3kantig; außen braun- bis violettschwarz, innen bläulichweiß-perlmuttern schimmernd. Schalenschloss mit winzigen Zähnen.

V Nord- und Ostsee; auf Watt- und Felsböden, Steinen, Muschelschalen, an Pfählen, meist in großen Kolonien.

L Heftet sich mit Hilfe horniger Sekretfäden (»Byssusfäden«) ans Substrat, filtriert Plankton aus dem Wasser. Kann die Schalenklappen zum Schutz gegen Trockenheit bei Ebbe fest verschließen. Fortpflanzung über ein frei schwebendes Larvenstadium. Wird bis 15 Jahre alt. Essbar, häufig in Muschelbänken gezüchtet.

Scheidenmuschel

Ensis ensis

M Bis 15 cm lang gestreckte, gelblichbraune oder rosaweiße, leicht gebogene, an den Enden klaffende Schalenklappen; zerbrechlich.

V Im Sandgrund der Nordsee.

L Mit Hilfe des sehr beweglichen Grabfußes am Körpervorderende gräbt sie sich schnell senkrecht in den Sandboden; lebt dort in meterlangen Röhren, in denen sie auf- und absteigt. Filtriert Kleinstlebewesen und Plankton zur Nahrung aus dem Wasser. Aus den befruchteten Eiern entwickeln sich frei schwimmende Larven, die durch die Strömung verbreitet werden, zu Boden sinken und sich dort in einer Metamorphose zu Jungmuscheln wandeln.

Auster

Ostrea edulis

M Ungleiche, rundliche Schalenklappen (∅ bis 15 cm), weißlich- bis schmutziggrau; die linke, blättrig schuppige Hälfte am Untergrund festgekittet, von der flacheren rechten Schalenhälfte bedeckt.

V Nordsee, Atlantik; auf steinigem Untergrund oder aufeinander. Gegen Sand und Trockenheit sehr empfindlich!

L Gedeiht am besten in 1,5–9 m Wassertiefe, filtriert Plankton aus dem Wasser. Proterandrischer Zwitter: Art erzeugt abwechselnd als ♂ Sperma, in der nächsten Sexualperiode als ♀ Eier usw.; bis zum Schlüpfen der Larven bleiben die befruchteten Eier in der Mantelhöhle der Muschel (Brutpflege!). Die Larve lebt einige Zeit frei schwimmend, setzt sich fest und wandelt sich zur Muschel. Essbar; die Auster wird als Delikatesse geschätzt und in speziellen »Austernbänken« für den Verzehr gezüchtet.

Amerikanische Bohrmuschel

Petricola pholadiformis

M Schalenklappen gestreckt-eiförmig, bis 7 cm, gelblich bis weiß; das schmälere Hinterende ist nahezu glatt, das breitere Vorderende radial-zackig gerippt (»Engelsflügel«).

V Nordsee, westliche Ostsee. Mit Austern 1890 von Amerikas Ostküste nach Europa eingeschleppt, ist sie inzwischen ein häufiger Bewohner des Wattenmeeres.

L Bohrt sich mit Hilfe des zackig gerippten Vorderendes raspelartig in Ton, Torf, Holz oder Kreidegestein; strudelt sich über ihren Sipho (Atemröhre) Atemwasser und Planktonnahrung zu. Vermehrung wie bei den meisten Muscheln über eine frei schwimmende Larve, die sich nach einiger Zeit in geeignetes Substrat bohrt und dort zur Jungmuschel heranwächst.

Sandklaffmuschel

Mya arenaria

M Schalenklappen eiförmig-oval, bis 13 cm, gelblichbraun; leere Schalen kalkig weiß. Schalenschloss löffelförmig, die linke Schale etwas kleiner als die rechte; hinten klaffen die geschlossenen Schalen etwas auseinander (Name!).

V Nordsee, Ostsee, Nordatlantik; in sandigen Schlickböden.

L Lebt bis 30 cm tief in den Boden eingegraben; filtriert durch einen 2röhrigen, bräunlichen, runzeligen Sipho, der an der klaffenden Schalenstelle aus der Muschel tritt, Nahrung und Sauerstoff aus dem Wasser. Vermehrung wie bei den meisten Muscheln über eine freie Larve, die sich später zur Muschel wandelt. Wohlschmeckend, daher im Volksmund auch »Strandauster« genannt.

Abgestutzte Sandklaffmuschel

Mya truncata

M Ähnlich der größeren, oben beschriebenen Sandklaffmuschel, jedoch nur bis 7 cm lang. Beide Schalenklappen sind hinten auffallend abgestutzt (Name!); an dieser klaffenden Stelle tritt der von einer hornigen Scheide umgebene Sipho aus der Muschel.

V Nordsee, Ostsee, Nordatlantik; in sandigen Schlickböden.

L Lebt tief im Sand eingegraben, hält nur durch den bis auf 4fache Muschellänge ausstreckbaren Sipho Kontakt zur Bodenoberfläche. Die Innenwand des Siphos ist lichtempfindlich; bei zunehmender Lichtintensität wird das Atemrohr nicht aus dem schützenden Substrat herausgestreckt. Vermehrung über ein frei lebendes Larvenstadium zur späteren Muschel.

Herzmuschel

Cardium edule

M Schalenklappen bauchig, rundlich-herzförmig (Name!), bis 5 cm; gelblichbraun, blaugrau oder weiß, innen immer weiß. Schalen dick gerippt, quer geringelt, Rand gekerbt.
V Schlicksandböden der Flachwasserzonen in Nord- und Ostsee; in der Ostsee wegen des geringeren Salzgehaltes etwas kleiner.
L Lebt 2–4 cm tief ins Substrat eingegraben, strudelt sich mit ihren beiden Siphonen (Ein- und Ausströmröhren getrennt!) Nahrungspartikel und Atemwasser zu. Bewegt sich auch auf dem Substrat, kann sogar mit Hilfe des geknickten Fußes bis zu 50 cm weit springen. Die befruchteten Eier entwickeln sich über eine freie Larve zur Muschel. Essbar, wird an manchen Küsten gesammelt.

Plattmuschel

Macoma baltica

M Schalenklappen rundlich-eiförmig, 2–3 cm, leicht gewölbt. Färbung sehr variabel: weißlich, gelblich, rötlich, bräunlich oder bläulich mit konzentrischer Streifung; innen rosa-silbrig.
V Nordsee, Ostsee, dort wegen geringeren Salzgehaltes kleiner.
L Lebt massenweise etwa fingertief im Sand eingegraben; in der Nordsee bis in ca. 15 m Tiefe, in der Ostsee bis in Tiefen von 140 m (hier ist die Salzkonzentration höher als im oberflächennahen Wasser). Meidet starke Brandung; hält über kurzen Sipho Kontakt zur Bodenoberfläche, strudelt damit Nahrung und Atemwasser herbei. Die Entwicklung der befruchteten Eier zur Muschel durchläuft ein frei schwimmendes Larvenstadium.

Pfeffermuschel

Scrobicularia plana

M Schalenklappen rundlich-eiförmig, bis 5,5 cm, dünnwandig, schmutzigweiß; etwas klaffend. 2 getrennte Siphoröhren, die bis zum 6fachen der Schalenlänge ausgestreckt werden können.
V Nordsee, Ostsee, Mittelmeer; in Schlamm- und Sandböden.
L Lebt tief ins Substrat eingegraben, saugt mit dem verlängerten Einströmungsrohr des Siphos wie ein Saugbagger den Boden ab und nimmt so Nahrungspartikel (Detritus) auf. Zieht bei Gefahr die Siphonen ins Substrat zurück und gräbt sich gleichzeitig mit dem Fuß tiefer in den Schlamm. Die befruchteten Eier entwickeln sich über ein frei lebendes Larvenstadium zur Muschel.

Pantoffelschnecke

Crepidula fornicata

M Schale meist flach bootförmig gewölbt, bis 4,5 cm; 1–2 Windungen, die schnell an Größe zunehmen; weißlichgelb, oft rötlich überlaufen. Mündung weit mit horizontalem, dünnem weißem Septum, lässt eine Pantoffelform erkennen (Name!).

V Flachwasserzonen der Nordsee; aus Nordamerika nach Europa eingeschleppt. Häufig.

L Festsitzend auf Steinen oder anderen Schnecken bzw. Muscheln; strudelt diesen Tieren die Nahrung weg (»Austernpest«). Oft in spiraligen, aus bis zu 12 Tieren gebildeten Paarungsketten: die größten und zugleich ältesten Tiere sind funktionell ♀, die obersten, kleinsten ♂, mittlere Tiere sind Zwitter. ♀ werden durch umherkriechende ♂ befruchtet, die Eier entwickeln sich geschützt unter der Schale.

Wellhornschnecke

Buccinum undatum

M Gelb- bis blaugraues Gehäuse, bei lebenden Tieren von bräunlicher Haut überzogen, bis 12 cm; 6–8 gewölbte Umgänge mit fein wellenförmigen Runzeln und Querfalten.

V Nordsee, westliche Ostsee; auf jedem Untergrund, vom Flachwasser bis in 100 m Tiefe. Nach Sturm oft im Spülsaum des Watts.

L Jagt kleine Meerestiere, erkennt Aas infolge ihres guten Geruchssinnes. Legt faustgroße Laichballen mit je ca. 1000 Eiern ab, von denen sich nur 10 auf Kosten der übrigen entwickeln. Die fertigen Jungschnecken schlüpfen mit einer Größe von 3 mm. Die leeren, schwammig-pergamentartigen Laichballen (Foto) dienten Fischern früher als »Seeseife« zum Reinigen der Hände.

Gemeine Strandschnecke

Littorina littorea

M Gehäuse kegelförmig, bis 3 cm, dunkel olivbräunlich, dickwandig; 6–7 Windungen, die letzte als größte. Mündung schief-eiförmig, oben zugespitzt.

V Gezeitenzone von Nordsee und westlicher Ostsee.

L Das starke Gehäuse schützt bestens gegen Brandung; die Art toleriert starke wie auch schwache (hier dann kleinere Gehäuse!) Salzkonzentrationen. Schabt Algen mit ihrer Raspelzunge (Radula) vom Untergrund, orientiert sich bei Nahrungsgängen nach der Sonne (Sonnenkompass!), kann die Schwingungsebenen polarisierten Lichts unterscheiden. Wie viele sog. Vorderkiemer getrenntgeschlechtlich; die im Frühjahr gelegten Eiballen schweben frei umher, bis dann nach 3 Wochen die Larven schlüpfen.

Spitzschlammschnecke

Lymnaea stagnalis

M Gehäuse hornfarben, bis 6 cm, spitz ausgezogen; Gewinde etwa so hoch wie die Mündung, der letzte Umgang stark bauchig aufgetrieben. Je nach Gewässergüte sehr formvariabel.

V Stehende und fließende Gewässer mit reichem Pflanzenwuchs.

L Wasserlungenschnecke, muss zum Atmen öfter zur Wasseroberfläche auftauchen. Raspelt mit ihrer Zunge (Radula) Algen, Wasserpflanzen, auch Aas vom Untergrund. Zwitter; der Laich wird in Schnüren an Blätter und Steine geklebt, wo nach 3 Wochen schließlich die Jungschnecken schlüpfen.

Gewöhnliche Schlammschnecke

Radix ovata

M Gehäuse hell hornfarben, transparent, dünnwandig, bis 2,5 cm; 4–5 Gewindeumgänge, der letzte groß aufgeblasen. Sehr variabel.

V Nahezu alle Gewässertypen, auch in Brack- und Schmutzwasser.

L Wasserlungenschnecke, ernährt sich von Pflanzenteilen, Aas und Detritus. Zwitter; die kurzen Laichschnüre werden an Wasserpflanzen abgelegt, nach wenigen Wochen schlüpfen die Jungschnecken.

Flache Tellerschnecke

Planorbis planorbis

M Gehäuse rötlichbraun, oft mit dunklem Belag, ∅ bis 1,7 cm, festwandig; 6 Umgänge mit Kiel, der zur fast ebenen Gehäuseoberseite verschoben ist, Schalenunterseite eingesenkt.

V Fast alle Gewässertypen, verträgt nur mäßige Strömung.

L Wasserlungenschnecke, ernährt sich von Algen und abgestorbenen Pflanzenteilen. Zwitter; aus flachen, ovalen Laichballen schlüpfen nach 2 Wochen die fertig entwickelten Jungschnecken.

Posthornschnecke

Planorbarius corneus

M Gehäuse rotbraun, ∅ bis 3 cm, dickwandig; 5 runde Umgänge, die sich rasch vergrößern. Oberseite wenig, Unterweite tief trichterförmig eingesenkt, Mündung nierenförmig, Mundsaum scharf.

V Pflanzenreiche, stehende und langsam fließende Gewässer.

L Wasserlungenschnecke, besitzt wie alle Tellerschnecken Hämoglobin im Blut, das ihr bei schlechter Gewässergüte eine bessere Sauerstoffausbeute ermöglicht. Allesfresser. Zwitter; klebt flache, ovale Laichballen an die Unterseite von Wasserpflanzenblättern. Embryonalentwicklung 2–3 Wochen.

Rote Wegschnecke

Arion rufus

M Gehäuselose, bis 15 cm lange, 2 cm breite Schnecke, mit kräftig längs gerunzeltem Körper; die Färbung ist ziegelrot oder schwarz. Vordere Körperhälfte mit glatterem Mantelschild und Atemloch in dessen vorderem Bereich, das in die als Lunge dienende Mantelhöhle mündet. An der Spitze der Fühler je 1 Auge; Fühler werden bei Berührung eingezogen.

V Feuchte Laub- und Mischwälder, Felder, Wiesen, Gärten.

L Landlungenschnecke, hält sich als Nacktschnecke an feuchten Stellen auf, ist besonders nach Tau und Regen aktiv. Bewegt sich durch wellenartige Kontraktionen des muskulösen Fußes auf einem von der Fußsohle ausgeschiedenen Schleimfilm. Ernährt sich von Pflanzenresten, Pilzen, Aas. Zwitter mit gegenseitiger Befruchtung. Die weißlichen Eier werden in Erdhöhlen gelegt, wo einige Wochen später die jungen Schnecken schlüpfen.

Großer Schnegel

Limax maximus

M Gehäuselose, bis 15 cm lange, schlanke Schnecke mit einfarbig heller Sohle; Körper grau mit dunklen Längsbinden oder Fleckenreihen. Mantelschild dunkel gefleckt, Atemloch hinter der Mitte des Mantelschildes.

V Wiesen, Gärten, nahe menschlicher Bauten, auch in Kellern.

L Landlungenschnecke; Schädling an Gartenpflanzen, Pflanzen in Gewächshäusern, Vorräten im Keller; frisst auch andere Nacktschnecken. Zwitter; Eiablage in Erdlöcher, unter Bretter; nach wenigen Wochen schlüpfen die Jungschnecken.

Genetzte Ackerschnecke

Deroceras reticulatus

M Gehäuselose, bis 6 cm lange Schnecke; Färbung gelblichweiß, grau bis rötlichbraun mit schwarzbraunen Flecken und Linien, die eine netzartige Zeichnung ergeben. Mantelschild mit dunkleren Punkten. Schleim kalkweiß.

V Wälder, Wiesen, Felder, Gärten.

L Landlungenschnecke. Allesfresser, frisst auch Kot und kann daher Überträger von verschiedenen Viren, Bakterien oder Eiern menschlicher Parasiten sein. Schädling in Gärten und Gewächshäusern. Zwitter, Paarung mit spiraliger Umwindung der Partner. Die Eier werden unter Steine, Bretter, Moos oder in feuchte Erde gelegt; die Jungschnecken schlüpfen nach wenigen Wochen und sind bereits nach 3 Monaten geschlechtsreif.

Weinbergschnecke

Helix pomatia

M Gehäuse bräunlich, mit max. 5 Windungen (∅ 5 cm), durch erstarrendes Schleimhäutchen verschließbar; während des Winterschlafes mit Kalkdeckel. Größte heimische Landlungenschnecke.

V Feuchte Laub- und Mischwälder, Wiesen, Weinberge, Gärten.

L Kräuterfresser. Zwitter mit wechselseitiger Befruchtung, der ein »Liebesspiel« mit kalkigem Liebespfeil vorausgeht. Eiablage in gegrabene Erdhöhle, Schlupf der Jungschnecken einige Wochen später; mit 3–4 Jahren geschlechtsreif, Lebensdauer 6 Jahre.

Hainbänderschnecke

Cepaea nemoralis

M Gehäuse kugelig (∅ 2,5 cm), gelblich bis rötlich, meist mit 1–5 schwarzen oder braunen Bändern (Name!), jedoch auch ungebändert; Mündungslippe innen und außen schwarzbraun.

V Felder, Hecken, Parks, Feldgehölze, Wälder, Bahndämme.

L Landlungenschnecke. Obere Fühler mit Augen; untere, kürzere Fühler mit Geruchsorganen. Gehäuseverschluss während des Winterschlafes mit kalkinkrustiertem Schleimdeckel. Zwitter mit Fremdbefruchtung, ähnlich der oben genannten Weinbergschnecke.

Gartenbänderschnecke

Cepaea hortensis

M Gehäuse kugelig (∅ 2 cm), gelblich, fleischfarben, auch grün, meist mit 5 dunklen Bändern; im Gegensatz zur oben beschriebenen Hainbänderschnecke ist die Mündungslippe hier weiß. Es kommen auch Bastarde zwischen beiden Arten vor.

V Wälder, Gebüsche, Hecken, Mauern.

L Landlungenschnecke mit ähnlicher Biologie wie die obige Art.

Bernsteinschnecke

Succinea putris

M Gehäuse spitz-eiförmig, 1,6–2,2 cm, durchscheinend bernsteinfarben, sehr dünnwandig; 3–4 Umgänge, der letzte bauchig.

V An Schilf, Wasserpflanzen, in feuchten Wiesen und Auwäldern.

L Landlungenschnecke; kann sich wegen des hohen Wassergehaltes nicht völlig ins Gehäuse zurückziehen. Frisst Pflanzen, auch Algen. Zwitter, wobei bei der Paarung ein Tier aktiv als ♂, das andere passiv als ♀ agiert. Laichballen werden auf feuchte Erde oder an Pflanzen gelegt. Dient oft einem kleinen parasitischen Saugwurm als Zwischenwirt, erkennbar an geschwollenen Fühlern.

Posthörnchenwurm

Spirorbis spirorbis

M Bis 5 mm langer, weißlicher Borstenwurm mit Tentakelkrone in weißer, rechts- oder linksgewundener, posthornähnlicher Kalkröhre (Name!); ein Tentakelast zu einem konischen Deckel umgebildet.
V Nordsee, westliche Ostsee; auf Steinen, Muschelschalen, Holz.
L Strudelt Plankton und Detritus mittels Tentakeln aus dem Wasser. Zwitter mit gegenseitiger Befruchtung; Eiablage in die Wohnröhre, wo die Larven schlüpfen, später kurzzeitig frei im Wasser leben, sich dann oft nahe den Eltern festsetzen. Koloniebildung!

Wattwurm

Arenicola marina

M Regenwurmähnlicher, rötlich- bis gelbbrauner, bis 20 cm langer Wurm; rückwärtige Körpermitte mit roten Kiemenbüscheln.
V Wattböden der Nord- und Ostseeküste.
L Lebt 25 cm tief eingegraben im Querschenkel einer U-Röhre; Eingang trichterförmig vertieft, Ausgang durch typische, geringelte Kothäufchen gekennzeichnet. Filtert mit seinem Rüssel Nahrung aus dem Sand. Getrenntgeschlechtlich; Eiablage und Befruchtung bei Neu- oder Vollmond der 2. Oktoberhälfte.

Gemeiner Regenwurm

Lumbricus terrestris

M Körper drehrund mit 110–180 Segmenten, bis 30 cm, rosa bis braunviolett; der Gürtel (Clitellum) umfasst die Segmente 32–37.
V Feuchte, meist lehmige Erde, unter Laub.
L Gräbt Gänge bis in 2 m Tiefe; frisst trockene Erde (bisweilen auch altes Laub); Kot wird in der Röhre oder als Türmchen am Ausgang abgesetzt. Wichtiger Humuserzeuger und Bodendurchlüfter! Zwitter mit gegenseitiger Befruchtung; Eiablage und Entwicklung der Jungwürmer in Kokons.

Hundeegel, Rollegel

Erpobdella octoculata

M Körper lang gestreckt, immer mit 33 Segmenten, leicht abgeplattet, bis 6 cm; hinten mit großem, vorne mit kleinerem Saugnapf. Färbung variabel, oft mit gelben Punkten und hellem Längsstreifen.
V Teiche, Seen, langsam fließende Gewässer; sehr häufig.
L Räuber, verschlingt mit seinem muskulösen, dehnbaren Schlund Insektenlarven, Würmer, auch kleine Artgenossen. Zwitter; befestigt braune, zitronenförmige Eikokons an Pflanzen und Steinen.

Entenmuschel

Lepas spec.

M Rankenfußkrebs mit grünlich- oder bläulich-weißer, 5teiliger, seitlich zusammengedrückter Schale; mit einem bis zu 10 cm langen, derb-biegsamen, bräunlichen Stiel am Substrat befestigt.

V Nordsee; meist in großer Zahl an Schiffsböden, Treibgut, Tang.

L Strudelt mit den Rankenfüßen Frischwasser und Nahrung herbei. Zwitter; Befruchtung durch einen bis zum Nachbarn reichenden Begattungsschlauch. Larve lebt frei, setzt sich neben Artgenossen fest.

Seepocke

Balanus balanoides

M Rankenfußkrebs mit kraterförmigem Gehäuse aus 6 weißen Kalkplatten, durch 2 kleinere Kalkdeckel verschlossen; bis 2 cm.

V Gezeitenzone der Nordseeküste; festsitzend an Steinen, Pfählen, Muschel- und Schneckenschalen oder Krebspanzern.

L Strudelt in rhythmischen Abständen Atemwasser und Plankton herbei. Zwitter mit wechselseitiger Befruchtung. Larve frei.

Bachflohkrebs

Gammarus pulex

M Hell- bis graubrauner Krebs mit seitlich zusammengedrücktem Körper; ♂ bis 21 mm, ♀ bis 14 mm.

V Flüsse, Seen, Teiche; häufiger Süßwasserkrebs.

L Läuft mit Hilfe der Schreitbeine über den Gewässergrund, kann durch schlagende Bewegungen des Hinterleibes gegen den Strom schwimmen. Ernährt sich von abgestorbenen Pflanzen. Ist nach 10 Häutungen geschlechtsreif: das ♂ klammert sich 8 Tage am ♀ fest, in der bauchseitigen Brutkammer des ♀ werden 20–100 Eier befruchtet, die Jungkrebse bleiben dort 2 Tage (Brutpflege!).

Nordseegarnele

Crangon crangon

M Graugrüner Langschwanzkrebs, Färbung je nach Untergrund variabel. Antennen fast so lang wie der Körper (bis 7 cm), die beiden ersten Beinpaare mit winzigen Scheren.

V Nordsee, Ostsee; massenhaft auf Sandböden der Meere, im Sommer bis ins Brackwasser, im Winter im Wattenmeer.

L Ruht tagsüber eingegraben im Sand, sucht nachts dicht über dem Grund Meereswürmer, Flohkrebse, Algen. Paarung im ruhigen Tiefwasser. Essbar; wird an der Nordsee mit Stellnetzen oder Reusen gefischt (»Granat«, »Nordseekrabbe«).

Flusskrebs G

Astacus astacus

M Rötlichbrauner Langschwanzkrebs mit 5 Laufbeinpaaren, das vorderste mit kräftiger Schere, die beiden folgenden mit kleinen Scheren. ♀ bis 12 cm, ♂ bis 16 cm. Rückenpanzer gekörnt.

V Langsam fließende, sauerstoffreiche Gewässer.

L Nachtaktiv, tagsüber meist in selbst gebauten Höhlen. Frisst Wasserpflanzen, Schnecken, Muscheln, Würmer, Aas. Paarung im September/Oktober, das ♀ kittet 70–250 Eier an die Hinterbeine, bis im Mai die Larven schlüpfen. Geschlechtsreif ab dem 3. Lebensjahr.

Strandkrabbe

Carcinus maenas

M Variabel gefärbter Kurzschwanzkrebs mit gepanzertem Vorderkörper, der untergeklappte kurze Hinterkörper oft rotbraun; ♀ bis 5,5 cm, ♂ bis 6 cm. 5 Schreitbeinpaare, die beiden vorderen mit Scheren, die vorderste Schere sehr groß.

V Nordsee, Ostsee; häufig im Watt, auch in Brackwasser.

L Läuft meist seitwärts, sehr flink; überwiegend nachtaktiv, bei Ebbe im Watt eingegraben. Erbeutet Fische, Kleinkrebse, Würmer. Zur Begattung, die 1–4 Tage dauern kann, dreht das ♂ das frisch gehäutete ♀ auf den Rücken; 4 frei schwimmende Larvenstadien.

Schlickkrebs

Corophium volutator

M Weißgrau-bräunlicher Flohkrebs, Körper schmal; von den 15 mm Körperlänge entfällt die Hälfte auf das 2. Fühlerpaar.

V Watt und Schlickstrände der Nord- und Ostsee.

L Im Sommer in 4 cm tiefen U-Röhren, im Winter bis 12 cm tief (Frostschutz!). Kehrt Kieselalgen (Nahrung) mit dem 2. Antennenpaar von der Schlickoberfläche (»Knistern« des Watts). Das Wachstum der Jungkrebse erfolgt über mehrere Häutungen.

Einsiedlerkrebs

Eupagurus bernhardus

M Rötlichbrauner Langschwanzkrebs, bis 10 cm; schützt seinen weichen Hinterleib durch Bewohnen eines Schneckenhauses.

V Nordsee, westliche Ostsee; sandiger Schlick oder Steinboden.

L Das Schneckenhaus ist häufig von Seerosen (sog. Blumenpolypen, die zu den Hohltieren gehören) bewachsen, die von der Nahrung des Krebses (kleine Wassertiere, Detritus) profitieren. Der Krebs wird durch Nesselzellen der Polypen geschützt (Symbiose!).

Kellerassel

Porcellio scaber

M Regelmäßig segmentierter, stark abgeflachter Körper, bis 18 mm; Färbung variabel, meist auf hellem Grund dunkelgrau marmoriert.

V Keller, Gewächshäuser, Gärten, Schutthaufen.

L Überwiegend nachtaktiv. Anpassung des Krebstieres (!) ans Landleben durch zusätzlich zu Kiemen ausgebildete Atmungssysteme. Zerkleinert Laub und sogar Holz mit kräftigen Mundwerkzeugen. ♀ häuten sich nach der Paarung, bilden bauchseits einen Brutbeutel, in den die Eier gelegt werden. Tragezeit 40–50 Tage.

Saftkugler

Glomeris marginata

M Doppelfüßer mit glänzend schwarzen Rückenschilden, bis 20 mm. Rollt sich bei Gefahr zur erbsengroßen Kugel, in der Beine und Fühler verborgen sind; sondert dann Wehrsaft ab (Name!).

V Feuchte Laubwälder; unter Steinen, in Baumstümpfen.

L Frisst moderndes Laub, Moos, Pilze, Pollen. Befruchtete Eier werden, von einer schützenden Exkrementmasse umgeben, einzeln in winzige Erdkämmerchen gelegt. Entwicklung 3–4 Wochen.

Schnurfüßer

Schizophyllum sabulosum

M Körper glänzend schwarzbraun, drehrund, mit wenigstens 35 Segmenten, bis 45 mm lang; mit Ausnahme der 3 ersten und des letzten trägt jedes Segment je 2 Beinpaare (»Tausendfüßer«).

V In den obersten Bodenschichten fast aller Lebensräume.

L Bewegt beim Laufen die Beinpaare abwechselnd (Wellenbewegung); rollt sich bei Gefahr spiralig, mit dem Kopf im Zentrum, zusammen, sondert einen stark riechenden, giftigen Wehrsaft gegen Feinde ab. Ernährt sich von Erde, moderndem Laub und Holz.

Steinläufer

Lithobius forficatus

M Bräunlicher, abgeflachter »Hundertfüßer«, bis 30 mm; jedes Segment mit je 1 Beinpaar, insgesamt bei dieser Art 15 Beinpaare.

V Streuschicht des Waldbodens, unter Rinde und Steinen.

L Sehr flink, jagt kleine Kerbtiere, Insektenlarven, Würmer. Kräftige Kiefer mit Giftdrüsen, ein Biss kann bei Menschen schmerzhafte Schwellung wie nach einem Bienenstich auslösen. Befruchtete Eier trägt das ♀ einige Zeit zwischen den Hinterbeinen, legt sie dann einzeln ab. Entwicklungszeit bis zum geschlechtsreifen Tier 3 Jahre.

Gartenkreuzspinne

Araneus diadematus

M Grundfärbung sehr variabel: gelbbraun bis dunkelbraun; charakteristisch und namensgebend ist das weiße Kreuz auf dem Hinterleib. ♀ 10–18 mm, ♂ 6,5 mm.
V Nahezu überall in Wäldern, Wiesen, Gärten; Juli bis Oktober.
L Zum Beutefang lauert die Spinne meist im Zentrum des Radnetzes mit zahlreichen klebrigen Fangfäden. Sie lähmt die Beute durch Biss, saugt sie später aus. Zur Paarung im Spätsommer stimmt das ♂ das ♀ durch Netzvibrationen ein, verlässt es danach wieder schnell, um nicht gefressen zu werden. Eikokonablage im Herbst, die Jungspinnen schlüpfen im nächsten Jahr.

Eichblattradspinne

Araneus ceropegius

M Hinterleib längsoval, beidseitig zugespitzt, bräunlich mit gelblicher Eichblattzeichnung; ♀ bis 14 mm, ♂ bis 7 mm.
V Feuchte, ungemähte Wiesen des Hügellandes; an Zäunen.
L Lebensweise und Fortpflanzung ähnlich der oben beschriebenen Art, hier überwintern jedoch die halbwüchsigen Jungspinnen.

Zebraspinne

Argiope bruennichii

M Hinterleib legereifer ♀ auffallend wespenartig gelbschwarz quergebändert (»Wespenspinne«), ♂ und Jungtiere viel blasser; ♀ bis 25 mm, ♂ 3–5 mm.
V Sonniges Ödland, Heiden, Wiesen; Mai bis September.
L Netz mit 2 typischen radiären Stabilimenten, die Spinne lauert kopfunter im Zentrum. Das ♂ wird während der Paarung eingesponnen, dann verspeist; der sehr große Eikokon (»Tabaksbeutel«) entsteht im August, die Jungtiere verlassen ihn im folgenden Mai.

Winkelspinne, Hausspinne

Tegenaria ferruginea

M Hinterleib dunkel mit hellem, seitlich schwarz begrenztem Mittelteil; 9–14 mm, Beinspannweite bis 60 mm.
V Ecken und Winkel in Häusern, Scheunen, Ställen; ganzjährig.
L Baut horizontale Deckennetze mit randlichem, sackförmigem Wohngespinst. Deckennetz mit nicht klebrigen »Stolperfäden«, bei deren Erschütterung die Spinne aus ihrem Versteck schnellt und die Beute fängt. Paarung im Sommer, die befruchteten Eier werden in besondere Einetze abgelegt, die in der Nähe der Fangnetze hängen.

Gerandete Jagdspinne

Dolomedes fimbriatus

M Hinterleib rotbraun, oft mit kleinen weißen Punkten, wie der Vorderkörper breit weißgelblich gerandet (Name!); bis 20 mm.

V Auf der Oberfläche dicht bewachsener (kein Schilf!) Gewässer, Auwälder, Sümpfe, Moore; April bis Oktober, häufig.

L Raubspinne, webt kein Netz; lauert auf Blättern von Wasserpflanzen, um über die Wasseroberfläche zu vorbeitreibenden Insekten zu laufen. Taucht bei Gefahr unter. Das ♀ trägt den runden Eikokon unter dem Körper, hängt ihn nach dem Schlupf der Jungen an zusammengesponnene Grashalme.

Labyrinthspinne

Agelena labyrinthica

M Rücken schwarzgrau mit rötlichgelben Winkelflecken, Bauchseite mit hellgrauem Mittelband; bis 15 mm. Lange Spinnwarzen.

V Meist kolonieweise in der Kraut- und Strauchschicht sonniger Lagen; Juli bis November, häufig.

L Läuft flink, lauert im waagrechten Trichternetz zwischen Grashalmen und Gestrüpp. Besamung der Eier, wie bei den meisten Spinnen, erst bei der Eiablage, d.h. das ♀ hält nach der Begattung den Samen so lange in besonderen Samenbehältern zurück.

Streckerspinne

Tetragnatha extensa

M Radnetzspinne mit lang gestrecktem, schmalem, silbrig glänzendem Hinterleib und dunkel begrenzter Blattzeichnung; bis 12 mm. Cheliceren (Greifklauen) dornig, beim ♂ sehr lang.

V Immer in Wassernähe; Juni bis Oktober.

L Typische Streckstellung bei Störung oder Gefahr: eng an Blatt oder Stängel geschmiegt mit vorgestreckten Vorderbeinpaaren und eng an den Rumpf gelegten, nach hinten gestreckten Hinterbeinen.

Waldwolfsspinne

Pardosa lugubris

M Bräunliche Spinne mit scharf abgesetztem, hellem Mittelstreifen auf dem Vorderkörper; die Zeichnung ist weitgehend aus Haaren gebildet, bei älteren Tieren daher oft zerschlissen; bis 8 mm.

V Trockene, sonnige Waldböden; März bis September, häufig.

L Spinnt keine Fangnetze, jagt Beute im Sprung, mit lähmendem Biss. Ab Mitte Mai trägt das ♀ den linsenförmigen Eikokon etwa 4–6 Wochen an den Spinnwarzen mit sich (Brutfürsorge!).

Zebraspringspinne

Salticus scenicus

M Körper gedrungen, schwarzbraun mit weißen Querbändern (Name!), bis 7 mm; 8 kräftige, kurze Beine. Kopf mit 4 Augenpaaren.

V Felsen, Mauern, Baumstämme; Februar bis Oktober.

L Jagt im Sonnenschein Insekten, verfügt über ein ausgezeichnetes Formen- und Farbensehen. Die Beute wird aus geringer Entfernung angesprungen, der Sprung durch einen am Substrat befestigten Ankerfaden reguliert. Das ♂ umwirbt das ♀ mit typischen Balztänzen, das ♀ legt die Eier in einen Kokon und bewacht ihn.

Grüne Krabbenspinne

Diaea dorsata

M Unverwechselbare grüne Spinne mit bräunlichem, seitlich hell begrenztem Hinterleib; bis 7 mm.

V In der Strauchschicht lichter Wälder; Mai bis Oktober.

L Baut keine Netze, lauert mit ausgebreiteten Vorderbeinen (wie alle Krabbenspinnen) an Blättern und Blüten auf Beuteinsekten. Zur Begattung fällt das ♀, an einem Faden hängend, in eine Starre, das ♂ begibt sich dann auf dessen Bauchseite. Eiablage im Kokon.

Veränderliche Krabbenspinne

Misumena vatia

M Hinterleib gerundet 3eckig, ♀ bis 10 mm, ♂ 3–5 mm. Kann mittels körpereigener Farbstoffe ihre Körperfärbung dem Untergrund, hier von Weiß nach Gelb und umgekehrt, anpassen; Flanken oft rötlich.

V In gelben und weißen Blüten; April bis August, häufig.

L Kann wie alle Krabbenspinnen krabbenartig seitwärts oder rückwärts laufen. Lähmt ihre Beute, blütenbesuchende Insekten, mit einem Nackenbiss; hält sich Bienen und Wespen mit ihren langen Vorderbeinen geschickt vom Leib, um nicht gestochen zu werden.

Weberknecht

Phalangium opilio

M Der gegliederte Hinterleib setzt in voller Breite am Vorderkörper an, 5–9 mm; typisch sind die langen, dornigen Beine, die das 15fache der Körperlänge erreichen können.

V In der Bodenstreu, als Kulturfolger auch in Gebäuden; ganzjährig.

L Baut keine Netze, fängt Insekten, Asseln, Milben im Lauf. Die ♀ legen mit Hilfe eines Legebohrers die befruchteten Eier in feuchte Erde, Rindenritzen oder luftfeuchte Zimmerecken und kümmern sich dann nicht mehr um den Nachwuchs.

Gebänderte Prachtlibelle G

Calopteryx splendens

M Schlanker, 50 mm langer Körper; Flügelspannweite bis 70 mm. ♂ metallisch blaugrün, die 3 letzten Hinterleibssegmente unten weiß; die grünlichen Flügel tragen eine breite, schwarzblau schillernde Binde (Name!). ♀ grüngolden, die dunkle Flügelbinde fehlt, Spitze des Vorderflügels jedoch mit einem kleinen weißen Fleck.

V Uferbereich langsam fließender Gewässer; Mai bis September.

L Jagt Fluginsekten in langsamem, eigenartig flatterndem Flug. Die Paarung im Sitzen dauert wenige Minuten, das ♀ bohrt mit dem Legebohrer die Eier in Wasserpflanzen, oft unter der Wasseroberfläche. Larvenentwicklung 2 Jahre im Wasser; Lebensdauer der Imago (erwachsene Libelle) oft nur 2 Wochen.

Blauflügelprachtlibelle G

Calopteryx virgo

M Körper schlank, 30–40 mm lang; Spannweite 70 mm. ♂ metallisch blaugrün, die 3 letzten Hinterleibssegmente leuchtend rot; Flügel durchgehend glänzend dunkelblau. ♀ grünlich bis kupferglänzend, Flügel durchscheinend braun mit gelblichem Flügelmal.

V Schnell fließende, saubere Gewässer mit schattigen Ufern; Mai bis September.

L Fliegt schmetterlingsartig flatternd, ruht gern im Schatten der Ufervegetation. Die ♂ verteidigen deutlich ihr Revier, sie umwerben die ♀ durch schwirrende Balzflüge. Paarung, Eiablage und Entwicklung ähnlich der oben beschriebenen Gebänderten Prachtlibelle. Gegen Gewässerverschmutzung noch empfindlicher als diese.

Gemeine Federlibelle

Platycnemis pennipes

M Körper schlank, 35 mm; Flügel farblos, Spannweite 45 mm. Die Schienen der Mittel- und Hinterbeine sind breit abgeflacht und sehen, an den Kanten mit steifen Borsten besetzt, wie Federn aus (Name!). ♂ hellblau, ♀ cremefarben oder grünlich; beide Geschlechter mit paarigen schwarzen Längsstreifen auf den Hintersegmenten.

V Immer in der Nähe pflanzenreicher, stehender oder langsam fließender Gewässer; Mai bis September.

L Eiablage in Tandemstellung: das ♂ hält mit den Hinterleibszangen das ♀ hinter dem Kopf fest, während dieses die Eier in Wasserpflanzen an der Gewässeroberfläche ablegt. Die Larven entwickeln sich am Gewässergrund und überwintern im letzten Stadium.

Weidenjungfer

Lestes viridis

M Körper schlank, 45 mm; Flügel schmal, durchsichtig, mit hellbraunem Flügelmal, Spannweite 50 mm; in Ruhe meist schräg abgespreizt. ♂ grünmetallisch, ♀ bronzefarben.

V Baggerseen, Fischteiche, Kleingewässer mit Weiden- und Erlengebüsch; Juli bis Oktober.

L Ernährung räuberisch von kleinen Kerbtieren. Die Begattung erfolgt im Sitzen im Paarungsrad, die Eiablage in Tandemstellung, indem das ♀ die Eier mit dem Legebohrer in über dem Wasser hängende Weiden- und Erlenzweige legt. Die Eier überwintern unter der Rinde; im April lässt sich die geschlüpfte Vorlarve ins Wasser fallen, wo sie sich in 2–3 Monaten zur Imago entwickelt.

Gemeine Binsenjungfer

Lestes sponsa

M Körper schlank, 35 mm, grünmetallisch bis bronzefarben, der Hinterleib des ♂ ist vorne und hinten oberseits hellblau bereift, Augen des ♂ blau; das ♀ ist grünlich-kupferfarben; Flügel durchsichtig mit schwarzbraunem Flügelmal, Spannweite 45 mm.

V Teiche, Tümpel, Gräben mit viel Schachtelhalm- und Binsenbewuchs (Name!); Juni bis Oktober.

L Ruht gerne längere Zeit an Uferpflanzen. Die Paarung erfolgt im Paarungsrad im Sitzen, bei der Eiablage im Tandem schiebt das ♀ die Eier ins Mark der Uferpflanzen, ohne dabei unter die Wasseroberfläche zu tauchen. Die Eier überwintern, die Larven schlüpfen im Frühjahr und entwickeln sich in 2–3 Monaten zur Imago.

Frühe Adonislibelle

Pyrrhosoma nymphula

M Körper schlank, 35 mm, bei beiden Geschlechtern rot; dunkle Hinterleibszeichnung beim ♂ ab dem 6./7. Segment, beim ♀ schon weiter vorne. Flügel durchsichtig mit dunklem Flügelmal, Spannweite 45 mm; Beine schwarz.

V Weiher, Moortümpel, langsam fließende Bäche und Gräben; April bis August.

L Erbeutet Blattläuse und andere Kleintiere meist im Sitzen. Paarung im Paarungsrad, oft im Flug; Ablage der Eier in Tandemstellung in Schwimmblätter oder untergetauchte Pflanzenteile. Larvenentwicklung im Wasser, meist innerhalb 1 Jahres, selten während 3 Jahren.

Große Pechlibelle

Ischnura elegans

M Körper schlank, 30 mm; Hinterleib des ♂ oben schwarz, unten gelblich, das 8. Segment leuchtend blau, Färbung des ♀ sehr variabel rosaviolett bis olivbraun. Flügelmal innen schwarz, außen weiß, Spannweite 40 mm.

V Langsam fließende, vegetationsreiche Gewässer, nicht in Hochmooren; Mai bis September.

L Vorpaarung (Füllen der Samentasche des ♂ mit Samen) im Tandem nur wenige Minuten; während der Begattung sitzen ♀ und ♂ als Paarungsrad (Foto) oft stundenlang an Stängeln. Das ♀ krümmt den Hinterleib nach vorne, verhakt seine Geschlechtsöffnung zur Spermaaufnahme an der Samentasche des ♂. Eiablage in Wasserpflanzen am späten Abend, immer ohne ♂; das ♀ taucht dabei auch unter Wasser. Die wurmförmigen Vorlarven häuten sich in wenigen Minuten zum 1. Larvenstadium, dieses überwintert im Wasser.

Hufeisenazurjungfer

Coenagrion puella

M Körper sehr schlank, bis 30 mm; Flügel farblos mit schwarzem Flügelmal, Spannweite 50 mm. ♂ blau gefärbt, 2. Hinterleibssegment mit schwarzer, hufeisenförmiger Zeichnung (Name!), die folgenden Segmente mit nach hinten breiter werdenden schwarzen Ringen. ♀ grünlich-bräunlich, die schwarzen Areale sind großflächiger.

V In der Nähe stehender Gewässer; Mai bis September.

L Zur Eiablage hält das ♂ das ♀ mit seinen Hinterleibszangen hinter dem Kopf fest (Tandem, Foto), das ♀ legt die Eier, ohne selbst unterzutauchen, in die Blattunterseite von Wasserpflanzen. Die bis 15 mm langen Larven (♂ grünlich, ♀ bräunlich, Foto) überwintern am Gewässergrund und häuten sich im folgenden Jahr zur Imago.

Großes Granatauge

Erythromma najas

M Körper schlank, 30 mm, Flügelspannweite 40–50 mm; ♂ blau mit leuchtend roten Augen (Name!), ♀ grünlich bis ocker.

V Meist stehende Gewässer mit Schwimmblattvegetation; Mai bis August.

L Häufig, aber recht scheu; sie hält sich meist uferfern auf Blättern der See- und Teichrose auf. Die Eiablage an Blätter und Stängel der Wasserpflanzen erfolgt im Tandem, wobei das Paar oft vollständig untertaucht. Larven mit Ruderblättchen am Hinterleib, bewegen sich flink laufend und schwimmend im Wasser, überwintern dort und verwandeln sich im Mai des folgenden Jahres.

Blaugrüne Mosaikjungfer

Aeshna cyanea

M Körper 50–70 mm, grüngelb und auffällig schwarz gezeichnet (Name!); die 3 letzten Hinterleibssegmente des ♂ blauschwarz gefleckt, beim frisch geschlüpften (Foto) ♂ weißlich. ♀ ähnlich dem ♂, jedoch der ganze Hinterleib grüngelbschwarz. Flügel mit schwarzem Flügelmal, Spannweite bis 110 mm. Augen sehr groß, blau oder grün.

V Stehende Gewässer aller Art; auch fernab davon auf Waldlichtungen und in Städten; Juni bis Oktober.

L Geschickter Flugjäger, erbeutet selbst schnellste Fluginsekten durch blitzschnelle Wendungen in der Luft. Verteidigt ihr Revier sehr aggressiv. Eiablage an oberflächennahe Wasserpflanzen durch das ♀ alleine, das dabei nie ganz untertaucht. Entwicklungszeit 2 Jahre, die Eier und Larven überwintern je 1 mal; Larve hellbraun bis ocker, mit dunklen Doppelflecken in der Mitte des Hinterleibs.

Große Königslibelle

Anax imperator

M Körper 70–80 mm, Hinterleib des ♂ leuchtend blau mit schwarzem, seitlich gezähntem Längsband; ♀ blaugrün mit braunem Rückenband. Flügel farblos, Spannweite bis 110 mm, die Hinterflügel wie bei allen Großlibellen breiter als die Vorderflügel.

V Pflanzenreiche, stehende Gewässer, auch weitab davon, in Waldschneisen; Juni bis August.

L Sehr guter, bei warmem Wetter auch sehr ausdauernder Flieger; jagt über Wasser oder weit davon entfernt; verteidigt ihr Revier gegen Artgenossen. Die Begattung mit Bildung eines Paarungsrades dauert nur wenige Minuten, dann legt das ♀ alleine die Eier in abgestorbene, auf der Wasseroberfläche schwimmende Pflanzenteile, aber auch in lebende Pflanzen unter der Wasseroberfläche (Foto). Die Entwicklung der räuberischen Larve im Wasser bis zur ausgewachsenen Libelle dauert 1–2 Jahre.

Zweigestreifte Quelljungfer G

Cordulegaster boltonii

M Körper kräftig, 85 mm, schwarz mit gelben Flecken, Hinterhauptsdreieck gelb; Flügel leicht bräunlich, Spannweite 105 mm.

V Kleine Bäche, Quellen; Mai bis August.

L Jagt gerne über Waldwiesen, Quellsümpfen, ruht auch längere Zeit. Zur Eiablage fliegt das ♀ senkrecht auf und nieder und stößt mit dem stilettartigen Legebohrer die Eier an flachen Stellen in den Sand des Baches. Entwicklung der räuberischen Larve 3–5 Jahre.

Gemeine Smaragdlibelle

Cordulia aenea

M Körper 50–55 mm, metallisch dunkelgrün bis kupfern, Hinterleib des ♂ keulig verdickt; Augen grünmetallisch bis blaugrün; Flügel farblos mit dunklem Flügelmal, Spannweite bis 75 mm.

V Kleinere, stehende Gewässer; Mai bis August.

L Das ♀ wirft die Eier im Flug zwischen Schilf ins Wasser ab, wo sie zu Boden sinken. Entwicklung der Larve 2–3 Jahre.

Gemeine Heidelibelle

Sympetrum vulgatum

M Körper 20–30 mm, Hinterleib des ♂ blutrot, die Brust dunkelbraun; das ♀ anfangs hellbraun, später olivbraun. Beine gelb gestreift; Flügelspannweite bis 55 mm. Verwechslung mit anderen Heidelibellen!

V Stehende Gewässer aller Art, auch weitab davon; Juli bis Oktober.

L Ansitzjäger auf Fluginsekten. Eiablage erfolgt im Tandem, wobei das ♀ die Eier aus der Luft ins Wasser fallen lässt, wo die Eier überwintern. Entwicklung der Larve in nur 3 Monaten.

Blutrote Heidelibelle

Sympetrum sanguineum

M Körper bis 30 mm, Augen und Brust des ♂ rotbraun, Hinterleib und Stirn leuchtend rot; Hinterleib des ♀ gelbbraun. Unterscheidet sich von den ähnlichen, anderen 8 Heidelibellen-Arten durch die einfarbig schwarzen Beine. Flügelspannweite bis 55 mm.

V Stehende Gewässer aller Art, Wiesen, Wege, nicht an Gewässer gebunden; Juni bis Oktober.

L Ansitzjäger; Flug schnell, ungestüm. Paarung beginnt im Flug, endet im Sitzen; Eiablage im Tandem aus der Luft auf den Boden. Eier überwintern trocken, Larven gelangen durch Regen oder Überflutung im Frühjahr ins Wasser.

Vierfleck

Libellula quadrimaculata

M Körper gedrungen, bis 50 mm, bläulich bis bräunlich. Kennzeichnend sind die 4 dunklen Flecke eines jeden Flügelpaares (Name!).

V Alle stehenden Gewässer; Mai bis August.

L Ansitzjäger. Nach schneller Paarung im Flug werfen die ♀ die Eier mit wippenden Bewegungen ins Wasser; Larvenzeit 2 Jahre.

Plattbauch

Libellula depressa

M Körper plump, bis 35 mm; Brustfärbung bräunlich, Hinterleib auffallend breit, beim ♂ hellblau bereift, beim ♀ braun-golden. Flügel glasig, mit schwarzem Flügelmal, Basis beider Flügelpaare mit schwarzem Fleck; Spannweite 70–80 mm.

V Kleine, vegetationsarme Stillgewässer mit lehmigem, sandigem oder kiesigem Grund; oft Erstbesiedler neu geschaffener Lebensräume (Kiesgruben, Gartenteiche). Mai bis August.

L Zur gezielten Jagd auf Beutetiere werden gerne Wasserpflanzen als Ansitz benutzt; Flug mit häufigen Richtungsänderungen. Rasche Paarung im Flug, danach wirft das ♀ ohne Begleitung des ♂ die Eier mit wippender Bewegung aus der Luft ins Wasser. Larven (Foto) gedrungen, dunkelbraun bis grünlich, die Fangmaske umwölbt den Vorderkopf. Entwicklungszeit 2 Jahre, die Larven können, im Schlamm eingegraben, mehrwöchige Austrocknung überstehen.

Großer Blaupfeil

Orthetrum cancellatum

M Körper bis 35 mm, schlanker als der oben beschriebene Plattbauch. Hinterleib des ♂ blau bereift, Hinterleibsende schwarz; junge ♀ anfangs gelb-schwarz, färben sich später braun-schwarz. Flügel farblos, mit dunklem Flügelmal, jedoch ohne Basisflecken (Unterschied zum ähnlichen Plattbauch!); Spannweite bis 80 mm.

V Stehende Gewässer aller Art; Mai bis September.

L Sonnt sich gern auf Kies. Paarung oft am Boden, die ♀ legen die Eier alleine im Flug ab. Larvenentwicklung 2 Jahre.

Grünes Heupferd

Tettigonia viridissima

M 30–40 mm große, grasgrüne Springschrecke mit langen, dünnen Fühlern und kräftigen, keulig verdickten Hinterschenkeln. Die langen Flügel werden in Ruhe seitlich steil über dem Rücken zusammengelegt; überragen beim ♂ weit den Hinterleib; ♀ mit langem, schwach nach unten gekrümmtem, am Ende leicht bräunlichen Legebohrer, der von den Flügeln kaum überragt wird.

V Bäume, Büsche, Gestrüpp, Wiesen, Felder; Juli bis November.

L Fängt kleine Kerbtiere mit den bedornten Vorderbeinen; die ♂ singen gerne mittags bis in die Nacht aus Baumkronen heraus, indem sie die Vorderflügel aneinander reiben. Fliegt trotz der langen Flügel nur kurze Strecken. Die ♀ legen mittels Legebohrer die Eier in Erd- oder Rindenspalten, wo sie überwintern; die Larven entwickeln sich über Wachstumshäutungen zur Imago (erwachsenes Insekt).

Warzenbeißer

Decticus verrucivorus

M Bis 45 mm große Springschrecke, jedoch gedrungener als das oben beschriebene Grüne Heupferd *(T. viridissima)*. Färbung variabel: gelb, grün oder braun, immer mit dunklen Flecken. Die Flügel ragen beim ♂ leicht über den Hinterkörper hinaus, beim ♀ reichen sie nur bis zur Hälfte der nach oben gekrümmten Legeröhre.

V Wiesen, Felder, Brachflächen; Juni bis September.

L Gesang der ♂ durchdringend, meist bodennah vorgetragen. Larve und Imago ernähren sich von Kleininsekten und Pflanzenresten. Das ♀ bohrt die Eier mit der Legeröhre in den Boden, die Larven schlüpfen im Frühjahr. Früher ließ man die Tiere Warzen abbeißen, denn der austretende Magensaft verätzte die Wunde (Name!).

Gemeine Eichenschrecke

Meconema thalassinum

M Körper bis 15 mm, hellgrün mit gelben Zeichnungen; Fühler erreichen fast 4fache Körperlänge. Flügel etwas länger als der Hinterleib, sie überragen beim ♀ jedoch nicht den Legebohrer.

V Wälder, v. a. auf Eichen (Name!), Parks; Juli bis November.

L Nachtaktiv, jagt Blattläuse und Raupen; kommt sehr gerne ans Licht. Die ♂ zirpen nicht wie andere Heuschrecken; stattdessen trommeln sie mit den Hinterbeinen auf Blätter. Die Eiablage erfolgt in Rindenspalten und Pflanzengallen.

Maulwurfsgrille

Gryllotalpa gryllotalpa

M Körper gedrungen, walzenförmig, braun, 35–50 mm; Vorderbeine zu stark verbreiterten Grabschaufeln umgeformt (Name!). Kopf 3eckig, mit kurzen, fadenförmigen Fühlern; Vorderflügel kurz, Hinterflügel spitz, lang ausgezogen. Hinterleibsanhänge (Cerci) lang.

V Felder, Wiesen, Gärten; April bis September.

L Meist nachtaktiv. Gräbt Bodengänge, frisst Kleininsekten und Pflanzenreste; kann durch Wurzelfraß Schäden in Garten und Feld anrichten. Erzeugt schnarrenden Gesang durch Aneinanderreiben der Deckflügel. Eiablage in den Boden, das ♀ bewacht die Eier und später auch die Larven, die ebenso wie die Imago im Boden überwintern.

Feldgrille

Gryllus campestris

M Körper gedrungen, bis 26 mm, glänzend schwarz; Kopf helmartig, Fühler lang, dünn. Flügel bräunlich, Hinterleib mit kurzen Cerci, ♀ mit Legebohrer.

V Sonnige, trockene, möglichst südexponierte Wiesenhänge und Feldraine; Mai bis Juli.

L Vorwiegend nachtaktiv; frisst Pflanzenteile und kleine Tiere. Das ♂ verteidigt sein Revier gegen Eindringlinge, singt meist am Eingang selbst gegrabener Erdhöhlen durch Aneinanderreiben seiner Vorderflügel. Die ♀ legen die Eier in die Erde ab, die Larven schlüpfen nach 2–3 Wochen, überwintern in selbst gegrabenen Gängen.

Gemeiner Grashüpfer

Chorthippus parallelus

M ♂ bis 16 mm, ♀ bis 23 mm; Färbung sehr variabel, Flügel, v. a. beim ♀, stark verkürzt; Hinterknie schwarz. Fühler fadenförmig, am Ende nicht keulig verdickt. Ähnlich anderen *Chorthippus*-Arten, voneinander jedoch durch den Gesang unterschieden.

V Trockene Hangwiesen und -weiden; Juni bis November.

L Wie alle Laubheuschrecken reiner Pflanzenfresser. Die ♂ erzeugen Zirplaute durch rhythmisches Reiben der Hinterschenkel an den Vorderflügeln. Eiablage in den Boden, nach Überwintern der Eier schlüpfen zunächst räupchenartige Larven, die sich bis Juni in die Imago (erwachsene Heuschrecke) verwandeln.

Gemeine Waldschabe

Ectobius sylvestris

M Körper länglich-oval, bis 13 mm, braunschwarz; Flügel gelbbraun, körperlang. ♂ mit dunklem Halsschild, dunkel überhauchten Vorderflügeln, flugfähigen Hinterflügeln; ♀ heller mit kürzeren Deck- und verkümmerten Flugflügeln.

V Bodenstreu (♀) oder in niedriger Vegetation (♂); Mai bis Oktober.

L Tagaktiv, sehr flink, scheu; ernährt sich von Kleinsttieren und Pflanzenresten. Das ♀ trägt Eikapsel einige Zeit mit sich, vergräbt sie dann im Boden. Larven überwintern, ähneln den Elterntieren.

Gemeiner Ohrwurm

Forficula auricularia

M Körper abgeplattet, gestreckt, bis 16 mm; Hinterleib dunkelbraun, alle anderen Körperteile heller. Greifzangen (Cerci) der ♂ gebogen, an der Basis gezähnt, Cerci der ♀ einfach, fast gerade; Hinterflügel sind kompliziert unter die schuppigen Vorderflügel gefaltet.

V Als Kulturfolger fast überall anzutreffen; April bis Oktober.

L Fliegt gut, aber selten; ernährt sich pflanzlich, nimmt aber auch Blattläuse. Das ♀ legt im Frühjahr und Herbst kleine Eihäufchen in Erdhöhlen, bewacht Eier und Larven; Larven und Eltern überwintern.

Wiesenschaumzikade

Philaenus spumarius

M Körper längsoval, bis 6 mm; Färbung sehr variabel: von hell bis ganz dunkel, einfarbig oder gezeichnet.

V Wiesen und Weiden; Juni bis Oktober.

L Erwachsen sehr unscheinbar, auffällig sind die blass grünlichgelben Larven, die in selbst erzeugten Schaumballen (»Kuckucksspeichel«) an Stängeln von Wiesenkräutern leben, wo sie Pflanzensäfte saugen. Der Schaum, den sie durch Lufteinblasen in ihre eiweißhaltige Kotflüssigkeit erzeugen, schützt sie vor Trockenheit und Feinden.

Blutzikade

Cercopis vulnerata

M Körper längsoval, bis 11 mm, Flügel dachförmig über dem Körper zusammengelegt; schwarz mit leuchtend roten Flecken (Name!).

V Wiesen und Weiden; Mai bis Juli.

L Gute Flieger, springen jedoch bei Gefahr eher weg; saugen Pflanzensäfte. Eiablage in Rindenspalten, wo die Eier überwintern; die im Frühjahr schlüpfenden Larven leben unterirdisch im Schaum an den Wurzeln von krautigen Pflanzen und Weinreben.

Rückenschwimmer

Notonecta glauca

M Kräftige Wasserwanze mit breitem Kopf; flacher, dunkler Bauch, heller, gekielter Rücken; bis 16 mm. Vorderflügel gelblich, schwarz gefleckt, Hinterleib schwarz. Hinterbeine mit langen Schwimmborsten, zu Schwimmbeinen umgewandelt.
V Stehende Gewässer; ganzjährig.
L Schwimmt immer mit dem Rücken nach unten (Name!), hängt auch so zum Ruhen und Luftholen unter der Wasseroberfläche. Jagt Wasserinsekten, Fisch- und Molchlarven. Kann Menschen sehr schmerzhaft stechen (»Wasserbiene«).

Wasserläufer

Gerris lacustris

M Körper schlank, bis 15 mm, dunkel. Beine, v. a. das 2. und 3. Beinpaar sehr lang; läuft damit auf der Wasseroberfläche.
V Alle stehenden Gewässer, auch Pfützen; April bis Oktober.
L Jagt kleine Insekten auf der Wasseroberfläche, fliegt gut. Entwicklung, wie bei allen Wanzen, ohne Puppenstadium.

Weichwanze

Stenodema laevigatum

M Schlanke Wanze, 8–9 mm, Schild punktiert; von gelber, brauner oder grüner Färbung, die nacheinander auftritt. Verwechslung mit vielen andern Weichwanzen-Arten möglich!
V Überall an Gräsern; Juni bis Oktober.
L Imago (erwachsenes Tier) und Larve leben räuberisch von Milben, Blattläusen u. Ä.; die Imago überwintert.

Feuerwanze

Pyrrhocoris apterus

M Körper längsoval, 9–11 mm, schwarzrot gefärbt. Charakteristisch ist je 1 schwarzer Punkt auf den Vorderflügeldecken; die meist verkürzten Flügel lassen das Hinterleibsende frei. Färbung und Zeichnung sind v. a. temperaturabhängig.
V Häufig unter Laubbäumen, oft Linden; April bis Oktober.
L Saugen an Lindensamen, verzehren tote Insekten (auch Artgenossen). Zur Paarung, die bis 30 Stunden dauert, locken die ♀ die ♂ durch einen artspezifischen Sexualduftstoff an. Eiablage in selbst gegrabene Erdhöhlen oder unter Laub. Bis August entwickeln sich die Junglarven; die Imago überwintert.

Streifenwanze

Graphosoma lineatum

M Rundliche, 8–12 mm große Baumwanze mit rotschwarzer Körperstreifung; typisch ist auch das bis zum Hinterleibsende reichende Schild, das den Großteil der Vorderflügel verdeckt.
V Wiesen, Waldlichtungen; Mai bis September.
L Saugt meist an Doldenblütlern; Larven wie die Imago mit rotschwarzer Warntracht, die vor dem ekelerregenden Geschmack warnt.

Grüne Stinkwanze

Palomena prasina

M Rundliche, bis 14 mm große Baumwanze; im Frühjahr grün, zur Überwinterung braun. Rücken vom großen, 3eckigen Schild und von den harten, an den Spitzen häutigen Flügeldecken bedeckt.
V Bäume und Sträucher; April bis Oktober.
L Saugt Pflanzen- und Beerensäfte; sondert zur Feindabwehr ein Stinksekret (Name!) ab. ♂ und ♀ erzeugen zur Paarfindung tiefe Laute durch Reiben der Hinterbeine am Hinterleib.

Rotbeinige Baumwanze

Pentatoma rufipes

M Bis 16 mm große, braune Baumwanze; Halsschild seitlich stumpf gezähnt, Schildchen lang gestreckt, 3eckig, seine Spitzen wie der Randsaum und das Körperende gelbrot; Beine rot (Name!).
V Laubbäume, Sträucher; Mai bis Oktober.
L Saugt Pflanzensäfte. Im August klebt das ♀ die Eier mit körpereigenem Kitt auf Blätter; die gelben, dunkelfleckigen Larven überwintern in Rindenritzen.

Lederwanze, Randwanze

Coreus marginatus

M Körper längsoval, bis 16 mm, gelblich bis dunkelbraun, ledrig; Hinterleibsseiten zu einem vorstehenden, flachen Rand verbreitert.
V Feuchte Wiesen, Gewässerränder; April bis Oktober.
L Lebt bevorzugt an Knöterichgewächsen (v. a. Sauerampfer), an deren Samen Imago und Larven saugen. Die ♀ legen im Mai Eier in Stängel oder Blätter der Wirtspflanzen; die geschlüpften Larven entwickeln sich dort zum erwachsenen Tier, das später überwintert.

Feldsandlaufkäfer

Cicindela campestris

M Langbeiniger, grün glänzender Käfer, Flügeldecken mit wenigen hellen Flecken, Unterseite und Beine kupfern; 11–15 mm.

V Sonnige Sandböden der Wälder, Wiesen; April bis September.

L Jagt im Sonnenschein Insekten, Spinnen im flinken Lauf, flüchtet bei Gefahr im Flug. Packt die Beute mit den kräftigen Kiefern, verdaut sie vor dem Mund und saugt sie auf. Eiablage im Mai, die Larven leben in selbst gegrabenen Erdröhren, verpuppen sich dort; der Käfer schlüpft im Herbst des 2. Jahres und überwintert.

Hainlaufkäfer

Carabus nemoralis

M Bronzefarbener bis grünschwarz glänzender, 20–30 mm großer Laufkäfer; Flügeldecken mit feinen Längsstreifen und Grübchen, am Rand wie das Halsschild blauviolett. Kopf grob gerunzelt.

V Feuchte Wälder, Felder, Gärten; im Frühjahr und Herbst aktiv, ruht im Sommer in Bodenverstecken.

L Tag- und nachtaktiver Schädlingsvertilger, nimmt auch reifes Obst. Larven meist schwarz, bis 40 mm, flach lang gestreckt, mit harter Außenhaut; Kopf mit spitzen, gekrümmten Kiefern, Hinterleib mit kurzen Anhängen. Jagt in der Dämmerung, ruht in Erdröhren.

Goldlaufkäfer

Carabus auratus

M Metallisch goldgrün glänzender Käfer mit längsgerippten Flügeldecken, 20–27 mm; Beine und erste 4 Fühlerglieder gelbrot.

V Wiesen, Felder; April bis August.

L Tagaktiv; jagt Insekten, Würmer, Schnecken, auch Aas. Eiablage im Boden; Larvenentwicklung in 8–10 Wochen mit 3 Häutungen; nach 2–3 Wochen Puppenruhe im Boden schlüpft der Käfer.

Körniger Laufkäfer

Carabus granulatus

M Die Farbe variiert von Kupferrot über Grün bis Schwarz, die Flügeldecken zeigen ein Muster aus körnigen Kettenstreifen und durchgezogenen Leisten; 14–23 mm.

V Felder, Wiesen, Wälder; April bis September.

L Überwiegend nachtaktiv; zählt zu den wenigen flugfähigen Laufkäfern. Eiablage und Entwicklung über Larve und Puppe ähnlich den anderen Laufkäfern.

Gelbrandkäfer

Dytiscus marginalis

M Dunkel olivgrüner Käfer mit gelben Randstreifen und gelb gerandetem Halsschild (Name!); 27–35 mm. Beine mit langen Schwimmhaaren, Hinterbeine länger als die beiden vorderen Beinpaare. Die 3 ersten Vorderfußglieder des ♂ erweitert, mit Saugnäpfen. Deckflügel bei den ♂ schwarzgrün und glatt, bei den ♀ grünbraun und gefurcht!

V Überwiegend stehende, pflanzenreiche Gewässer; ganzjährig.

L Guter Flieger, lebt räuberisch von Wassertieren, auch Kaulquappen und Fischen. Holt mit dem Hinterleibsende Luft an der Wasseroberfläche. Eiablage im Frühjahr in Blätter und Stängel von Wasserpflanzen; Entwicklung der Larven (Foto) 5–6, Puppenruhe 2–4 Wochen.

Furchenschwimmer

Acilius sulcatus

M Körper breit-oval, stark abgeflacht, 15–18 mm; gelb und mit schwarzem V zwischen den Augen; Halsschild mit 2 schwarzen Querstreifen, Flügeldecken dicht schwarz punktiert; Hinterbeine gelb mit schwarzer Binde; Vorderfußglieder des ♂ breit, mit vielen Saugnäpfen. Flügeldecken der ♀ mit je 4 stark behaarten Längsfurchen.

V Stehende Gewässer mit schlammigem Grund, auch Pfützen oder Moore; ganzjährig.

L Guter Flieger, ausgezeichneter Schwimmer; jagt Wassertiere, frisst auch Aas. Zur Paarung hält sich das ♂ auf dem Rücken des ♀ mit seinen Saugnäpfen fest. Eiablage im Frühjahr an Land (!), die Schwimmlarven schlüpfen nach 2–3 Wochen, die Verpuppung erfolgt wieder an Land; der Käfer überwintert im Wasser.

Taumelkäfer

Gyrinus natator

M Glänzend schwarzer, ovaler Käfer, 5–6 mm; Beine rötlichgelb, Mittel- und Hinterbeine zu paddelförmigen Ruderbeinen umgebildet. Flügeldecken mit gleichmäßigen Punkten.

V Stehende, pflanzenreiche Gewässer, auch Moore; ganzjährig.

L Schwimmt im raschen Zickzack; Luftraum und Wasseroberfläche werden mit dem oberen Teil des 2geteilten Auges beobachtet, Unterwasserraum mit dem unteren Teil. Eiablage im Frühjahr perlschnurartig an Wasserpflanzen. Die Larven wühlen im Gewässerschlamm. Später verpuppen sie sich in einem Kokon an Pflanzen über Wasser, der Käfer schlüpft dann im Herbst.

Rotflügeliger Moderkäfer

Staphylinus caesareus

M Schmaler, schwarzer Kurzflügler, 17–22 mm, Beine und Flügeldecken rotbraun (Name!); Vorderflügel stark verkürzt, häutige Hinterflügel darunter gefaltet. Hinterleibssegmente seitlich hell gefleckt.

V Laub- und Nadelwälder; ganzjährig.

L Käfer und Larven leben in der Bodenstreu, ernähren sich von Kleininsekten, Aas und modernden Pflanzen (Name!). Drohgebärde zur Feindabwehr mit erhobenem Kopf und hochgeklapptem Hinterleib. Eiablage einzeln in Mulm, Verpuppung nach dem 3. Larvenstadium. Die Imago überwintert.

Schwarzer Moderkäfer

Ocypus olens

M Schmaler, 22–32 mm langer, schwarzer Kurzflügler; 5. Hinterleibssegment mit feinem weißem Haarsaum. Halsschild kürzer als die Flügeldecken.

V Wälder; ganzjährig.

L Tagaktiv; lauert unter Steinen und Rinde auf Beute, kann mit kräftigen Oberkiefern (Mandibeln) empfindlich beißen. Eiablage einzeln.

Totengräber

Necrophorus vespillo

M Glänzend schwarzer Aaskäfer, 12–24 mm; die Flügeldecken mit 2 orangeroten Querbinden und langen, hellen Haaren an Vorder- und Hinterrand. Endglieder der Fühler rot.

V Wälder; April bis August.

L Der Käfer untergräbt kleine Kadaver (Name!), bis sie im Mulm versinken, und drückt sie zur Kugel. Eiablage in einen nahen »Muttergang«. Larven werden vom ♀ zur Aaskugel gelockt, mit vorverdauter Beute gefüttert; fressen später unter Bewachung der Mutter die Beute von oben her aus (Brutpflege!).

Rothalsige Silphe

Oeceoptoma thoracica

M Flacher, mattschwarzer Käfer mit rotem Halsschild; 11–16 mm. Flügeldecken mit 3 Längsrippen. Unverwechselbar!

V Wälder, Wiesen; an Aas, Kot, Stinkmorcheln; April bis August.

L Käfer und Larven leben von Aas, faulenden Pflanzen und Pilzen. Spielt als Aasfresser eine wichtige Rolle im Nahrungskreislauf; verbreitet die Sporen der reifen Stinkmorchel, an der er gerne frisst.

Kleiner Leuchtkäfer

Lamprohiza splendidula

M Beide Geschlechter 8–10 mm, ♂ schwarzbraun, Halsschild hellrandig mit 2 großen, glasklaren »Fensterflecken« über den Augen; ♀ gelbbraun, flügellos, larvenähnlich. Leuchtfelder auf dem 6. und 7., leuchtende Flecken auf dem 8. Hinterleibsring.

V Waldränder, Gärten, Gebüsche; Mai bis September.

L Dämmerungs- und nachtaktiv; die Käfer fressen meist nichts, nur die Larven jagen Schnecken. ♀ locken umherfliegende ♂ durch ihr grünliches Leuchten; auch ♂, Larven und Eier leuchten.

Gemeiner Weichkäfer

Cantharis fusca

M Schlanker, brauner Käfer, 11–15 mm, mit schwarzen Beinen; Flügeldecken schwarz, fein grau behaart, recht weichhäutig (Name!).

V Waldränder, Wiesen, Gebüsche, Gärten; Mai bis September.

L Jagt Blattläuse, Raupen und andere Kleintiere, nimmt auch Blüten und Jungtriebe. Aus den Vorlarven entwickeln sich bis 20 mm lange, schwarze, Schnecken vertilgende Larven, die man bis 0°C auch auf Schnee findet (»Schneewürmer«).

Rotgelber Weichkäfer

Rhagonycha fulva

M Gelbroter, 7–11 mm langer Weichkäfer mit schwärzlichen Flügelspitzen.

V Wiesen, Gebüsche, Waldränder; Juni bis August.

L Häufig in großer Zahl auf Doldenblüten, oft in Paarung; sie lecken hier Nektar, lauern Insekten auf. Larven wie alle Weichkäfer-Larven samtig behaart; jagen umherkriechend Mückenlarven, Schnecken.

Saatschnellkäfer

Agriotes lineatus

M Körper längsoval, 7–10 mm, beige bis hellbraun. Typisch für alle Schnellkäfer ist die Fähigkeit, sich aus der Rückenlage emporschnellend umzudrehen: ermöglicht durch einen bauchseitigen Dorn der Vorderbrust und einer Grube in der Mittelbrust.

V Wiesen, Felder, Gärten; Mai bis Juli.

L Der Käfer lebt an Doldengewächsen, frisst Pflanzenteile. Die Larven (»Drahtwürmer«, Foto, Entwicklungszeit 2–3 Jahre) können an Wurzeln und Knollen von Kulturpflanzen Fraßschäden anrichten. Verpuppung im Boden, Jungkäfer überwintern in morschem Holz.

Zweipunktmarienkäfer

Adalia bipunctata

M Körper halbkugelig, 4–6 mm; Färbung sehr variantenreich: einfarbig schwarz bis einfarbig rot, typisch sind 2 schwarze Punkte auf mennigroten Flügeldecken.
V Fast überall in der gesamten Vegetation; April bis Oktober.
L Wie der unten beschriebene Siebenpunktmarienkäfer ein sehr nützlicher Blattlausvertilger. Das ♀ legt die Eier in der Nähe von Blattläusen ab, denn auch die Larven ernähren sich von ihnen. Verpuppung nach 20–35 Tagen. Käfer überwintern oft in größeren Ansammlungen, geschützt unter Steinen, Rinde u. Ä.

Siebenpunktmarienkäfer

Coccinella septempunctata

M Körper hochgewölbt, fast kreisrund, 6–8 mm; Kopf schwarz, Halsschild schwarz, seitlich mit gelben Flecken. Flügeldecken ziegelrot mit 7 schwarzen, runden Flecken. Beine schwarz.
V In der gesamten Vegetation, auch in Häusern; ganzjährig.
L Käfer wie Larven jagen Blattläuse. Die grauschwarzen Larven tragen seitlich rotgelbe Warzen und leben in Blattlauskolonien; die reife Larve spinnt sich mittels eines Sekrets mit dem Körperende an der Wirtspflanze fest und bildet sich zur bräunlichgelben Puppe um. Der Käfer überwintert in kleinen Trupps unter Steinen, hinter Rinde, auch in Gebäuden.

Zweiundzwanzigpunkt

Thea vigintiduopunctata

M Körper hochgewölbt, fast kreisrund, 3–5 mm, zitronengelb mit je 11 schwarzen, rundlichen Punkten auf jeder Flügeldecke; Beine dunkelgelb. Kaum variabel, daher unverwechselbar.
V Laubwälder, Gärten; März bis Oktober.
L Tagaktiv. Käfer und Larven leben von Mehltaupilzen, die sie an Blättern, insbesondere von Eichen, suchen. Stellen sich, wie alle Marienkäfer, bei Gefahr durch Einziehen von Beinen und Fühlern tot. Scheiden zur Abschreckung eine übel riechende und schmeckende, orangefarbene Körperflüssigkeit aus den Kniegelenken aus. Fortpflanzung über Larve und Puppe; die Käfer überwintern in der Bodenstreu oder auch in altem Gras.

Frühlingsmistkäfer

Geotrupes vernalis

M Körper gedrungen, stark gewölbt, 15–20 mm, glänzend schwarz; Flügeldecken mit feinen Punktreihen, Beine kräftig, bedornt.
V Wälder, Weiden, immer an Dung; Mai bis Oktober.
L Gräbt mit den kräftigen Beinen unter Dunghaufen Gänge, in denen an Dungballen je 1 Ei abgelegt wird. Die Larve ernährt sich von Dung und überwintert. Verpuppung im nächsten Frühjahr im Boden; der Käfer schlüpft im Frühsommer.

Feldmaikäfer

Melolontha melolontha

M Flügeldecken schokoladenbraun, längsfurchig; Kopf und Bruststück schwarz, Flanken des Hinterleibes mit weißen Dreiecksmarken; 18–30 mm. Fühlerende des ♀ mit 6, des ♂ mit 7 Lamellen.
V Laubbäume; Mai bis Juli.
L Fliegt v. a. abends, frisst tagsüber Blätter und Triebe. Eiablage im Boden; in 3–4 Jahren entwickelt sich die Larve (Engerling) über die Puppe zum Käfer. Larve gedrungen walzenförmig, bis 45 mm, hell cremefarben mit brauner, verhärteter Kopfkapsel; ernährt sich von Pflanzenwurzeln, was bei einem Massenauftreten zu Schäden führen kann. Die Art ist heute jedoch recht selten geworden.

Junikäfer

Amphimallon solstitiale

M Mit 12–18 mm merklich kleiner als der verwandte Maikäfer. Körper gelblich bis rotbaun, stark behaart; Flügeldecken mit 3 erhabenen Längsrippen, Fühlerfächer mit 3 Lamellen.
V Laubgehölze; April bis Juni.
L Frisst tagsüber Blätter, schwärmt in der Dämmerung. Die Larve entwickelt sich im Boden in 2 Jahren über eine Puppe zum Käfer.

Gartenlaubkäfer

Phyllopertha horticola

M Kopf, Halsschild, Hinterleib und Beine glänzend grünschwarz, 8,5–11 mm, behaart. Flügeldecken hellbraun, Fühler mit 3 Lamellen.
V Hecken, Feldgehölze; Mai bis Juni.
L Tag- und nachtaktiv, fliegt häufig. Der Käfer frisst Blätter verschiedener Laubgehölze, v. a. jedoch Blüten von Rosen und Kirschen. Die Larve entwickelt sich 2–3 Jahre im Boden, ernährt sich von Wurzeln der Kräuter und Gräser.

Rosenkäfer

Cetonia aurata

M Körper gedrungen, 14–20 mm, punktiert, glänzend metallisch grün bis bronzefarben; Flügeldecken mit flachen Längsrillen, im hinteren Bereich mit sehr variablen weißen Querstrichen. Die Flügeldecken bleiben während des Fluges geschlossen, die Hinterflügel werden durch seitliche, bogige Aussparungen entfaltet.
V Blühende Sträucher; Mai bis August.
L Als Nahrung dienen Pollen und Blütenblätter von Weißdorn, Heckenrose (Name!), Holunder, im Spätsommer auch Kohldistel-Blüten. Fliegt nur bei Sonnenschein. Eiablage in modrige Baumstümpfe, in deren Mulm sich die Larve über mehrere Jahre entwickelt.

Pinselkäfer

Trichius fasciatus

M Schwarzer, dicht wollig behaarter (Name!) Käfer mit sehr variabel gelbschwarz gefleckten Flügeldecken; 10–13 mm.
V Im Bergland, meist auf weißen Blüten; April bis September.
L Der Käfer bevorzugt Doldengewächse, Mädesüß, aber auch Weißdorn, Margeriten, Heckenrosen oder Liguster und verzehrt die verschiedensten Pflanzenteile. Eiablage in moderndes Laubholz, von dem sich die Larven während ihrer 2jährigen Entwicklung ernähren.

Hirschkäfer **G**

Lucanus cervus

M Unverwechselbar; Flügeldecken kastanienbraun, Kopf, Brust und Beine sind schwarz. Die Geschlechter unterscheiden sich deutlich:
♂ 35–75 mm, Oberkiefer zu geweihartigen Greifzangen (Name!) umgebildet;
♀ 30–45 mm, die Mandibeln (Oberkiefer) bilden 2 kräftige, leicht vorstehende Zangen.
V Laub- und Mischwälder, v. a. alte Eichenbestände; Mai bis August.
L Der Käfer ernährt sich von Pflanzensäften, die aus Rindenspalten oder Baumwunden hervortreten. Er ist trotz seiner Größe flugfähig. Bei Paarungskämpfen setzen die ♂ ihre mächtigen Greifzangen ein, um den Rivalen auf den Rücken zu drehen. Nach der Begattung legen die ♀ die Eier am Fuße oder in Stümpfe alter, morscher Eichen, wo die Larven 5–8 Jahre fressen; sie werden bis zu 11 cm lang und verpuppen sich in einer fast faustgroßen Puppenwiege.

Rothalsbock

Leptura rubra

M Körper schlank, Kopf, Fühler und Schenkel schwarz, Schienen und Füße rötlichbraun, Halsschild und die nach hinten sich verjüngenden Flügeldecken fein gepunktet, behaart. Geschlechter deutlich unterschieden: ♂ 8–10 mm, Halsschild schwarz, Flügeldecken gelbbraun, Fühler fast körperlang; ♀ 10–18 mm, Halsschild und Flügeldecken rot, Fühler reichen bis zur Körpermitte.

V Waldränder, Wiesen, auf Doldenblüten; Juni bis September.

L Tagaktiver, guter Flieger. Ernährt sich v. a. von Doldenblüten; kann wie viele Bockkäfer Töne erzeugen. Die Larve lebt in modrigem Holz und verrottenden Wurzeln von Nadelbäumen und trägt wesentlich zu deren Zersetzung bei. Entwicklungszeit 2 Jahre.

Widderbock

Clytus arietis

M Körper gestreckt, 6,5–14 mm, Halsschild und Flügeldecken variabel schwarz-gelb gefleckt (Wespenzeichnung!), gekörnt, gepunktet, behaart; Fühler kurz, bräunlich.

V Laubwälder; Mai bis Juli.

L Tagaktiv, an Blüten und geschnittenem Laubholz. Der Käfer ist sehr scheu, fliegt bei kleinsten Störungen weg. Die auffällige Zeichnung wird als »Wespenmimikry« aufgefasst. Die Nachahmung einer solchen Warntracht dient dem Schutz vor Fressfeinden. Die Larve lebt 2 Jahre in trockenen Ästen, erst unter der Rinde. Später frisst sie sich ins Holz, wo sie sich verpuppt; die Puppe überwintert.

Gefleckter Schmalbock

Strangalia maculata

M Körper sehr schmal, 14–24 mm, Fühler sehr lang. Die Flügeldecken verjüngen sich nach hinten, sind sehr variabel schwarz-gelb gefleckt (»Wespenmimikry«).

V Laubwälder, Blütenpflanzen der Waldränder; Mai bis September.

L Der Käfer bevorzugt Blüten der Doldenblütler, aber auch anderer, waldrandnaher Blütenpflanzen. Die Larve entwickelt sich im Holz morscher Pappeln, Weiden, Buchen und anderer Laubgehölze.

Kleiner Pappelbock

Saperda populnea

M Körper schlank, 9–15 mm; die Färbung variiert von Schwarz mit gelblicher Fleckung bis Gelbgrün mit schwarzen Makeln auf den Flügeldecken. Fühler deutlich geringelt, nicht ganz körperlang.

V Bevorzugt auf Pappeln (Name!); Mai bis Juli.

L Guter Flieger. Die Larvenentwicklung erfolgt meist in Zitterpappel-Ästen: Eiablage in eine vom ♀ genagte, hufeisenförmige Rinne, um die Gewebe wuchert, von dem sich die Larve ernährt.

Kleiner Zangenbock

Rhagium inquisitor

M Dunkelgrau-schwarzer, schmaler Käfer mit gelblich-rotbraunen Binden und Flecken; 12–22 mm. Halsschild seitlich bedornt, Flügeldecken nach hinten verjüngt, mit 2–4 Längsrippen.

V Laub- und Nadelwälder; April bis September.

L Der Käfer hält sich überwiegend hinter der Rinde abgestorbener Laub- und Nadelbäume auf. Zirpt bei Beunruhigung, wie fast alle Bockkäfer, recht laut. Larvenentwicklung unter der Rinde der Wirtsbäume; der Käfer schlüpft im Herbst und überwintert unter Rinde.

Schulterbock

Toxotus cursor

M Kräftiger, 15–30 mm langer, schwarzer Bockkäfer, die ♀ häufig mit rotbraunen Längsstreifen auf den Flügeldecken.

V Nadelwälder des Berglandes, Waldränder; Mai bis August.

L An sonnigen Tagen ist der Käfer an Blüten und Baumstümpfen zu beobachten. Larvenentwicklung v. a. im Totholz von Fichten.

Moschusbock

Aromia moschata

M Körper schlank und variabel metallisch goldgrün bis blauviolett gefärbt; 22–34 mm. Die langen Fühler entspringen vor den Augen, überragen den Hinterleib. Unverwechselbar.

V Auwälder, Feldgehölze, v. a. Weiden; Juni bis August.

L Überwiegend an Weiden, von deren Säften sich der Käfer ernährt. Bei Störung verströmt er ein übel riechendes Sekret (Name!). Eiablage, Larvenentwicklung und Verpuppung im Holz von Weiden, was bei starkem Befall zum Absterben der Wirtsbäume führen kann.

Veränderlicher Blattkäfer

Chrysomela varians

M Rundlicher Käfer, 8–10 mm, mit sehr variabler Färbung (Name!): metallisch schillerndes Blau, Grün, Rotbraun, Violett, Bronze.
V Fast überall in der gesamten Vegetation; Mai bis September.
L Käfer und Larven ernähren sich von den Blättern verschiedener Pflanzen; die Larvenentwicklung dauert nur 10–30 Tage, sodass während eines Jahres mehrere Generationen entstehen.

Erlenblattkäfer

Agelastica alnea

M Körper gedrungen, 6–7 mm, Flügeldecken nach hinten leicht verbreitert; Färbung glänzend schwarzblau, violett oder grünlich.
V In Erlenbeständen (Name!); Juli bis Oktober.
L Käfer und Larve leben an Erlenblättern (Lochfraß!). Die Verpuppung erfolgt im Boden; auch der Käfer überwintert dort.

Kartoffelkäfer

Leptinotarsa decemlineata

M Rundlich-hochgewölbter Körper, 6–13 mm, gelb mit je 5 schwarzen Streifen auf den Flügeldecken und variabel schwarz geflecktem Halsschild. Unverwechselbar.
V Nachtschattengewächse, v. a. Kartoffeln (Name!); Mai bis September. Zu Beginn des 20. Jahrhunderts von Kanada nach Europa eingeschleppt.
L Käfer und Larve ernähren sich von den Blättern der Kartoffel. Die Larve ist anfangs weinrot, später gelborange mit schwarzen Punkten und schwarzem Kopf. Nach wenigen Wochen Fraßzeit und anschließender Verpuppung im Boden schlüpft der Käfer; im Jahr können 3 und mehr Käfergenerationen schlüpfen und erhebliche Schäden verursachen.

Fichtenrüsselkäfer

Hylobius abietis

M Körper walzenförmig, 10–13 mm, Rüssel so lang wie Kopf und Halsschild zusammen; braun bis rostrot mit gelblicher, streifenförmiger Querpunktierung. Fühler zur Spitze hin keulig verdickt.
V Nadel- und Mischwälder; Mai bis September.
L Der Käfer frisst Knospen und Rinde von Nadelbäumen und kann große Schäden verursachen. Eiablage in abgestorbene Baumstumpfwurzeln, wo sich die Larve während 2 Jahren entwickelt.

Steinfliege

Perlodes spec.

M Bräunliches Insekt, oft mit gelber Fleckenzeichnung des Körpers, 6–25 mm; Flügel farblos bis gelblich, werden in Ruhe flach über den Rücken gelegt. 2 fühlerförmige Hinterleibsanhänge (Cerci).

V Saubere Fließgewässer, bis ins Gebirge; März bis September.

L Sehr alte Insektengruppe, bei uns mit etwa 100 Arten vertreten. Die Imagines fressen kaum, die Larven leben in sauberem Wasser auf und unter Steinen (Indikatoren für Gewässergüte!); sind auch als Fischnahrung von großer Bedeutung.

Große Eintagsfliege

Ephemera danica

M Körper sehr schlank, 15–24 mm, blass mit dunklen Ringen und kurzen Längsstreifen auf den hinteren Segmenten; 3 lange Cerci. Vorderflügel breit 3eckig. Hinterflügel viel kleiner, gerundet.

V Immer in der Nähe sauberer Gewässer; Mai bis August.

L Die Imagines fressen kaum. Die ♂ bilden zur Anlockung der ♀ große, auf- und absteigende Flugschwärme. Paarung im Flug, die ♂ sterben kurz darauf, die ♀ leben nur Stunden oder Tage (Name!). Eiablage ins Wasser. Die Larven durchleben in den 2 Jahren Entwicklungszeit je nach Umweltbedingungen 20–30 Larvenstadien.

Köcherfliege

Limnephilus spec.

M Schmaler, dunkler Körper, 6,5–12 mm, Fühler lang, fadenförmig. Vorderflügel bräunlich mit kurzen, helleren Querbändern, Hinterflügel breiter, heller, ungezeichnet; Spannweite 19–30 mm. Flügel fein behaart, Vorder- und Hinterflügel im Flug miteinander verbunden.

V An allen Fließgewässern; Mai bis November.

L Die Imagines sitzen tagsüber meist in der Vegetation, fliegen erst abends auf der Suche nach Geschlechtspartnern umher; fressen kaum, nehmen höchstens Wasser oder Nektar auf. Die Larven leben am Gewässergrund in einem selbst gesponnenen Köcher (Name!), der den weichhäutigen Hinterleib schützt.
Das Köchergespinst wird zur Beschwerung und Bodenhaftung je nach Art mit Pflanzenteilen (Foto), Sandkörnchen, Steinchen (Foto) oder Schneckenhäuschen beklebt. Der Köcher wird während der gesamten Entwicklungszeit vorne erweitert, die engeren, hinteren Teile entfernt. Auch die Verpuppung erfolgt im Köcher, die sehr bewegliche Puppe klettert dann zum Schlupf der Imago an Land.

Schlammfliege

Sialis lutaria

M Körper düster schwärzlich, 23–35 mm; Flügel trübbraun mit randseits ungegabelten Längsadern, in Ruhe dachförmig über dem Hinterleib zusammengelegt. Die Schlammfliegen bilden eine eigene systematische Ordnung, werden jedoch wegen gewisser Ähnlichkeiten hier zu den Netzflüglern gestellt.

V Seen, Teiche, Weiher; April bis Juni.

L Schwerfällige Flieger, sitzen meist in der gewässernahen Vegetation. Eiablage an über die Wasserfläche ragende Pflanzen; die Larve lässt sich nach dem Schlupf ins Wasser fallen, schwimmt frei umher, lebt dann im Bodenschlamm. Entwicklungszeit 2 Jahre.

Ameisenjungfer

Myrmeleon formicarius

M Schlanker, libellenähnlicher Körper, 45 mm. Flügel gleichförmig mit dichtem Netzgeäder (Ordnungsname!), Längsadern gegabelt; Flügel in Ruhe über dem Körper zusammengelegt. Fühler gekeult.

V Lichte, sandige Kiefernwälder; Mai bis Juli.

L Die Imago ruht tagsüber an Pflanzen, jagt Insekten. Eiablage in den Boden, Entwicklungsdauer 2–3 Jahre. Die Larve (»Ameisenlöwe«) verankert ihren kegelförmigen Hinterleib mit Beinen und Borsten im selbst gegrabenen Sandtrichter, fängt und verzehrt dort die Beute, v. a. Ameisen (Name!). Verpuppung während des 3. Jahres in einem Kokon im Sand, im Hochsommer schlüpft die Imago.

Gemeine Florfliege

Chrysoperla carnea

M Körper zart, schlank, 15–17 mm, grün, Augen goldgrün (»Goldauge«). Flügel irisierend mit grüner Aderung, alle 4 gleichförmig, können unabhängig voneinander bewegt werden. Während der Überwinterung Farbwechsel in ein zartes Rötlichbraun.

V Überall in der Vegetation, überwintert oft in Häusern; ganzjährig.

L Die Imago fliegt recht unbeholfen, meist in der Dämmerung; ernährt sich von Pollen und »Honigtau« der Blattläuse. Die ♀ setzen die lang gestielten Eier gruppenweise in der Nähe von Blattlauskolonien ab. Die bis 10 mm lang gestreckten, borstig behaarten Larven saugen die Blattläuse mit ihren Saugzangen aus. Die Larven mancher Arten tarnen sich mit leeren Blattlaushüllen oder Rindenstückchen. Verlieren sie diese Tarnung, werden sie von den Blattlaus bewachenden Ameisen aus der Kolonie entfernt. Die Verpuppung erfolgt in einem Gespinst in der Vegetation; 2 Generationen pro Jahr.

Kohlschnake

Tipula oleracea

M Körper schlank, 15–25 mm, Flügel schmal, wie der Körper grau-braun. Die langen Beine fallen bei unsanfter Berührung leicht ab.

V Wiesen, Felder, feuchte Wälder; April bis Oktober.

L Überwiegend nachtaktiver, schwerfälliger Flieger; nimmt wegen verkümmerter Mundwerkzeuge keine Nahrung zu sich, saugt auch kein Menschenblut, wie oft fälschlich angenommen wird. Eiablage in den Boden. Die Larven ernähren sich von Humus, z. T. auch von Pflanzenwurzeln; 1–2 Generationen pro Jahr.

Stechmücke

Culex pipiens

M Körper der graubraunen Mücke schlank, 8–10 mm, mit beschupptem Hinterleib; Flügel sehr schmal, Beine recht lang. Fühler der ♂ gefiedert; Mundwerkzeuge der ♀ stechend-saugend.

V Fast überall in der Nähe von Gewässern. ♀ überwintert gerne in Häusern, kann auch im Winter stechen; Mai bis September.

L Die ♂ sind harmlose Nektarsauger, die ♀ benötigen zur Eientwicklung Säugerblut. Sie stechen v. a. in der Dämmerung und bei trübem, schwülwarmem Wetter; bei der Suche nach Opfern orientieren sie sich an Geruch und Körperwärme. Die Eier werden in schwimmenden Eischiffchen aufs Wasser gelegt. Die bis 10 mm langen Larven hängen mit einem kurzen Atemrohr am Hinterleibsende unter der Wasseroberfläche, tauchen bei Gefahr zappelnd in die Tiefe, ernähren sich von Kleinstlebewesen im Wasser.

Großer Wollschweber

Bombylius major

M Körper gedrungen, 8–12 mm, dunkel mit hellbräunlicher Behaarung (Name!), erinnert an eine Hummel. Flügel in der vorderen Hälfte graubraun, sonst farblos; Rüssel lang, vorgestreckt.

V Waldränder, Feldgehölze; April bis Mai.

L Fliegt bei Sonnenschein, kann an der Stelle schweben, erzeugt dabei helle Flugtöne. Saugt mit dem langen Rüssel gerne Nektar, steht häufig rüttelnd vor der Blüte. Eiabwurf aus der Luft in die Nähe der Nester ihrer Larvenwirte (Erdbienen, solitäre Wespen), deren Larven sie fressen. Die Puppe gräbt sich mit Hilfe von Dornen und Borsten an die Erdoberfläche.

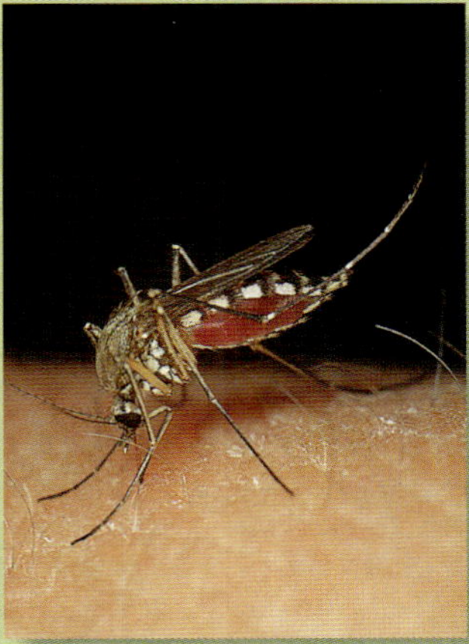

Rinderbremse

Tabanus bovinus

M Mit 18–25 mm eine der größten Fliegen Europas. Augen sehr groß, irisierend; Brust grau, Hinterleib braun mit helleren Dreiecken auf jedem Segment; Flügel braun getönt, ungezeichnet.

V Wassernahe Viehweiden, Almen, bis 2000 m; Mai bis August.

L Die ♂ saugen Blütensäfte, die ♀ Blut von Weidetieren, sehr selten von Menschen. Eiablage in sumpfige Böden; die Larve ernährt sich von anderen Kleintieren.

Regenbremse

Haematopoda pluvialis

M Körper grau, unbeborstet, 8–10 mm; der Kopf mit den großen Augen ist breiter als die anschließende Brust. Flügel grau gefleckt, in Ruhe dachartig über den Hinterleib gelegt.

V Feuchte Wiesen und Wälder; Juni bis September.

L Guter, schneller Flieger, der sich seinem Opfer fast unbemerkt nähert, sticht und Blut saugt (nur die ♀, die ♂ saugen Nektar). Die räuberisch lebenden Larven entwickeln sich in feuchten Böden.

Schnepfenfliege

Rhagio scolopaceus

M Schlanke, 13–18 mm lange Fliege mit dunkelgrau gestreifter Brust; Hinterleib hellbraun, in der Mitte dunkelbraun gefleckt. Flügel klar, meist bräunlich getönt mit dunklen Flecken; Augen groß, kugelig, oft grünlich schillernd.

V Laubmischwälder, Gärten; Mai bis August.

L Sitzt charakteristischerweise kopfabwärts mit gespreizten Beinen und angehobenem Vorderkörper an Baumstämmen; lebt vermutlich räuberisch. Eiablage in morsches Holz, in Mist oder Erde.

Raubfliege

Machimus atricapillus

M Kräftige, behaarte Fliege, 17 mm, mit schwarzem Kopf und großen, weit voneinander getrennten Augen. Flügel düster, werden in Ruhe über dem Rücken zusammengelegt.

V Waldränder, Lichtungen; Mai bis September.

L Lauert am Boden oder in der Vegetation auf vorbeifliegende Beute, ergreift sie im Flug mit den Beinen; kann mit ihren kräftigen Mundwerkzeugen sogar harte Käferflügel durchbeißen. Ihr Speichel enthält Gift und Verdauungsenzyme, die vorverdaute Beute wird aufgesogen. Die Larve (Made) lebt im Boden von Pflanzenresten.

Johannisbeerschwebfliege

Scaeva pyrastri

M Körper kräftig, 11–13 mm, Kopf mit beim ♂ weit vorgewölbter Stirn, Hinterleib markant schwarzweiß gezeichnet. Augen behaart.

V Wiesen, Felder; Mai bis Oktober.

L Steht oft im Schwirrflug (bis 300 Flügelschläge pro Sekunde) in der Luft, wechselt blitzschnell den Platz; saugt Pflanzensäfte, sorgt für die Bestäubung vieler Blüten. Eiablage in der Nähe von Blattlauskolonien. Die gelbgrünlichen, egelartigen Larven fressen v. a. nachts Blattläuse, tragen so erheblich zur Schädlingsreduktion bei; reagieren auf Insektizide sehr empfindlich. Entwicklungszeit 8 Tage.

Gemeine Winterschwebfliege

Episyrphus balteatus

M 10–11 mm große Schwebfliege mit rotgelben Fühlern, behaarter Stirn und schwarzgelber Hinterleibszeichnung (»Wespenmimikry«).

V Wiesen, Felder, v. a. an Doldenblütlern; März bis Oktober.

L Treten häufig in großer Zahl auf; die ♀ überwintern und fliegen auch an warmen Wintertagen (Name!). Die Larven ernähren sich von Blattläusen und Blattwespenlarven.

Mistbiene

Eristalis tenax

M 10–12 mm große, bienenähnliche Fliege mit herabhängenden Fühlern. Augen dunkel, berühren sich beim ♂ an der Kopfoberseite, beim ♀ sind sie getrennt. Der gelbbraun gemusterte Hinterleib ist unbeborstet und wird von den durchsichtigen Flügeln überragt.

V Wälder, Wiesen, Felder, Dörfer; Kulturfolger. Juni bis September.

L Fast immer auf Doldengewächsen; die ♀ werden vom Jauchegeruch nassen Mists oder gärender Dunghaufen angelockt, legen dort ihre Eier ab. Die Larven atmen mittels eines bis 40 mm langen Atemrohres des Hinterleibes (»Rattenschwanzlarven«), das sie teleskopartig zur Wasseroberfläche hin ausstrecken können. Sie fressen Schlamm und überwintern im Boden.

Gemeine Stubenfliege

Musca domestica

M Allbekannte, 6–9 mm große Fliege von grauer Farbe mit dunkleren Flecken auf Brust und Hinterleib. Körper und Beine beborstet, Augen groß, getrennt, rötlich; Rüssel leckend-saugend.

V Weltweit als Kulturfolger im Umfeld des Menschen; ganzjährig.

L Saugt organische Stoffe jeglicher Art, gilt daher als Krankheitsüberträger, da sie von Mist, Kot oder Aas kommend auf Lebensmitteln umherläuft. Ablage von jeweils 100–150 Eiern an faulende organische Stoffe. Die madenartigen Larven entwickeln sich rasch und verpuppen sich tönnchenförmig im Substrat; bis zu 5 Generationen pro Jahr sind möglich.

Graue Fleischfliege

Sarcophaga carnaria

M Hinterleib der 8–16 mm großen Fliege zugespitzt, schwarzweiß gefleckt; Brust hell-, dunkelgrau und schwarz gestreift. Augen rotbraun, Beine wie der Körper beborstet. Rüssel leckend-saugend.

V Oft in der Nähe des Menschen, auf Blumen und Mist; ganzjährig.

L Beide Geschlechter saugen an Blüten, aber ebenso an Exkrementen. Die ♀ suchen zur Eiablage Fleisch und Nahrungsreste, können daher auch Keime übertragen. Die weißlichen Maden entwickeln sich bei geeigneten Temperaturen bereits innerhalb 1 Woche; aus den Tönnchenpuppen schlüpfen kurz darauf die neuen Fleischfliegen; mehrere Generationen pro Jahr sind möglich.

Goldfliege

Lucilia caesar

M Metallisch grüngold glänzende, 8–12 mm große Schmeißfliege mit großen, roten Augen, die in der Mitte zusammenstoßen. Beine schwarz, wie der Körper beborstet; Flügelvorderrand leicht getönt.

V An Blüten und Aas; ganzjährig.

L Beide Geschlechter saugen an Blüten, ♀ auch an Exkrementen und Aas; auch sie können wie andere Aasfliegen Krankheitserreger übertragen. Eiablage in verwesende tierische Substrate, sogar in Wunden (z. B. bei Schafen). Auch bei dieser Art verläuft die Larvenentwicklung so rasch, dass mehrere Generationen pro Jahr möglich sind.

Gelbe Wiesenameise

Lasius flavus

M 3–5 mm lang, typische Ameisengestalt; Körper gelb bis rötlich, Fühler 12gliedrig; die Mandibeln (Oberkiefer) sind sehr breit.

V Bauten in Wiesen, Gärten, an Wegrändern; April bis Oktober.

L Legt v. a. für Wurzelläuse »Ställe« an, um Nahrung von ihnen zu erhalten: den von den Läusen abgegebenen, zuckerreichen Honigtau, der als Nahrungsüberschuss ausgeschieden wird.

Schwarze Wegameise

Lasius niger

M 2–5 mm lang, ähnlich der oben beschriebenen Gelben Wiesenameise, jedoch Körper braun bis dunkelbraun; Fühler ebenfalls 12gliedrig. Geflügelte Geschlechtstiere 10–12 mm.

V Bauten an Weg- und Ackerrändern, in Wiesen; April bis Oktober.

L Lebt in enger Beziehung mit der Schwarzen Bohnenwurzellaus, schützt diese gegen Marienkäfer und andere Feinde. Entwicklung wie bei der unten beschriebenen Roten Waldameise.

Rote Waldameise G

Formica rufa

M 5–9 mm lang, ♂ schwarz, ♀ rotbraun, typische Ameisengestalt; Verbindungsstiel zwischen Hinterleib und Brust durch aufrecht stehende Schuppe gekennzeichnet.

V Überwiegend in Nadelwäldern; April bis Oktober.

L Lebt in großen Bauten mit bis zu 100 000 Individuen. Einmal im Jahr entstehen geflügelte ♂ und ♀, treffen sich beim Hochzeitsflug zur Paarung. Danach sterben die ♂, die befruchteten ♀ (Königinnen) gründen neue Kolonien und legen Eier. Daraus schlüpfen ungeflügelte Arbeiterinnen. Diese erweitern den Bau, suchen Nahrung und kümmern sich um Larven und Puppen. Allesfresser, vernichten viele Schadinsekten.

Sandwespe

Ammophila sabulosa

M 16–28 mm lang, schwarz, am Hinterleib rot gefärbt; Stiel zwischen Brust und Hinterleib gleichmäßig zylindrisch, erste Hinterleibssegmente dünn, stielartig.

V In Lebensräumen mit sandigem Boden; April bis Oktober.

L Baut Nestkammer im Boden; dort wird eine gelähmte Schmetterlingsraupe mit 1 Ei versehen. Die schlüpfende Larve lebt von der Raupe und wird noch mit weiteren Raupen versorgt.

Hornisse

Vespa crabro

M 19–35 mm lang. Kopf und Brust braunrot, Hinterleib gelb gezeichnet; Flügel glasig bräunlich, überragen etwas den Hinterleib.

V Bevorzugt in Wäldern, nimmt aber auch Nestbaumöglichkeiten in der Nähe menschlicher Behausungen an; April bis Oktober.

L Nest meist in Baumhöhlen, unter Dachbalken oder Dachvorsprüngen; die Waben werden aus einem intensiv gekauten Speichel-HolzGemisch hergestellt. Es wird im Frühjahr von einem ♀ begonnen, dann von den ersten schlüpfenden Arbeiterinnen vollendet. Ca. 600 Individuen bilden ein Volk, nur die befruchteten ♀ überwintern.

Deutsche Wespe

Paravespula germanica

M 15–27 mm lang, Hinterleib und Brust gelb gezeichnet, beim ♀ und den Arbeiterinnen Schläfen völlig gelb, beim ♂ Stirn mit gelbem Fleck. Der Unterrand der Augen berührt fast die Mundwerkzeuge.

V In offenem Kulturland und auch in Wäldern; April bis Oktober.

L Ernährt sich von Früchten und Nektar, die Larven werden mit erbeuteten Insekten gefüttert. Befruchtete ♀ überwintern und gründen im Frühjahr eine neues Volk. Nest meist unterirdisch in Feldern; die Individuenzahl steigt bis zum Herbst auf einige 10 000. Zu dieser formenreichen Gattung gehört auch die sehr ähnliche Sächsische Wespe *(Dolichovespula saxonica)*, die aber gerne in Dachböden, Scheunen und an anderen geschützten Stellen ihre typischen Ballonnester baut.

Feldwespe

Polistes gallicus

M 12–25 mm lang, Hinterleib und Brust fein behaart; der Hinterleib verjüngt sich allmählich zum Brustabschnitt hin und weist eine typische »brillenähnliche« Zeichnung auf.

V Auf Wiesen, Feldern und in Gärten; April bis Oktober.

L Nest meist in Mauerspalten, zwischen Steinen oder an Zweigen; nur wenige Waben ohne Umhüllung sind mit einem kurzen Stiel an der Unterlage befestigt. In ihnen entwickeln und verpuppen sich die Larven. Im Herbst entstehen Königinnen und ♂. Während die befruchteten Königinnen überwintern, um im Frühjahr neue Nester zu bauen, sterben alle übrigen Individuen ab.

Erdhummel
Bombus terrestris

M 15–20 mm lang. Brust vorne mit deutlich abgesetzter heller Binde; sonst schwarz, am Hinterleib meist auch noch hellere Binde; Hinterleibsende weiß behaart.
V April bis Oktober. Auf Wiesen, Feldern und in Wäldern.
L Nest v. a. in Erdbauten (u. a. in Mäusegängen). Larven entwickeln sich in Wachskammern; Volk besteht aus 200–400 Individuen; nur die befruchteten ♀ überwintern, alle anderen sterben im Herbst.

Ackerhummel
Bombus pascuorum

M 15–20 mm. Brust oben gelbbraun behaart, ohne eine schwarze Binde; 2. und 3. Hinterleibssegment ganz oder teilweise schwarz, die Hinterleibssegmente 4 bis 6 gelbrot behaart.
V In offenem Gelände, auf Wiesen und Feldern; April bis Oktober.
L Bauten in Erdhöhlen, häufig auch oberirdisch in Vogelnestern, an Gebäuden und in Scheunen. Im Frühsommer schlüpfen sehr kleine Arbeiterinnen, später größere Arbeiterinnen, im Juli die ♂, später die ♀. Ernährt sich und ihre Larven von Blütenpollen und Honig.

Steinhummel
Bombus lapidarius

M 15–20 mm. Einfarbig schwarze Brust, Hinterleib schwarz, 4. bis 6. Segment tief rot behaart, Hinterleibsende mit rundem, fast kahlem Feld; Flügel glasig, leicht bräunlich getönt.
V In allen Lebensräumen mit Blütenpflanzen; April bis Oktober.
L Man findet das Nest in Steinhaufen, Felsspalten o. Ä. Wie bei allen Staaten bildenden Hummeln werden Nestbau und Larvenversorgung von unfruchtbaren ♀, den sog. Arbeiterinnen, übernommen.

Honigbiene
Apis mellifera

M 15–21 mm. Körper braun, fast überall behaart; Fühler kurz; Flügel bräunlich glasig. Am hinteren Beinpaar befindet sich ein »Sammelapparat« für den Transport der gesammelten Blütenpollen.
V In allen Lebensräumen mit Nektar und Pollen bietenden Pflanzen in der Umgebung des heimischen Stockes; April bis Oktober.
L Hoch entwickelter Staat mit bis 50 000 Individuen. Die Königin legt über mehrere Jahre Eier. Daraus entwickeln sich meist unfruchtbare ♀ (Arbeiterinnen), einmal im Jahr ♂ (Drohnen). Verständigung durch Tanzsprache, die Richtung und Entfernung der Nektarquelle angibt.

Apollofalter G

Parnassius apollo

M Spannweite 40–70 mm. Hinterflügel mit 2 roten, oft weiß gekernten Augenflecken mit schwarzem Rand; beide Flügelpaare weißlich grau mit schwarzen Flecken. Raupe samtschwarz mit kleinen stahlblauen Warzen, an der Seite mit orangeroten Flecken.

V Fliegt von Ende Juni bis August in 1 Generation; bevorzugt an sonnigen Hängen, in Gebirgstälern und auf Bergwiesen der Alpen; saugt gern auf Distelblüten.

L Raupe lebt meist versteckt an Weißer Fetthenne *(Sedum album)*, frisst jedoch nur im Sonnenschein. Verpuppung in einem losen Gespinst am Boden. Die Eier überwintern. Der Falter fliegt langsam, ist wenig scheu. Sehr selten geworden.

Schwalbenschwanz G

Papilio machaon

M Spannweite 60–80 mm. Grundfarbe gelb, am Rand der Vorderflügel 2 parallel verlaufende schwarze Bänder, dazwischen gelbe Mondflecken; Adern schwarz betont. Hinterflügel mit Schwanzfortsätzen; parallel zum gebuchteten Außenrand ein blauschwarzes Band, am Innenwinkel ein rötlicher bis rostbrauner Augenfleck. Raupe grün mit schwarzroten Querbändern.

V Eifriger Blütenbesucher in offenem, hügeligem Gelände; 2 Generationen von April bis Mai und Juli bis August.

L Fliegt sehr schnell, ♂ bilden oft kleinere Trupps. Eiablage einzeln an Doldenblütlern, in Gärten an Möhre. Die Herbstpuppen überwintern.

Segelfalter G

Iphiclides podalirius

M Spannweite 50–80 mm. Bleichgelb, schwarze Flügelsäume ohne Mondflecken; Vorderflügel mit 6–7, Hinterflügel mit 1 dunklen Querbande; lange Schwanzfortsätze an den Hinterflügeln; Analfleck orange und blau, 2teilig. Raupe grün mit gelblichen Seitenstreifen und gleichfarbiger Rückenlinie.

V Fliegt in offenem Gelände und an sonnigen Hängen in 1 Generation von Mai bis Juni; südlich der Alpen 2 Generationen.

L Die Falter sind hervorragende Flieger (Name). Sie brauchen Wärme und kommen deshalb nur regional vor; die Zerstörung ihrer Lebensräume hat sie noch seltener gemacht. Eiablage einzeln an Schlehen, Weißdorn und Pflaume. Die Puppe überwintert.

Großer Kohlweißling

Pieris brassicae

M Spannweite 60–70 mm. Flügel weiß, Spitzen der Vorderflügel bis über die Mitte des Außenrandes hinweg schwarz; beim ♀ zudem 2 schwarze Flecken. Unterseite der Hinterflügel gelblich, einfarbig, dunkel überstäubt. Raupe blaugrün mit gelben Flecken und Streifen und schwarzen Punkten. Puppe gelbgrün mit schwarzen Punkten.

V Weit verbreitet in Gärten, auf Feldern, Wiesen und an Waldrändern. Kommt in 2–3 Generationen von April bis Oktober vor.

L Die Eier werden in Gruppen von 200–300 an der Unterseite von Kohl-Arten abgelegt; Raupen schlüpfen nach 4–10 Tagen, bis zur Verpuppung 3–4 Wochen. Puppe an Häusern oder im Freiland; die Puppen der 2. oder 3. Generation überwintern.

Rapsweißling

Pieris napi

M Spannweite 40–50 mm. Gelblich weiße Flügel; im Spitzenbereich der Vorderflügel grau überschattet; beim ♂ im Vorderflügel 1 schwarzer Fleck, beim ♀ 2 Flecken. Unterseite der Hinterflügel mit grüngrau überschatteten Adern. Raupe mattgrün mit gelb umrandeten Atemöffnungen; Puppe grün oder grau.

V Auf Feldern, in Gärten, auf Wiesen, Kahlschlägen, in Gebirgstälern. 2 Generationen von April bis Oktober.

L Die sehr farbvariablen Falter sind eifrige Blütenbesucher. Eier werden einzeln an Kreuzblütlern abgelegt. Die Raupen schlüpfen nach 4–6 Tagen, verpuppen sich nach 2–3 Wochen; die Puppe der letzten Jahresgeneration überwintert.

Baumweißling

Aporia crataegi

M Spannweite 60–70 mm. Flügel pergamentartig, dünn beschuppt, weiß mit schwarzen, auffallenden Adern. Raupe haarig, grau, breit rotbraun längs gestreift.

V In offenem Gelände; fliegt von Mai bis Juli in 1 Generation.

L Eiablage an der Blattunterseite von Obstbäumen und Weißdorn; Raupen überwintern in einem Nest aus zusammengesponnenen Blättern, werden ab April wieder aktiv und verpuppen sich ab Mai. Der Falter galt früher als gefürchteter Schädling an Obstbäumen, kommt heute aber nur noch selten vor.

Aurorafalter

Anthocaris cardamines

M Spannweite 40–50 mm. Flügel weiß mit gleichmäßig verdunkelten Vorderflügelspitzen, dahinter beim ♂ leuchtend orangerot bis etwa zur Flügelmitte. Unterseite der Hinterflügel gelbgrün gefeldert. Raupe blass blau- bis graugrün, seitlich mit weißlichem Streifen; Puppe anfangs grün, färbt sich später braun.

V Auf Wiesen, Feldern und an Waldwegen. Es kommt 1 Generation von April bis Juni vor.

L Der Falter saugt meist längere Zeit Nektar an Blüten. Eiablage an Blattunterseiten von Wiesenschaumkraut *(Cardamine pratensis*; s. Artname des Falters *A. cardamines)* und anderen Kreuzblütlern. Nach etwa 2 Wochen schlüpfen die Raupen; nach 5wöchiger Entwicklungsdauer Verpuppung; die Puppe überwintert.

Zitronenfalter

Gonepteryx rhamni

M Spannweite 50–60 mm. Geschweifte Flügelform mit scharfer Ecke; beim ♂ zitronengelb, beim ♀ gelbweiß; in beiden Flügelpaaren zentral ein orangefarbener Punkt. Raupe schlank, grün mit hellem Streifen an der Körperseite; Puppe grün mit spitzem Kopfende.

V In freiem Gelände, bevorzugt in Waldnähe anzutreffen. 1 Generation, aber in 3 Flugzeiten über das Jahr verteilt.

L Die Falter schlüpfen im Juli, verfallen nach wenigen Wochen in eine Sommerruhe, um im Herbst wieder zu fliegen. Sie überwintern dann meist frei an einem Ast hängend und erwachen im zeitigen Frühjahr zur dritten Flugperiode, in der auch die Paarung stattfindet. Die Eiablage erfolgt an Faulbaum oder Kreuzdorn; die Raupenentwicklung dauert ca. 3–7 Wochen. Kennzeichnend für die Raupen ist ihr Fressverhalten: Zunächst werden Löcher in die Blätter gefressen, später werden die Blätter vom Rand aus verzehrt.

Goldene Acht

Colias hyale

M Spannweite 45–50 mm. Grundfarbe beim ♂ gelb, beim ♀ gelbweiß; Randbereich der Vorderflügel schwarz mit hellen Flecken, im Zentrum ein schwarzer Fleck. Die Hinterflügel weisen eine gelborangefarbene 8 auf. Fühler und Flügelfransen rot. Die Raupen sind grün.

V Auf Kleefeldern und Trockenrasen. Kommt in 2(–3) Generationen von April bis Oktober vor.

L Der Falter gilt als rastloser Flieger, beim Blütenbesuch saugt er allerdings sehr lange an einer Blüte. Die Eier werden an Klee und anderen Schmetterlingsblütlern abgelegt, wo dann die Raupen von Mai bis September anzutreffen sind. Die Raupen der letzten Generation überwintern.

Nierenfleckzipfelfalter

Thecla betulae

M Spannweite 38–42 mm. Braune Flügel, beim ♀ im Vorderflügel orangefarbener, nierenförmiger Fleck (Name), beim ♂ lediglich ein heller Wisch. Die Unterseite ist rotgelb mit teilweise doppelter weißer Querlinie. An den Hinterflügeln ein kleines Schwänzchen (»Zipfel«). Raupe grün mit doppeltem gelbem Rückenstrich und braunem Kopf.

V In Obstgärten, Mischwäldern, Parks, Friedhöfen und Ziergärten. Kommt in 1 Generation von Juli bis Oktober vor.

L Tritt meist vereinzelt auf, in manchen Jahren in Obstgärten häufiger. Die Eiablage erfolgt an Pflaume und Schlehe. Die braune Puppe entwickelt sich in 10–22 Tagen zum fertigen Falter.

Dukatenfalter G

Heodes virgaureae

M Spannweite 35–40 mm. Flügeloberseite des ♂ feurig rotgold glänzend, der Flügelsaum samtschwarz; das ♀ ist bei rotgoldenem Grund schwarz gefleckt; bei beiden Geschlechtern sind die Flügelunterseiten gelbbraun, schwarz und weiß gefleckt; die weißen Flecken sind quer verwischt. Raupen gedrungen, asselförmig, dunkelgrün, mit gelben Längslinien und schwarzem Kopf.

V In lichten Wäldern, auf Wiesen und an Waldrändern. Kommt in 1 Generation von Juni bis August vor.

L Besucht sehr gerne Blüten von Disteln, Kreuzkraut und Wasserdost. Eiablage an Ampfer-Arten; die Raupen schlüpfen im April und verwandeln sich im Juni zu einer braunen Puppe.

Gemeiner Bläuling

Polyommatus icarus

M Spannweite 25–35 mm. ♂ oben blauviolett, Flügelrand mit dunklem Saum und hellen Fransen; die Zeichnung der Unterseite scheint leicht durch. ♀ dunkelbrau, oft blau bestäubt, mit rotgelben Saumflecken und grauen Fransen. Unterseite bei beiden Geschlechtern (Foto: Paarung) pastellig blau bis graubraun mit weißem Längswisch vor den rotgelben Saumflecken; die Unterseite der ♀ mehr bräunlich mit kräftigeren Saumflecken. Raupen asselförmig, grün, mit dunkelgrüner Rücken- und weißlicher Seitenlinie.

V Sehr verbreitet auf allen Wiesentypen. Kommt in 2–3 Generationen von Mai bis September vor.

L Besucht sehr eifrig Blüten, häufig auch beim Saugen an feuchten Wegstellen anzutreffen. Eiablage an Schmetterlingsblütlern, dort auch die Raupenentwicklung. Raupen der Herbstgeneration überwintern.

Großer Schillerfalter **G**

Apatura iris

M Spannweite 70–80 mm. Grundfarbe dunkelbraun, beim ♂ bei entsprechendem Lichteinfall blau schillernd. Vorderflügel weiß gefleckt; Hinterflügel mit weißer Binde (mit spitzem Zahn), am Innenwinkel ein Augenfleck. Raupen anfangs bräunlich, später grün mit gelblichen Streifen und blauen Kopfhörnern.

V In feuchten Laub- und Auenwäldern sowie an Gewässerufern. Fliegt in 1 Generation von Juni bis August.

L Häufig an feuchter Erde auf Waldwegen, gerne auch an tierischen Exkrementen, v. a. an Pferdemist anzutreffen; saugt dort sehr lange und verliert dabei die sonst übliche Scheu. Eiablage an Weiden- oder Pappelblättern; die Raupen überwintern. Ähnlich ist der Kleine Schillerfalter *(A. ilia)*. Er ist aber wärmeliebender, und sein Vorkommen ist ganz an Zitterpappeln *(Populus tremula)* gebunden, auf denen die Raupen fressen.

Kleiner Eisvogel G

Limenitis camilla

M Spannweite 50–60 mm. Flügeloberseite schwarz mit weißer, schwarz geaderter Fleckenbinde. Flügelunterseite bunt mit blaugrüner, rostroter und weißer Fleckung. Raupe grün mit einer Doppelreihe rotbrauner Dornzapfen und rotem Kopf. Die Puppe ist grün, mit Metallflecken und Hörnern.

V In feuchten Laubwäldern, meist nur einzeln unterwegs. Fliegt in 1 Generation von Juni bis August.

L Selten an Blüten anzutreffen, meist an feuchten Bodenstellen, an Kot und Baumwunden. Eiablage an Heckenkirsche oder Geißblatt; die Raupen überwintern und sind von Juni bis Mai anzutreffen.

Trauermantel G

Nymphalis antiopa

M Spannweite 70–80 mm. Samtartig schwarzbraune Flügel mit gezacktem Rand; Randbereich gelb gefärbt, dahinter eine blaue Fleckenreihe. Die Flügelunterseite ist schwarz bis dunkelgrau. Raupe schwarz mit rostroten Rückenflecken.

V In allen Waldtypen, bevorzugt in Gewässernähe. Fliegt von (März) April bis September in 1 Generation.

L Saugt gerne an Säften von verletzten Bäumen oder an überreifem Obst, kaum an Blüten. Der Falter überwintert in Höhlen oder Astlöchern, um bereits im zeitigen Frühjahr wieder zu fliegen. Die Eiablage erfolgt an Birken, Weiden, Pappeln oder Ulmen, wo man auch die gesellig lebenden Raupen von Mai bis Juni antreffen kann.

Tagpfauenauge

Inachis io

M Spannweite 45–65 mm. Beide Flügelpaare braunrot mit großem blauschwarzem Augenfleck. Flügelunterseiten schwarzbraun mit helleren und ockerfarbenen Bändern. Raupe ist schwarz mit weißen Punkten, bedornt. Puppe graugrün, mit goldglänzenden Flecken.

V Noch recht häufig an Waldrändern, in Parks und in Gärten anzutreffen. Fliegt in 2 Generationen fast das ganze Jahr über.

L Nach der Überwinterung auf Dachböden, in Kellern und anderen hausnahen Verstecken fliegen die Falter bereits wieder im zeitigen Frühjahr. Sie sind häufige Blütenbesucher, sehr gerne auf Disteln. Die Eiablage erfolgt an Brennnesseln, von denen sich die Raupen ernähren. Sie leben zunächst in einem gemeinsamen Gespinst in den Wipfelblättern, später einzeln.

Admiral

Vanessa atalanta

M Spannweite 50–60 mm. Grundfarbe Schwarz mit roter Schrägbinde im Vorderflügel, im Hinterflügel eine rote Saumbinde. Im Spitzenbereich der Vorderflügel weiße und bläuliche Flecken. Die Unterseite der Hinterflügel ist braungelb gemustert, die Vorderflügelunterseiten ähneln der Oberseite. Raupen dunkel, variabel gefärbt.

V In Gärten, Parks, Obstgärten, an Waldrändern und anderen offenen Geländeformen. Fliegt in 2 Generationen von Mai bis Oktober.

L V. a. an überreifem Obst und blutenden Bäumen anzutreffen. Gehört zu den Wanderfaltern; die 1. Generation kommt im Mai über die Alpen aus dem Süden zu uns. Die Eiablage erfolgt an Brennnesseln. Die neue Faltergeneration wandert wieder nach Süden ab, geht aber meist auf der Wanderschaft zugrunde.

Distelfalter

Vanessa cardui

M Spannweite 50–60 mm. Die Flügel sind hell-ziegelrot, dunkel gefleckt; Spitzenbereich der Vorderflügel ist schwarz mit weißen Flecken. Unterseite der Vorderflügel ist bunt rosarot, gelbgrün, rotbraun, schwarz und weiß gefärbt, Unterseite der Hinterflügel zeigt ein Landkartenmuster mit auffallenden, fein gerandeten Augenflecken. Raupen sehr variabel gefärbt, typisch sind viele verzweigte Dornen am ganzen Körper, die auf hellen Längsstreifen angeordnet sind. Puppe grau-braun mit goldglänzenden Flecken.

V Auf Feldern, Wiesen und in anderen offenen Landschaften, nicht in Wäldern. Fliegt in 2 Generationen von Mai bis Oktober.

L Die Art ist ein Wanderfalter, die im Mai bei uns einwandert. Nach der Paarung entwickelt sich die neue Generation spätestens bis September und versucht dann im Oktober die Alpenüberquerung Richtung Süden. Meist erfrieren die Falter allerdings in den Bergen. Der Falter ist ein eifriger Blütenbesucher, saugt aber auch gerne an Fallobst. Eiablage und Raupenentwicklung bevorzugt an Disteln.

Kleiner Fuchs

Aglais urticae

M Spannweite 45–55 mm. Feurig rotbrauner Falter mit hellen und schwarzen Flecken, besonders am Vorderrand der Vorderflügel. Bei beiden Flügelpaaren sind die körpernahen Bereiche dunkel, der Rand geeckt, mit blauen Randflecken versehen. Raupen schwarz mit gelben Längsstreifen und Dornen; Puppe mit Metallflecken.

V Fliegt in allen offenen Landschaften und ist noch häufig anzutreffen. Kommt in 2–3 Generationen von Mai bis Oktober bei uns vor.

L Die Falter überwintern in Höhlen, Kellern und auf Dachböden; sie fliegen bei günstigem Wetter oft schon im März. Saugen gerne an Blüten, auch an Fallobst. Die Eiablage erfolgt an Brennnesseln, wo sich die Raupen – meist vergesellschaftet – entwickeln.

C-Falter

Polygonia c-album

M Spannweite 45–50 mm. Flügelränder auffallend gezackt und besonders am Hinterrand der Vorderflügel stark geschwungen; Flügeloberseite rotbraun mit schwarzen Flecken. Unterseiten der Flügel farbvariabel, auf dem Hinterflügel ein mehr oder weniger deutliches weißes C-Zeichen (Name!). Raupe braun mit rotgelben Dornen; Kopf schwarz, Rücken z. T. weiß; täuscht Vogelkot vor (Mimikry).
V In Wäldern und Gärten anzutreffen. Die Falter fliegen in 2 Generationen von Mai bis Oktober.
L Besucht v. a. Blüten. Ist in Ruhestellung mit zusammengeklappten Flügeln sehr gut getarnt. Das ♀ legt im Frühjahr die Eier einzeln an Brennnesseln, Ulmen, Haseln u. a. ab; die Raupen entwickeln sich bis Juni/Juli zur 1. Generation, die 2. Generation erscheint ab August und überwintert als Falter.

Landkärtchen

Araschnia levana

M Spannweite 30–40 mm. Es gibt 2 unterschiedlich gefärbte Generationen (Saisondimorphismus): Die Frühjahrsform (April bis Juni) ist auf der Flügeloberseite rotbraun mit schwarzen und weiß-gelben Flecken; die Sommerform (Juli bis August) hat schwarze Flügel mit weißen und rötlichen Fleckenbinden. Entsprechend sind auch die Flügelunterseiten verschieden gefärbt (im Foto jeweils darunter). Die Raupe ist braunschwarz und dornig; am schwarzen Kopf 2 größere Dornen.
V Die 2 Generationen kommen von April bis August vor; sie bevorzugen feuchte Wälder, Parks und schattige Wiesenränder.
L Die Falter sind Blütenbesucher. Das ♀ legt säulenförmige Eipakete an die Unterseite von Brennnesselblättern. Die Raupen leben zunächst gesellig, später einzeln. Die Puppe der Frühlingsgeneration überwintert. Die saisonbedingte Variabilität ist von der Tageslichtmenge und der Temperatur gesteuert.

Kaisermantel

Argynnis paphia

M Spannweite 65–80 mm. ♂ orangebraun mit dunklen Flecken und Strichen; auf 4 Adern der Vorderflügel befinden sich dunkle Duftschuppenwülste. ♀ etwas größer, blasser, bräunlich bis grüngrau. Hinterflügel-Unterseite grünlich bis kupferfarben, mit durchgehendem Silberband und am Vorderrand 2 silberne Halbstreifen. Raupe bräunlich mit schwärzlichen und gelblichen Flecken, 2 orangegelben Rückenstreifen und rotbraunen Dornen; am Kopf 2 schwarze, besonders lange Dornen.

V Auf Waldwiesen, Lichtungen, an Waldwegen und Waldrändern. Kommt in 1 Generation von Juni bis August vor.

L Besucht v. a. Distelblüten und andere Korbblütler. Die Duftschuppen des ♂ dienen beim komplizierten Balzspiel dazu, das ♀ paarungsbereit zu machen. Die Eier werden an der Rinde von Kiefern und Fichten abgelegt und überwintern. Die Raupen schlüpfen noch im Herbst, überwintern klein und suchen im Frühjahr ihre Futterpflanzen (Veilchen) auf. Verpuppung meist im Mai.

Großer Perlmutterfalter

Argynnis aglaja

M Spannweite 50–65 mm. Flügel rotorange mit schwarzen Flecken. Kennzeichnend die Unterseite der Hinterflügel: sie ist im körpernahen Bereich grünlich mit unscharf umgrenzten Silberflecken; am Außensaum keine Augenflecken. Raupe schwarz mit doppelter heller Rückenlinie und roten seitlichen Flecken.

V Bevorzugt Waldränder, Waldwiesen, Kahlschläge. Kommt in 1 Generation von Juni bis August vor.

L Besucht bevorzugt Blüten von Disteln, oft in großer Zahl. Das ♀ legt rotbraune Eier an verschiedenen Pflanzen, bevorzugt an Veilchen, ab; die Raupen schlüpfen im August, entwickeln sich bis Spätherbst und überwintern. Im Frühjahr Weiterentwicklung und Verpuppung.

Braunfleckiger Perlmutterfalter

Clossiana selene

M Spannweite 40–45 mm. Flügel rotbraun mit schwarzen Flecken. Kennzeichend die Unterseite der Hinterflügel: in der körpernahen rostbraunen Binde befindet sich ein schwarzer Fleck; im Mittel- und Saumbereich helle und schwarze Flecken; Grundfarbe gelblich-beige. Raupe schwarzbraun hell punktiert und rotbraun gefleckt.

V In lichten Wäldern, bevorzugt auf Kahlschlägen und an Wegen; fliegt in 2 Generationen von Mai bis Juni und Juli bis September.

L Die Falter sind Blütenbesucher. Die hellgrünen, längs gerillten Eier werden bevorzugt an Veilchen abgelegt, wo auch die Raupenentwicklung erfolgt. Ein Teil der Raupen der 1. Generation entwickelt sich zur 2. Generation, die anderen überwintern. Die Raupen der 2. Generation überwintern grundsätzlich, sodass im folgenden Jahr Nachkommen zweier verschiedener Generationen heranwachsen.

Wachtelweizenscheckenfalter

Melitaea athalia

M Spannweite 35–45 mm. Flügeloberseite rotbraun, schwarz gegittert. Unterseite der Hinterflügel gelblich mit schwarz eingefassten, bogig verlaufenden gelb- bis rotbraunen Binden. Raupe schwarz, mit weißen Flecken und gelben Dornen; gelbgrüne Warzen an den Seiten.

V Fliegt gerne auf Waldwegen, Kahlschlägen und an Waldrändern. Kommt in 2 Generationen von Mai bis September vor.

L Das ♀ legt die Eier bevorzugt auf Wachtelweizen (Name), an Wegerich und Fingerhut ab, wo sich die Raupen entwickeln und verpuppen.

Schachbrett

Melanargia galathea

M Spannweite 45–55 mm. Schachbrettartig schwarzweiß gemusterte Flügel; Unterseite mit Augenflecken. Vorderbeine sehr stark verkümmert. Raupe grün oder sandfarben, fein behaart, mit rötlichen Afterspitzen, oft eine dunkle Rückenlinie.

V Auf Waldwegen, an Waldrändern, Bahndämmen und buschigen Hängen. Fliegt in 1 Generation von Juni bis August.

L Besucht verschiedene Blüten, v. a. Disteln und Skabiosen. Die Eiablage erfolgt an verschiedenen Pflanzen, z. T. lässt sie das ♀ frei aus der Luft fallen. Die Raupen fressen nachts an verschiedenen Gräsern; sie überwintern und verpuppen sich dann Mitte Juni des folgenden Jahres.

Weißbindiger Mohrenfalter

Erebia ligea

M Spannweite 45–55 mm. Dunkelbraune Flügel mit rotbrauner Augenfleckenbinde im äußeren Bereich; am Flügelrand schwarzweiß gescheckte Fransen. Unterseite der Hinterflügel mit dunkler Binde, am Vorderrand ein weißer Fleck. Raupe gelbbraun.

V Fliegt bevorzugt in Wäldern; 1 Generation von Juni bis August.

L Die Falter fliegen im Halbschatten unserer Wälder; Flug ist relativ langsam; sie besuchen Blüten. Das ♀ legt gelbliche Eier; die Raupen schlüpfen entweder im selben Jahr, oft aber überwintern die Eier, und die Raupe schlüpft im nächsten Frühjahr. Eine 2. Überwinterung der Raupen ist möglich, sodass die Verpuppung erst im 2. Jahr erfolgt; die Puppe liegt frei auf dem Boden.

Großes Ochsenauge

Maniola jurtina

M Spannweite 45–60 mm. ♂ mit graubraunen Flügeloberseiten, beim ♀ ein braunorangefarbenes Feld auf den Vorderflügeln. Beide Geschlechter haben im Vorderflügel einen kleinen Augenfleck: beim ♂ blind, beim ♀ weiß gekernt. Auf der Unterseite der Flügel fällt der Augenfleck deutlicher aus. Es gibt viele farbvariable Rassen. Die Raupe grün und gestreift, mit Augenflecken auf dem Kopf.

V Auf Wiesen, in lichten Wäldern, an Waldrändern und in Parks. Fliegt in 1 Generation von Juni bis August.

L Besucht verschiedenste Blüten. Die Eier werden frei abgelegt; die Raupen schlüpfen nach etwa 3 Wochen, leben tagsüber versteckt, nachts fressen sie an Gräsern. Sie überwintern und verpuppen sich im Mai des folgenden Jahres.

Waldbrettspiel

Pararge aegeria

M Spannweite 45–50 mm. Dunkelbraune Flügel mit bandförmig angeordneten, blassgelben Flecken im äußeren Bereich. Im Vorderflügel 1 weiß gekernter Augenfleck, im Hinterflügel 3–4. Kennzeichnend auch der zackig gewellte Hinterflügelsaum. Flügelunterseiten dunkel marmoriert, auf dem Vorderflügel ebenfalls 1 Augenfleck. Raupe hellgrün, mit dunklem, weiß gesäumtem Rückenstrich und 2 weißen Strichen an den Seiten.

V In halbschattigen Wäldern von April bis September; 2–3 Generationen sind üblich.

L Fliegt langsam flatternd von Blüte zu Blüte, sonnt sich auch sehr häufig auf Waldwegen und Blättern. Die Raupen entwickeln sich an verschiedenen Gräsern; die letzte Raupengeneration überwintert.

Rostfarbener Dickkopffalter

Ochlodes venatus

M Spannweite 25–30 mm. Flügel rostbraun, auf den Vorderflügeln dunkle Querbänder und helle Flecken, Unterseite der Hinterflügel bräunlich grau, bei ♂ zusätzlich mit von Duftschuppen gebildetem, schwarzem Schrägstrich. Fühler keulig, leicht sichelartig gebogen; sehr große Augen, dadurch dick wirkender Kopf (Name!).

V Auf Wiesen, Feldern und Waldlichtungen. Kommt in 1–2 Generationen von April bis Mai und Juli bis August vor.

L Schneller, schwirrender Flug, meist in Bodennähe; besucht v. a. Blüten, saugt auch an feuchten Bodenstellen. Eiablage an Hornklee und Kronwicke; die Raupen überwintern.

Gelbwürfeliger Dickkopffalter

Carterocephalus palaemon

M Spannweite 25–30 mm. Schwarze Flügel mit braungelben Flecken. Raupe blassgrün, hell und dunkel gestreift.

V Auf Waldwiesen, an Waldrändern und in Schonungen. Fliegt in 1 Generation von Mai bis Juni.

L Schnell fliegend, besucht Blüten. Eiablage erfolgt an Gräsern wie Trespe und Zwenke. Die Raupen überwintern.

Malvenwürfelfleckfalter

Pyrgus malvae

M Spannweite 20–22 mm. Auf dem dunklen Grund der Flügel zahlreiche weiße Würfelflecken; auf den Vorderflügeln fließen sie manchmal zusammen. Flügelfransen gescheckt.

V V. a. auf sonnigen Waldwegen; 1 Generation von April bis Juni.

L Schwirrender Flug wie bei den oben beschriebenen Dickkopffaltern. Eiablage und Raupen an Fingerkraut und Erdbeere.

Erdeichelwidderchen

Zygaena filipendulae

M Spannweite 30–35 mm. Schimmernde schwarzgrüne Vorderflügel mit 6 rundlichen, roten Flecken und dichter Beschuppung. Hinterflügel rot, schwarz gerandet. Fühler keulenförmig. Raupe gelbgrün mit fein behaarten, schwarzen Warzen. Puppe in pergamentartigem, länglichem Kokon (Foto).

V Hält sich gerne an sonnigen Hängen auf und besucht Blüten, bevorzugt Disteln. 1–2 Generationen von Juni bis August.

L Die Eier werden vom ♀ an Schmetterlingsblütlern abgelegt, wo sich auch die Raupen entwickeln; Verpuppung an Grashalmen.

Windenschwärmer

Herse convolvuli

M 90–110 mm. Vorderflügel asch- bis blaugrau meliert, Hinterflügel schwarzgrau gebändert. Der Hinterleib ist oben rosa und schwarz gebändert. Raupe sehr variabel in Farbe und Zeichnung; grünliche und bräunliche Formen; verschiedenfarbige Diagonalstreifung. Schwarzes, gebogenes Horn am Körperende.

V In allen freien Landschaften. Wanderfalter, der im Mai bis Juli zuwandert; die 2. Generation tritt von August bis Oktober auf.

L Die Zuwanderung erfolgt aus dem Süden. Fliegt sehr schnell und besucht eifrig Blüten, v. a. Petunien, Phlox und Tabak. Die Eiablage erfolgt an Ackerwinde, wo sich auch die Raupenentwicklung vollzieht. Die 2. Generation ist bei uns unfruchtbar.

Totenkopfschwärmer

Acherontia atropos

M Spannweite 90–120 mm. Dem Namen entsprechend Brust mit totenkopfähnlicher Zeichnung. Vorderflügel schwarzbraun mit hellerer Marmorierung; Hinterflügel und Hinterleib gelb mit schwarzen und blauen Bändern. Raupe grün, seltener graubraun, vorn und hinten gelb; am Rücken und an den Seiten blaugelb-schwarze Winkelstreifen; Horn rau und S-förmig gekrümmt.

V Fliegt in allen offenen Landschaften. Wandert ab Mai aus dem Süden ein, die 2. Generation fliegt September bis Oktober.

L Der Falter ist ein Honigräuber und dringt in Bienenstöcke ein. Er saugt aber auch Baumsäfte. Zirpt bei Störung. Die Raupenentwicklung erfolgt meist an Kartoffelkraut oder anderen Nachtschattengewächsen, aber auch an Arten anderer Pflanzenfamilien wie Schneebeere oder Liguster.

Ligusterschwärmer

Sphinx ligustri

M Spannweite 80–100 mm. Vorderflügel rostbraun mit schwarzen Aderstrichen und schwarzbrauner Verdunkelung; Hinterflügel schwarz-rosa gebändert. Hinterleib rot und schwarz gefleckt. Raupe grün mit 7 weiß-lilafarbenen seitlichen Schrägstreifen; gelb-schwarzes, deutlich gekrümmtes Horn.

V In offenem Gelände, Parks, Gärten und Waldlichtungen. Kommt von Mai bis Juli in 1 Generation vor.

L Fliegt sehr schnell; saugt mit fast körperlangem Saugrüssel an Blüten. Das ♀ legt die Eier v. a. an Liguster, Flieder und Esche ab. Die Raupen entwickeln sich dort, die Puppe überwintert im Boden. Typisch für die Raupen dieser Art – aber auch anderer Schwärmer – ist die Sphinx-Haltung (Name) in Ruhe- oder Abwehrstellung (Foto).

Abendpfauenauge

Smerinthus ocellata

M Spannweite 65–90 mm. Körper und Vorderflügel rötlich grau mit braunen Schattierungen; am Innenwinkel der Vorderflügel eine stumpfe Auszahnung. Hinterflügel rot mit schwarzem, blau gekerntem Augenfleck. Auf der Rückenseite des Brustbereiches ein dunkelbraunes Band. Raupe meist bläulich grün mit weißlichen Schrägstreifen und schwach gekrümmtem, blauem Horn.

V In offenen Landschaften, bevorzugt in Gewässernähe. Fliegt in 1 Generation von Juni bis August.

L Wird sehr stark von Licht angezogen und fliegt deshalb oft in erleuchtete Räume. Nimmt keine Nahrung zu sich. Die Augenzeichnung auf den Hinterflügeln ist eine sog. Schrecktracht, die Fressfeinde beim plötzlichen Vorziehen der Vorderflügel abschrecken soll. Die Eier werden an Weiden, Pappeln oder Apfelbäumen abgelegt; die Raupen verpuppen sich im Herbst, die Puppe überwintert in der Erde.

Pappelschwärmer

Laothoe populi

M Spannweite 60–90 mm. Graue bis braune Flügel mit welligen, bräunlichen Querlinien; in den Vorderflügeln ein heller Punkt, am Innenwinkel der Hinterflügel ein brauner Fleck. Der Flügelsaum ist gezähnt. Raupe blau- oder gelbgrün mit 7 hellen seitlichen Schrägstreifen und grünem Horn; nimmt oft gekrümmte Haltung ein.

V In freier Landschaft mit Pappelbeständen. Fliegt in 1 Generation von Mai bis August, selten auch 2 Generationen möglich.

L Fliegt sehr schnell; sitzt tagsüber an der Rinde von Bäumen; dabei werden die Hinterflügel rechtwinklig abgespreizt, die Vorderflügel stehen schräg nach hinten. Die Eiablage und Raupenentwicklung erfolgen an Pappeln oder Weiden, die Verpuppung im Boden.

Lindenschwärmer

Mimas tiliae

M Spannweite 60–80 mm. Schmale Vorderflügel mit bogiger »Ausnagung« am Außenrand; Grundfarbe grün, seltener bräunlich, mit variabler dunkler Mittelbinde, die oft auch in Flecken aufgelöst ist. Hinterflügel ungefleckt. Der Rüssel ist sehr schwach ausgebildet. Raupe körnig grün, mit 7 gelb(roten) Schrägstreifen an den Seiten; Horn oberseits blau.

V In Parks, Laubwäldern und Gärten. 1 Generation von Mai bis Juli.

L Sehr schneller Flieger, der im »Stehflug« an Blüten Nektar saugt. Das ♀ legt die Eier an Linden und anderen Laubgehölzen ab; die Raupen verpuppen sich im Boden und überwintern dort.

Wolfsmilchschwärmer G

Hyles euphorbiae

M Spannweite 60–70 mm. Gelbgraue Vorderflügel mit olivgrünen Flecken und Binden. Hinterflügel und Körperunterseite rosarot; Flügelwurzel schwarz, Innenwinkel mit weißem Fleck. Raupe schwarz, gelb und rot gefleckt, fein weiß gepunktet; Kopf, Beine und Rückenlinie rot; Horn rotschwarz.

V Sonnige, trockene Hänge, Wegränder. 1 Generation im Juni/Juli, nur in warmen Jahren eine 2. im September.

L Die Falter sind Blütenbesucher. Manche wandern auch aus dem Mittelmeerraum zu uns ein. Eiablage an Wolfsmilch-Arten, wo sich auch die Raupen entwickeln; Verpuppung im Boden, Puppe überwintert.

Mittlerer Weinschwärmer

Deilephila elpenor

M Spannweite 50–65 mm. Vorderflügelrand rosa, die restliche Flügelfläche mit olivgrünen Bändern, die in Rosarot übergehen. Die Hinterflügel sind rot mit schwarzem Wurzelfeld. Raupe schwärzlich, oft grün, dunkel gesprenkelt; am Körperende ein kurzes Horn; große Augenflecken am Vorderleib.

V In lichten Wäldern, häufiger in offenem Gelände und Gärten. Fliegt in 1 Generation von Mai bis Juni, seltener August/September.

L Schneller Flieger, der v. a. in der Dämmerung Blüten besucht. Die Eiablage erfolgt an Weidenröschen, Labkraut, Weinreben, Fuchsien u. a. Die Raupe wird bis 8 cm groß und beeindruckt durch ihre Schreckhaltung (Foto), wobei der Oberkörper angehoben und der Kopf abgesenkt wird, um die Augenflecken zu präsentieren und damit Fressfeinde abzuschrecken. Die glatte, braune Puppe liegt in einem lockeren Gespinst im Falllaub am Boden oder knapp unter der Erdoberfläche und überwintert.

Taubenschwänzchen

Macroglossum stellatarum

M Spannweite 40–50 mm. Körper und Vorderflügel grau mit Querbinden; Hinterflügel gelbbraun, im Saumbereich geschwärzt. Den Hinterleib kennzeichnet ein breites Afterbüschel. Raupe grün oder rötlich braun, hell längs gestreift; blaues Afterhorn mit brauner Spitze.

V An Waldrändern, auf Lichtungen und in Gärten. 2(–3) Generationen von Mai bis November sind üblich.

L Fliegt tagsüber pfeilschnell von Blüte zu Blüte (gern auch an Balkongeranien), um – im Schwirrflug wie ein Kolibri vor der Blüte stehend – Nektar zu saugen; auffallend ist der lange Rüssel. Die Falter sind als sehr gute Flieger Zuwanderer aus Südeuropa, denen die Überwinterung in unseren Breiten nicht gelingt. Das ♀ legt die Eier an Labkraut, wo man auch die Raupen findet.

Kleines Nachtpfauenauge

Eudia pavonia

M Spannweite 55–80 mm. ♀ grau mit rötlicher Tönung im Spitzenbereich der Vorderflügel; ♂ bräunlich, Hinterflügel rostgelb. Bei beiden Geschlechtern auf beiden Flügelpaaren ein großer Augenfleck auf weißem Grund zwischen 2 gewellten Querbinden. Fühler beim ♂ kammförmig, beim ♀ kammartig gezähnt. Raupe anfangs schwarz, später grün; gelbe Warzen auf schwarzen Querbändern.
V In Wäldern und offenen Landschaften. 1 Generation von April bis Mai ist üblich; in manchen Jahren häufig anzutreffen.
L Die Falter fliegen tagsüber; sie können wegen des rückgebildeten Rüssels keine Nahrung aufnehmen. Eiablage und Raupenentwicklung erfolgen an niedrigen Sträuchern und Zwergsträuchern wie Heidekraut, Himbeeren, niedrigen Weiden und verschiedenen anderen Pflanzen. Die Puppe ruht in einem Kokon; dieser ist flaschenförmig und hat einen nur nach außen zu öffnenden Reusenverschluss, der ein Eindringen für Feinde unmöglich macht.

Nagelfleck

Aglia tau

M Spannweite 55–70 mm. Die Grundfarbe des ♂ ist ockergelb, das ♀ etwas blasser; beide Geschlechter mit schwarzer geschwungener Binde vor dem dunkleren Flügelsaum. Beide Flügelpaare mit schwarzblauem Augenfleck, dessen Zentrum mit weißer Nagel- bzw. T-Zeichnung (Name). Fühler beim ♂ kammförmig, beim ♀ nur verdickt und beborstet. Raupe jung mit 5 langen gegabelten Rückendornen, erwachsen grün, mit hellen Schrägstreifen und einem rotgelben Seitenfleck am 4. Segment.
V Kommt fast ausschließlich in Buchenwäldern vor; 1 Generation von April bis Mai.
L Die ♂ Falter fliegen tagsüber auf der Suche nach den ♀ durch lichte Buchenwälder. Die ♀ halten sich am Boden auf und fliegen nachts zur Eiablage in die Baumkronen. Die Raupen ernähren sich von den Wipfelblättern der Buchen, aber auch von anderen Laubbäumen; sie verpuppen sich in einem Bodengespinst.

Eichenspinner

Lasiocampa quercus

M Spannweite 55–75 mm. ♂ dunkel rotbraun, etwas kleiner als das gelbbraune ♀. Beide Geschlechter mit saumwärts breiter werdender gelber Binde in beiden Flügelpaaren; die Vorderflügel noch mit hellem Fleck, die Hinterflügel mit gelben Fransen. Die Raupen sind bräunlich behaart, der Kopf braun und schwarz.

V 1 Generation von Juni bis August; in Wäldern und auf Heiden.

L Der Falter nimmt keine Nahrung zu sich. Die ♂ fliegen tagsüber auf der Suche nach ♀. Die Eier werden im Flug abgegeben; die Raupen leben an Laubgehölzen oder an Heidekraut. Sie überwintern, entwickeln sich im nächsten Jahr zum Falter, oder die Puppe überwintert nochmals im eirunden Kokon im Boden.

Brauner Bär

Arctia caja

M Spannweite 50–70 mm. Vorderflügel dunkelbraun mit weißen Bändern, Hinterflügel rotbraun mit blauschwarzen Flecken. Fühler beim ♂ gekämmt, beim ♀ eher fädig. Raupe schwarz, die Rückenhaare schwarz mit grauen Spitzen, Seitenhaare rostrot.

V In Wäldern und auf Wiesen. 1 Generation von Juli bis August.

L Ausschließlicher Nachtflieger. Die auffällige Färbung dient als sog. Schrecktracht; bei Gefahr werden die Vorderflügel sofort nach vorne geklappt und lassen die dunklen Augenflecke zur Abschreckung erscheinen. Die Raupen leben auf verschiedenen Nahrungspflanzen. Die Puppe überwintert in einem feinen Haargespinst.

Schönbär

Callimorpha dominula

M Spannweite 40–55 mm. Vorderflügel schwarzgrün glänzend mit weißen und 2 gelben Flecken; Hinterflügel rot, v. a. im Außenbereich mit schwarzen Flecken. Hinterleib rot mit schwarzem Rückenstreif. Raupe schwarz mit schwarz gestrichelten, gelben Flecken.

V Bevorzugt feuchte Waldstellen oder gewässernahe Waldschluchten. Fliegt in 1 Generation im Juli.

L Die Falter fliegen sowohl tags als auch nachts Blüten an. Wie beim oben beschriebenen Braunen Bär ist die auffällige Färbung auch hier als Schreck- oder Warntracht zu verstehen, da die Falter bei Gefahr eine übel schmeckende Flüssigkeit absondern. Die Raupen entwickeln sich an Vergissmeinnicht und Schlüsselblumen.

Mondvogel, Mondfleck

Phalera bucephela

M Spannweite 60–70 mm. Vorderflügel silbergrau, am Ende mit gelbbraunem, rundem Fleck (Name); Hinterflügel einheitlich gelbweiß. Vorderbrust gelblich. Beim ♂ gezähnte Fühler mit paarigen Wimperbüscheln. Raupe walzenförmig, schwarzbraun, quer und längs gelb und orange gestreift, mit langen weißen Haaren.

V In Laubwäldern und buschigem Gelände. Kommt in 1 Generation von Mai bis August vor.

L Ruht tags mit zusammengeklappten Flügeln an kleinen Ästchen, ist dadurch hervorragend getarnt, da er einem trockenen Ästchen täuschend ähnlich sieht. Die Raupen leben an Laubbäumen, im Jugendstadium in der Regel gesellig; Verpuppung im Boden.

Großer Gabelschwanz

Cerura vinula

M Spannweite 55–75 mm. Kräftiger Falter mit weißlich grauem, dunkel gepunktetem Körper. Vorderflügel durchscheinend weißlich, mit tief gezackter äußerer Querbinde; Hinterflügel beim ♀ dunkelgrau, beim ♂ heller. Raupe jung schwarz, später grün; auf dem Rücken mit weiß eingefasstem grauem Nacken- und Sattelfleck; das 1. Segment ist rot gerandet, mit 2 schwarzen Flecken; das 3. Segment mit pyramidalem Buckel; lange Schwanzgabel.

V In offenem Gelände mit Pappel- und Weidenbeständen. Tritt in 1 Generation von Mai bis Juli auf.

L Die Falter nehmen keine Nahrung zu sich. Die Raupe lebt an Pappeln und Weiden und nimmt bei Gefahr eine typische Abwehrhaltung ein (Foto). Dabei hebt sie den Vorderkörper an, zieht den Kopf weitgehend ein und presst aus den Hinterleibsgabeln dünne, rote Fäden. Gleichzeitig spritzt sie aus dem 1. Segment eine säurehaltige Flüssigkeit, die den Angreifer abschreckt.

Streckfuß, Rotschwanz

Dasychira pudibunda

M Spannweite 40–60 mm. Vorderflügel weißgrau, dunkel bestäubt, meist mit mehreren dunklen Querbändern; schwarzgraue bis schwarze Exemplare kommen vor. Die ♂ sind etwas kleiner als die sehr trägen ♀. Kennzeichnend die in Ruhehaltung nach vorn ausgestreckten Vorderbeine (Name!). Raupe grüngelb bis graubraun mit schwarzen Segmenteinschnitten; Rückenbürsten gelb, Afterpinsel rot (Name).

V In Laubwäldern – bevorzugt Buchenwälder – und Parks. Von April bis Juni fliegt 1 Generation, selten eine 2. im September.

L Die ♂ dieses Falters gelten als starke Lichtflieger. Die Eiablage und Raupenentwicklung erfolgen an Buchen, die Puppe überwintert in einem Gespinst am Boden.

Schlehenbürstenspinner

Orgyia antiqua

M Spannweite 22–30 mm. Die Vorderflügel des ♂ sind dunkelbraun, schwach gebändert, mit weißem Mondfleck am Innenwinkel; die Hinterflügel sind rostbraun. Bei den ♀ sind die Flügel auf winzige Stummel reduziert. Raupe mit Rückenbürsten und Haarpinseln.

V In lichten Wäldern und Freigelände mit Baumbestand. Kommt in 2 Generationen von Juli bis September vor.

L Die ♂ fliegen tagsüber; die ♀ verlassen zeitlebens nicht ihren Puppenkokon, aus dem sie schlüpfen, und legen dort auch die Eier ab. Die Raupen fressen an verschiedensten Laubgehölzen.

Nonne

Lymantria monacha

M Spannweite 35–55 mm. Vorderflügel mit weißen Zickzackbinden, Hinterfügel einfarbig grau. Beim ♀ ist der Hinterleib rosa mit schwarzen Segmentbändern und spitzer Legeröhre. Schwarze Formen kommen vor. Beim ♂ sind die Fühler deutlich doppelkammzähnig. Raupen grau bis schwarz mit hellem, rautenförmigem Fleck auf dem Rücken und behaarten Warzen.

V Bevorzugt in Nadelwäldern; 1 Generation von Juli bis August.

L Die ♂ sind aktive Tagflieger, die ♀ sind sehr träge und fliegen kaum. Sie legen die Eier unter die Rinde von Nadelbäumen, aus denen die Raupen erst im nächsten Jahr schlüpfen. Sie ernähren sich von den Nadeln. In manchen Jahren kann es bei massenhaftem Auftreten der Nonne zu einer starken Schädigung der Bäume kommen.

Rotes Ordensband

Catocala nupta

M Spannweite 70–80 mm. Vorderflügel dunkelgrau mit unregelmäßig gezackter Querbänderung. Die Hinterflügel sind rot mit stark unregelmäßigen, dunklen Binden; der Flügelsaum ist weiß. Die Raupen sind in Form und Farbe rindenartig und schwer zu entdecken.

V In Wäldern mit Pappel- und Weidenbeständen. Es kommt nur 1 Generation von Juli bis September vor.

L Tagsüber ruhen die Falter an Baumrinden; sie sind durch ihre Färbung hervorragend getarnt. Bei Störung werden die Vorderflügel blitzartig nach vorne geklappt, sodass das Rot der Hinterflügel erscheint. Der Fressfeind wird dadurch erschreckt und der Falter kann in schnellem Fluge fliehen. Nachts saugen die Falter gerne an gärendem Obst. Die Eier werden an Pappeln und Weiden abgelegt; nach Überwinterung schlüpfen im nächsten Frühjahr die Raupen.

Blaues Ordensband

Catocala fraxini

M Spannweite 80–100 mm. Vorderflügel wie beim oben beschriebenen Roten Ordensband rindenartig grau mit Querbänderung. Hinterflügel schwarz mit einer blassblauen Mittelbinde und weißem Fransensaum. Raupe rindenartig grau gefärbt.

V In Auenwäldern, Parks und offenen Landschaften mit Baumbestand. Kommt in 1 Generation von August bis Oktober vor.

L Sitzt tags gut getarnt an Rinden; saugt Pflanzensäfte. Aus den an Eschen und Pappeln abgelegten Eiern schlüpfen nach der Überwinterung im Frühjahr die Raupen, die trotz ihrer enormen Größe wegen ihrer Tarnfärbung kaum zu entdecken sind.

Hausmutter

Noctua pronuba

M Spannweite 50–60 mm. Variabel, dunkelbraun bis gelb gefärbte Vorderflügel, selten auch graubraun gemustert; meist sind angedeutete Querstreifen und ein dunkler Fleck erkennbar. Die Hinterflügel sind gelb mit schwarzem Saumband. Raupe graugelb oder grün mit blassen Linien und dunklen Schrägstrichen und Punkten.

V Fliegt in 1 Generation von Juni bis September in allen Waldtypen und offenen Geländeformen.

L Die Falter besuchen als Nektarsauger Blüten, sind tags allerdings meist versteckt, sehr oft in Häusern (Name!). Die Raupen entwickeln sich an verschiedenen Pflanzen in der Bodenvegetation; sie überwintern und verpuppen sich im Frühjahr in einer Bodenhöhle.

Messingeule
Plusia chrysitis

M Spannweite 30–35 mm. Vorderflügel am Rand gezackt, violett-braun mit 2 breiten, messingfarbenen Querbinden; Hinterflügel einfarbig graubraun. Brust und Hinterleib mit sog. Rückenschöpfen.
V In offenem Gelände; 1(–2) Generation(en) von Mai bis September.
L Die Falter besuchen Blüten. Die Raupen leben v. a. an Nesseln und Lippenblütlern; sie verpuppen sich in einem lockeren Gespinst.

Achateule
Phlogophora meticulosa

M Spannweite 40–50 mm. Vorderflügelsaum schräg, buchtig gezähnt; Grundfarbe der Vorderflügel blassgelblich, im Mittelfeld dunkler grünlich, V-förmige Zeichnungen aus Querbändern. Hinterflügel hell, im Saumbereich mit dunklen Linien. Raupe grün mit feiner, heller Tüpfelung und dunklen Schrägstreifen.
V Offene Geländeformen. 2 Generationen von April bis Oktober.
L Die Art ist ein Wanderfalter, der aus dem Süden im Frühsommer bei uns zuwandert. Die bei uns entstehende Generation zieht teilweise zurück. Die Raupen entwickeln sich an verschiedenen krautigen Pflanzen; manche überwintern bei uns.

Gammaeule
Autographa gamma

M Spannweite 35–40 mm. Vorderflügel grauviolett, schwärzlich meliert; im Flügelzentrum ein silberfarbenes Gamma-Zeichen. Hinterflügel graugelb mit dunklem Saum.
V In offenem Gelände; oft in Massen. Fliegt von Mai bis Oktober, mehrere Generationen sind möglich.
L Die Falter fliegen tags und nachts, besuchen Blüten. Sie wandern aus dem Süden bei uns ein, können evtl. auch hier überwintern. Eiablage und Raupenentwicklung an verschiedenen Pflanzen.

Königskerzenmönch
Cucullia verbasci

M Spannweite 40–45 mm. Vorderflügel braungelb, am Vorderrand verwaschen braun, am Hinterrand dunkelbraun. Hinterflügel weißlich mit bräunlichem Saum. Kapuzenartiger Haarschopf hinter dem Kopf (Name!). Raupe dick, bläulich weiß mit schwarzen und gelben Flecken.
V In freiem Gelände; 1 Generation von Mai bis Juni.
L Fliegt im Lebensraum der für die Raupenentwicklung notwendigen Königskerzen. Die Raupen sind sehr auffallend.

Birkenspanner

Biston betularia

M Spannweite 40–65 mm. Flügel weiß, dunkel gefleckt; auch schwärzliche Exemplare kommen vor. Raupe grün oder braun, zweigähnliche Gestalt mit herzförmigem Kopf.

V Laubwälder und Parks. 1 Generation von Mai bis August.

L Ruht tags bevorzugt – kaum erkennbar – an Birken oder flechtenbewachsenen Baumstämmen. Die Schwärzlinge traten im letzten Jahrhundert erstmals in englischen Industriegebieten auf, wo sie an verschmutzten Bäumen besser getarnt waren. Man bezeichnet diese Anpassung als Industriemelanismus. Die Raupen fressen an Birke und anderen Laubgehölzen.

Grünes Blatt

Geometra papilionaria

M Spannweite 45–55 mm. Der gesamte Falter ist grün, die Flügel sind durch weißliche, in Flecken aufgelöste Wellenlinien gekennzeichnet. Raupe grün mit gelblicher Seitenlinie und roten Höckern.

V Bevorzugt in lichten Wäldern. 1 Generation von Juni bis August.

L Dämmerungs- und nachtaktiv, wird von Lichtquellen angelockt. Die Eier werden an Erlen und Birken abgelegt, sie überwintern; im Frühjahr schlüpfen die Raupen.

Brennnesselzünsler

Eurrhypara hortulata

M Spannweite 25–30 mm. Kopf und Brust ockergelb, Hinterleib schwarz; Flügel weiß mit dunkelgrauen bis bräunlichen Flecken.

V In Wäldern und Gärten. 1 Generation von August bis September.

L Tagsüber meist in der Bodenvegetation versteckt; fliegen häufig an künstliche Lichtquellen. Raupenentwicklung in zusammengesponnenen Blättern von Brennnessel, Minze und Ziest; sie überwintern und verpuppen sich im Frühjahr des nächsten Jahres.

Federgeistchen

Pterophorus pentadactylus

M Spannweite 25–30 mm. Schneeweiß, die Vorderflügel in 2, Hinterflügel in 3 »Federn« gespalten. Beine und Hinterleib lang und dünn.

V In offenem Gelände; von Mai bis August in 1 Generation.

L Fliegt bei Sonnenuntergang und nachts. In Ruhehaltung werden die Flügel zusammengerollt und rechtwinklig abgespreizt, die Hinterbeine breit nach hinten gestreckt. Die Raupe lebt v. a. an Ackerwinden; sie überwintert und verpuppt sich im folgenden Jahr.

Gemeiner Seestern

Asterias rubens

M Durchmesser 20–50 cm. 5 kurze runde Arme, die sich zur Basis hin etwas verengen und in die so genannte Scheibe übergehen; die in verbreiterten Scheibchen endenden Saugfüßchen stehen 4reihig in Furchen der Unterseite. Körperoberfläche aus regelmäßig strukturiertem Kalkskelett; Färbung variabel von rotbraun bis dunkelviolett.

V Nordsee und westliche Ostsee. Kommt in Tiefen bis 200 m vor.

L Häufigste Seestern-Art dieser Meere. Läuft mit den Saugfüßchen, kann sich damit auch sehr festsaugen. Frisst vorwiegend Muscheln und Schnecken, kann auf Miesmuschelbänken schädlich werden.

F Die Tiere sind getrenntgeschlechtlich und vermehren sich über Schwimmlarven, die als Plankton im freien Wasser schwimmen.

Strandseeigel

Psammechinus miliaris

M Durchmesser bis 3,5 cm. Schale nur schwach gewölbt, grünlich; die Stacheln sind dunkelgrün mit violetten Spitzen. Im Zentrum der Unterseite ein 5zähniger Kauapparat; Saugfüßchen in Reihen über die ganze Kugel hinweg, beginnend an der Mundöffnung bis zum oben im Zentrum liegenden After.

V Nordsee und westliche Ostsee in 1–100 m Tiefe.

L Lebt überwiegend zwischen Seegras, von dem er sich auch ernährt; nimmt aber auch kleine Tiere und Algen zu sich. Bewegt sich langsam und kriechend mit Hilfe der Saugfüßchen und Stacheln.

F Getrenntgeschlechtlich; im Frühling und Sommer werden die Eier abgelegt, aus denen die Schwimmlarven schlüpfen.

Herzigel

Echinocardium cordatum

M Bis 5 cm lang. Das violette, sehr zerbrechliche Gehäuse ist oval bis eiförmig und mit feinen Stacheln besetzt. Mundöffnung anders als beim oben beschriebenen Strandseeigel zum Vorderteil der Unterseite hin verschoben; ohne Kauapparat.

V Bevorzugt Tiefen zwischen 5–6 m in der Nordsee.

L Lebt in einer 15–20 cm tiefen Sandröhre, deren Wände mit Schleim verklebt sind. Filtert aus dem Wasser kleinste organische Partikel, sog. Detritus, heraus.

F Vermehrung wie beim oben beschriebenen Strandseeigel.

Dornhai

Squalus acanthias

M Bis 1 m lang. An der Vorderseite beider Rückenflossen befindet sich ein Stachel (Name!); die 1. Rückenflosse steht gegenüber der Mitte zwischen Brust- und Bauchflossen. Oberseite blaugrau mit weißlichen Flecken. Kiemenspalten sind klein.

V In der Nordsee sehr häufig, in der Ostsee nur als Irrgast. Das Fleisch kommt als Schillerlocken oder Seeaal in den Handel.

L Ernährt sich von Fischen und wirbellosen Tieren.

F Während des Sommers werden 6–20 Jungtiere lebend geboren; sie sind dabei bereits etwa 25 cm lang.

Nagelrochen

Raja clavata

M ♂ bis 70 cm, ♀ bis 125 cm lang. Rumpf abgeplattet; über Rücken und Schwanz stehen 3 Reihen großer Dornen mit glatter Basalplatte. Rücken grau mit dunklen oder hellen Flecken; der Bauch weiß; die Ränder der Brustflossen und Bauchflossen schwarz.

V Nordsee und westliche Ostsee; sehr häufig.

L Schwimmt mit den flügelartigen Brustflossen meist in Grundnähe. Ernährt sich von Fischen, Krebsen und Weichtieren.

F Die 4eckigen, lederartigen Eier haben an beiden Enden je 2 lange Hörner; sie werden einzeln auf dem Grund abgelegt.

Hering

Clupea harengus

M 12–36 cm lang. Rücken blaugrün, Bauch silberglänzend, die Flossen sind durchscheinend. Der Ansatz der Bauchflossen liegt hinter dem Ansatz der Rückenflosse. Entlang der Körperseite sind etwa 60 Schuppen vorhanden.

V Kommt bei uns in der Nord- und Ostsee vor; in der östlichen Ostsee als Zwergform, dem sog. Strömling. Wichtiger Nutzfisch.

L Heringe wandern regelmäßig zwischen Laich- und Nahrungsgründen, wobei die Laichwanderungen im Frühjahr und Herbst stattfinden. Es gibt mehrere Rassen. Der Fisch wird bis 25 Jahre alt. Er ernährt sich hauptsächlich von tierischem Plankton.

F Der Laich wird auf Steinen und Pflanzen abgelegt.

Dorsch, Kabeljau

Gadus morhua

M Bis 1,5 m lang. Färbung sehr variabel; Rücken meist olivgrün oder braun marmoriert, Bauch hell. Die Seitenlinie erscheint hell, sie ist unter der 2. Rückenflosse nach unten gebogen. 1. Rückenflosse höher als 2. und 3. Der Oberkiefer überragt den Unterkiefer, am Unterkiefer ein kräftiger Bartfaden.

V Kommt in Nord- und Ostsee vor, meist küstennah. Sehr wichtiger Nutzfisch, die Jugendform wird als Dorsch bezeichnet; die Leber wird zu Tran verarbeitet.

L Lebt räuberisch von Fischen, Krebsen, Würmern und Tintenfischen. Wandert zwischen Laich- und Nahrungsgründen.

F Eiablage in der 1. Jahreshälfte; Eier schweben frei im Wasser.

Schellfisch

Melanogrammus aeglefinus

M Bis 90 cm lang. Rücken graubraun, Bauch hell; über der Brustflosse ein schwarzer Fleck. Im Gegensatz zum oben beschriebenen Kabeljau Seitenlinie schwarz. 1. Rückenflosse am höchsten, spitzwinkelig. Der Oberkiefer überragt den Unterkiefer, letzterer ist durch einen kleinen Bartfaden gekennzeichnet.

V Sehr häufig in der Nordsee, seltener im Westteil der Ostsee. Wichtiger Nutzfisch mit hohem Marktanteil.

L Bevorzugt Tiefen unter 200 m mit schlickig-sandigen Gründen. Ernährt sich von Fischen, Stachelhäutern, Muscheln und Würmern. Unternimmt ausgedehnte Wanderungen.

F Laicht in der Nordsee von Januar bis Mai.

Roter Knurrhahn

Trigla lucerna

M Bis 60 cm lang. Kegelförmiger Körper mit gepanzertem Kopf, Rücken rot, Bauch rötlich; 2 Rückenflossen. Die Brustflossen sind viel länger als die Bauchflossen; sie sind außen schwarzblau, ihre fingerartigen, frei beweglichen Strahlen blauweiß oder orange.

V In der Nordsee, selten in der westlichen Ostsee.

L Bevorzugt den sandigen Grund in Küstennähe; läuft auf der Nahrungssuche mit den Brustflossenstrahlen tastend über den Grund; lebt räuberisch von Krebsen, Fischen und Weichtieren. Kann durch Kontraktion der Schwimmblasenmuskulatur knurrende Töne erzeugen, wenn man ihn aus dem Wasser nimmt (Name!).

F Zur Laichzeit ist das ♂ besonders lebhaft gefärbt. Die Eier werden in einer kleinen Ölkugel abgegeben.

Scholle

Pleuronectes platessa

M Bis 70 cm lang. Körperoberfläche glatt, graubraun mit rötlichen Flecken, die auch auf den Flossen zu finden sind. Seitenlinie gerade, nur oberhalb der Brustflosse leicht gebogen; auf dem Kopf ein höckriger Kamm; die Rückenflosse erstreckt sich bis zum Kopf. Die Oberseite des Plattfisches ist eigentlich die rechte Körperseite.

V In Nord- und Ostsee in Tiefen bis 200 m. Wichtiger Nutzfisch mit sehr geschätztem Fleisch.

L Ernährt sich als Grundfisch von Muscheln, Krebsen, Stachelhäutern und Würmern. Wandert nicht.

F Laicht Anfang des Jahres; bis zu 700 000 frei schwimmende Eier.

Steinbutt

Psetta maxima

M Bis 1 m lang, selten bis 2 m. Kreisrunder, abgeplatteter Körper, die Oberseite ist – anders als bei der oben beschriebenen Scholle – die linke Körperseite. Haut mit zahlreichen Verknöcherungen (»Steine«, Name!); sie ist schuppenlos, auf der Oberseite gelblich bis dunkelbraun marmoriert. Die Seitenlinie bildet über den Brustflossen einen Bogen. Der Mund ist groß mit kräftigen Zähnen.

V In Nord- und Ostsee, bevorzugt auf Schlick- und Sandgrund. Sehr guter Speisefisch.

L Lebt räuberisch, ernährt sich von anderen Fischen, bevorzugt von Seenadel, Schellfisch und Scholle.

F Laicht im Frühsommer im Flachwasserbereich. Wird 20 Jahre alt.

Seezunge

Solea solea

M Bis 50 cm lang. Körper abgeplattet, lang gestreckt mit gerader Seitenlinie; Färbung variabel grau bis graubraun, oft dunkel gefleckt, die Flossensäume hingegen einfarbig. Die Schuppen sind bedornt. Der untere Flossensaum wird durch die Afterflosse gebildet. Die Augen befinden sich auf der rechten Körperseite.

V Auf sandig-schlickigem Grund der Nordsee und westlichen Ostsee; in Tiefen über 50 m. Begehrter Speisefisch.

L Frisst andere Grundtiere wie Borstenwürmer, Schnecken, Krebse und andere kleine Fische.

F Laicht von April bis August in der Nordsee; die Eier schwimmen frei im Wasser.

Bachforelle

Salmo trutta fario

M Bis 40 (60)cm lang. Rücken grün-bräunlich mit hell umrandeten Flecken; diese oberhalb der Seitenlinie schwarz, unterhalb rot; Bauch gelblich. Die Mundspalte reicht bis hinter die Augen; zwischen Rücken- und Schwanzflosse kleine, rötliche Fettflosse.

V In der kühlen, sauerstoffreichen Oberlaufregion von Bächen.

L Reviertreuer Standfisch; ältere Tiere verteidigen ihr Revier. Ernährt sich von Kaulquappen, Jungfischen, Insekten, -larven.

F Wandert zum Laichen flussaufwärts; Eiablage in strömendem Wasser unter Kies. Geschlechtsreife der ♂ im 2. Jahr, ♀ im 3. Jahr.

Äsche G

Thymallus thymallus

M Bis 50 cm, selten bis 60 cm lang. Seitlich abgeflachter Körper, Kopf spitz. Rücken bläulich grau; insgesamt silberglänzend, dunkel gepunktet. Rückenflosse lang, zur Laichzeit leuchtend grün auf rotem Grund. Fettflosse zwischen Rücken- und Schwanzflosse.

V In klaren sauerstoffreichen Fließgewässern; in der Äschenregion, unterhalb der Forellenregion. Die Bestände gehen zurück.

L Standfisch. Frisst Insekten, Würmer, Fische und deren Laich.

F 3 000–6 000 Eier werden in einer kleinen Grube abgelaicht und nach der Besamung mit Kies bedeckt.

Hecht

Esox lucius

M Bis 1,5 m lang. Körper lang gestreckt mit weit hinten liegender Rückenflosse; Schnauze entenschnabelähnlich. Rücken meist grün-braun; die Seiten mit dunklen Querbinden, Bauch gelblich.

V Fließgewässer und nicht zu trübe Seen.

L Steht bevorzugt in der Uferzone. Lebt als Räuber von Fischen und Fröschen, auch von kleinen, ins Wasser geratenen Wirbeltieren.

F Eiablage an Pflanzen im Flachwasserbereich.

Aal

Anguilla anguilla

M Bis 1,5 m lang. Schlangenförmiger Körper mit einer weit hinten ansetzenden Rückenflosse. Rücken dunkelgrün, Bauch weißlich.

V Steh- und Fließgewässer, tagsüber meist im Schlamm vergraben.

L Nachts auf Nahrungssuche; lebt räuberisch oder von Plankton.

F Wandert im Herbst in die atlantische Sargassosee zum Ablaichen. Nach 3jähriger Larvenzeit Rückwanderung in die Flüsse.

Flussbarsch

Perca fluviatilis

M Bis 30 cm lang. Rücken dunkelgrün mit mehreren dunklen Querbinden; Seiten und Bauch heller. Kiemendeckel am Hinterrand mit Spitze oder Stachel; 1. Rückenflosse hinten mit schwarzem Fleck.
V In allen Binnengewässern und Brackwasser.
L Kommt meist in kleinen Trupps vor. In der Jugend Kleintierfresser, frisst später als Raubfisch Fische und Krebse.
F Laicht April bis Juni; befestigt den netzartigen Laich in 1–2 cm breiten Bändern an Wasserpflanzen und Steinen.

Dreistacheliger Stichling

Gasterosteus aculeatus

M Bis 11 cm lang. Meist 3(–5) freie Rückenstacheln, die Körperseiten mit Knochenschildern bedeckt. Insgesamt silbergrau glänzend; zur Laichzeit ist der Rücken des ♂ blaugrün, Bauch und Brust rot.
V In Süß-, Brack- und Meerwasser; häufig.
L Lebt von Kleinkrebsen, Würmern und Mückenlarven.
F In der Laichzeit (April/Mai) baut das ♂ ein kleines Wasserpflanzen-Nest (Foto) am Gewässergrund. Nach der Eiablage durch mehrere ♀ übernimmt das ♂ die Brutpflege und die Nestverteidigung.

Elritze

Phoxinus phoxinus

M Bis 10 (14)cm lang. Lang gestreckter, im Querschnitt runder Körper; Rücken und Seiten mit hellen und dunklen Flecken, Bauch weißlich. Knapp über der Seitenlinie meist mit messingfarbenem Längsstreif. Beim ♂ während der Laichzeit Bauch und Lippen rot.
V In schnell fließenden Bächen mit Kiesböden (Forellenregion); auch in kiesigen Seen.
L Meist in größeren Schwärmen. Frisst Fluginsekten und Würmer.
F Der Laich wird im Mai/Juni an Steinen abgelegt.

Rotauge, Plötze

Rutilus rutilus

M Bis 50 cm lang. Rücken dunkelolivgrün, Bauch silberweiß; Brust-, Bauch- und Afterflosse rötlich, Iris rot (Name!).
V In Seen, Tümpeln und langsam fließenden Gewässern.
L Oft in Schwärmen in der Uferzone. Ernährt sich von Kleintieren, Wasserpflanzen und Detritus (organischen Schwebeteilchen).
F Laichablage an ufernahen Pflanzen, Wurzeln und Steinen.

Döbel, Aitel

Leuciscus cephalus

M Bis 50 (60)cm lang. Kopf groß, mit abgerundeter Schnauze; Schuppen schwarz gesäumt. Rücken grünlich-graubraun, Seiten silbrig bis gold glänzend, Bauch weißlich. Brustflossen gelblich.

V In langsam fließenden Gewässern, selten in Seen.

L Als Jungfisch gesellig, später eher Einzelgänger. Ernährt sich von Krebsen, Fischen, Fröschen und kleinen Säugern.

F Laicht von April bis Mai; das ♂ hat zu dieser Zeit einen sog. Laichausschlag (Körnelung an Kopf und/oder Vorderkörper).

Schleie

Tinca tinca

M Bis 50 cm lang. Rücken bräunlich grün, mit Metallglanz, Bauch heller. Oberhaut schleimig mit kleinen eingelagerten Schuppen; an den Mundwinkeln je 1 Bartfaden. Alle Flossen abgerundet.

V Langsam fließende und stehende, krautige Gewässer .

L Tags meist in Bodennähe; in der Dämmerung auf der Suche nach Kleintieren und Pflanzen; hält im Schlamm vergraben Winterruhe.

F Bildet im Mai bis Juli Laichschwärme; die Eiablage erfolgt an Wasserpflanzen in Ufernähe.

Brachsen, Blei

Abramis brama

M Bis 70 cm lang. Hochrückiger, seitlich abgeflachter Körper; bleigrauer Rücken (Name!), Flanken silbrig, Flossen grau. Brustflossen erreichen Bauchflossenansatz, Afterflosse sehr lang.

V Nährstoffarme Seen und langsam fließende Flüsse.

L Jungfische bilden kleine Schwärme; Alttiere scheu, durchwühlen in der Dämmerung den Boden nach Kleingetier.

F Laicht Mai bis Juli in Laichschwärmen; ♂ mit Laichausschlag. Die Eier werden an Wasserpflanzen befestigt.

Karpfen

Cyprinus carpio

M Bis 70 (120)cm lang. Hochrückig, vorstülpbarer Mund mit je 2 Barteln an der Oberlippe; Rücken und Flossen braungrün; Seiten silbrig, Bauch weißlich. Je nach Rasse unterschiedlich beschuppt.

V Schlammige, stehende oder langsam fließende Gewässer.

L Dämmerungsaktiv; ernährt sich von Kleingetier und Pflanzen.

F Laicht Mai bis Juli in der seichten Uferzone an Pflanzen; ♂ mit schwachem Laichausschlag.

Feuersalamander

Salamandra salamandra

M Bis 24 cm lang. Körper glänzend schwarz mit gelben Flecken, die auch zu Längsreihen verschmelzen können.

V In feuchten Wäldern, v. a. in der Nähe von Quellen und Bächen.

L Meist nachtaktiv, gilt als sehr standorttreu; tagsüber unter Steinen, Baumstümpfen. Frisst Würmer, Schnecken und Insekten.

F Paart sich im Sommer an Land; im Frühjahr des folgenden Jahres setzt das ♀ bis zu 70 etwa 3 cm lange Larven ins Wasser ab. Sie sind bereits 4beinig, haben Außenkiemen und entwickeln sich innerhalb von 2–3 Monaten zum landlebenden Lurch.

Alpensalamander

Salamandra atra

M Bis 16 cm lang. Schlanker als der oben beschriebene Feuersalamander, glänzend schwarz; oben mit quer gefurchten Hautwülsten.

V Im Gebirge ab 700 m, in schattigen Wäldern und auf Matten.

L Nachtaktiv; ernährt sich von Würmern; Schnecken und kleinen Gliedertieren. Tags unter Steinen, Baumstümpfen und Moos versteckt. Ist von Gewässern weitgehend unabhängig.

F Paarung im Juli; nach 2jähriger Tragzeit werden 2 voll entwickelte Junge geboren, d. h. es gibt kein amphibienübliches Larvenstadium.

Bergmolch

Triturus alpestris

M ♀ bis 11 cm, ♂ bis 8 cm lang. Rücken dunkel graubraun marmoriert; Bauch orangefarben, ungefleckt. Zur Laichzeit hat das ♂ einen niedrigen, schwarzgelblich gebänderten Rückenkamm.

V In feuchten, hügeligen Wäldern mit kleinen Laichgewässern.

L Im Frühjahr bis Sommer in den Laichgewässern, später versteckt unter Moos und Laub. Ernährt sich von Würmern und Insekten.

F Eiablage von März bis Mai; die 100–250 Eier werden einzeln an Wasserpflanzen befestigt. Larven schlüpfen nach 2–3 Wochen.

Teichmolch

Triturus vulgaris

M ♀ bis 9,5 cm, ♂ bis 11 cm. Rücken gelbbraun; Kehle und Bauch orange, schwarz getupft. ♂ zur Laichzeit mit gewelltem Kamm.

V Lichte Wälder, Wald- und Feldränder, Parks und Gärten.

L Nachtaktiv, unter Laub, Steinen und Moos; frisst Würmer, Schnecken, Insekten und andere Kerbtiere.

F ♀ legt im März bis Mai 200–300 Eier an Wasserpflanzen ab.

Erdkröte

Bufo bufo

M ♀ bis 15 cm, ♂ bis 8 cm lang. Warziger, graubraun bis olivfarbener Rücken; Bauchseite heller, dunkel gefleckt oder einfarbig. Sehr große halbmondförmige Ohrdrüsen; Pupillen waagrecht; Iris goldfarben. ♂ ohne Schallblasen; zur Paarungszeit an der Innenseite der ersten 3 Finger mit schwarzen Hornschwielen.
V In Wäldern, Gärten, auf Feldern, in Ruinen und Kiesgruben. Laichgewässer sind Tümpel, Teiche und Weiher.
L Überwiegend dämmerungs- und nachtaktiv; jagt Würmer, Insekten, Spinnen und Schnecken. Überwintert in selbst gegrabenen Bodenhöhlen, unter Wurzeln und Steinen. Ruft leise »oak«.
F Wandert im Februar/März oft weite Strecken zum Laichgewässer; das ♀ verankert die 2–4reihigen, bis 5 m langen, gallertigen Laichschnüre an Wasserpflanzen. Larven schlüpfen nach 12–18 Tagen und verwandeln sich nach 2–3 Monaten zur fertigen Kröte.

Kreuzkröte G

Bufo calamita

M Bis 8 cm lang. Rücken graubraun, olivbrau gefleckt, mit rötlich getupften, flachen Warzen. Rückenlinie hellgelblich, warzenlos. Bauch weißgrau bis dunkelgrau gefleckt. Hinterbeine auffallend kurz. ♂ mit großer Schallblase an der Kehle; während der Paarungszeit Brunftschwielen an Innen- und Oberseite der ersten 3 Finger.
V Bevorzugt sandige Steinbrüche, Felder und Ruderalstandorte.
L Nachtaktiv; tags unter Steinen, Baumstümpfen und in Erdlöchern versteckt. Hüpft nicht, sondern läuft mit hoch erhobenem Körper. Die »ärr-ärr...«-Laute sind mehrere hundert Meter weit zu hören.
F Von April bis Juli werden die 1–2reihigen Laichschnüre im Laichgewässer an Wasserpflanzen befestigt. Die Larven schlüpfen dann nach 4–6 Tagen, entwickeln sich bereits nach 5–8 Wochen zur Kröte.

Knoblauchkröte G

Pelobates fuscus

M Bis 8 cm lang. Fast glatte Haut; Oberseite hellgrau oder braun, dunkel gefleckt, oft rötlich gepunktet; unterseits hell, variabel dunkel gesprenkelt oder gefleckt. Oberarm des ♂ außen mit ovaler Drüse.
V Meist im Tiefland an sandigen Standorten.
L Ausschließlich nachtaktiv; gräbt sich sehr gern und schnell ein; bläht sich zur Abwehr auf. Frisst Insekten, Spinnen und Schnecken.
F Laichzeit April/Mai. Laich wird in vielreihigen dicken Schnüren im Laichgewässer abgelegt; die Larven schlüpfen nach 1 Woche, in seltenen Fällen überwintern sie und werden dann bis 17 cm groß!

Geburtshelferkröte G

Alytes obstetricans

M Bis 5 cm lang. Rücken warzig, grau; an den Körperseiten je eine auffallende Warzenlängsreihe. Bauchseite weißlich, gekörnt. Schwimmhäute reichen höchstens bis zur halben Zehenlänge.

V In Steinbrüchen, Felsspalten, unter Steinen, in altem Mauerwerk.

L Lebt als Einzelgänger, v. a. nachtaktiv; läuft, springt, kann graben. Ernährt sich von Würmern, Schnecken und kleinen Kerbtieren.

F Paarung Mai/Juni an Land. Das ♂ wickelt die Laichschnüre oft mehrerer ♀ um seine Hinterbeine. Larvenentwicklung 2–7 Wochen im Ei; das ♂ sucht dann das Wasser auf, wo die Larven in wenigen Minuten schlüpfen, sich aber erst im nächsten Jahr umwandeln.

Gelbbauchunke G

Bombina variegata

M Bis 5 cm lang. Oberseite olivbraun mit spitzen Warzen; Bauch blauschwarz mit goldgelben Flecken. Pupillen herzförmig.

V An krautigen Tümpeln, in Kiesgruben und Wagenspuren.

L Tagaktiv, gräbt sich schnell in Gewässerschlamm ein; überwintert im Boden. Bei Gefahr zeigt sie in Schreckstellung die Bauchseite (Foto). Frisst Schnecken und Kerbtiere. Ruft »unkunk«; 80 mal/Min.

F Laicht zwischen Mai und August oft 2–3 mal; ca. 100 Eier werden in Klümpchen an Wasserpflanzen abgelegt.

Rotbauchunke G

Bombina bombina

M Bis 4,5 cm lang. Oberseite dunkelgraubraun mit flachen glatten Warzen. Unterseite rot gefleckt mit wenigen weißen Punkten.

V Wie Gelbbauchunke, jedoch nur im Tiefland.

L Wie Gelbbauchunke. Frequenz der »unk«-Rufe: 18 Laute/Min.

F Eiablage in Klümpchen an Wasserpflanzen, meist Mai bis Juni. Die Umwandlung zur fertigen Unke erfolgt im September/Oktober.

Laubfrosch G

Hyla arborea

M Bis 5 cm. Färbung grasgrün, gelblich, bläulich oder grau. Oberseite glatt, Bauch gekörnt. Finger und Zehen mit Haftscheiben.

V Buschbestände, Waldränder, Schilf und Grasland.

L Nachtaktiv, guter Kletterer; sonnt sich tags gerne. Fängt Fluginsekten. Lang anhaltende »käkäkä«-Laute, meist im Chor.

F Eiballen aus 150–300 Eiern werden von März bis Mai im Flachwasser abgelegt. Larven bleiben 3–4 Monate im Wasser.

Grasfrosch

Rana temporaria

M Bis 10 cm lang. Variabel gefärbt: Oberseite gelbrot, rotbraun bis schwarzbraun, meist dunkel gefleckt; fast immer dunkler Schläfenfleck. Bauch meist grau, marmoriert. Schallblasen nicht ausstülpbar.

V In feuchten Wäldern, Wiesen, Mooren, auch wasserfern.

L Tag- und nachtaktiv; frisst Würmer, Schnecken, Insekten. Überwintert in der Erde oder im Bodenschlamm von Gewässern.

F Laichzeit März bis April. Bis 3 500 Eier werden im Flachwasser abgelaicht. Sie schwimmen als Laichballen an der Oberfläche.

Springfrosch

Rana dalmatina

M ♀ bis 8 cm, ♂ bis 6 cm lang. Schlanker als Grasfrosch; lehmgelb, hellbraun bis rötlich; Bauchseite hell, nie gefleckt (s. Grasfrosch!).

V In Buchen- und Eichenwäldern, selten auch im Nadelwald.

L Tag- und nachtaktiv; kann 2 m weit und 1 m hoch springen. Ruft in schneller Folge »qogk, ogk, ogk«. Oft weit entfernt vom Gewässer.

F Laicht März/April; Eiklumpen mit 600–1200 Eiern, absinkend.

Moorfrosch **G**

Rana arvalis

M Bis 8 cm lang. Oberseite hell- bis dunkelbraun, auf den Flanken oft gefleckt; meist heller Mittelstreif. Unterseite hell. Bräunlich-schwarzer Schläfenfleck. ♂ zur Paarungszeit meist bläulich.

V In sumpfigen Wiesen und Mooren des Tieflands.

L Standorttreu; bevorzugt an Land, nur im Winter und zur Paarungszeit im Wasser. Frisst Insekten und Schnecken. Ruft in schneller Folge dumpf »ueg, ueg, ueg«. Vorwiegend nachtaktiv.

F Paarung und Eiablage März/April. Laich in nicht aufsteigenden Klumpen mit bis zu 2000 Eiern. Larvenentwicklung 2–3 Monate.

Wasserfrosch

Rana esculenta

M Bis 12 cm lang. Schlanker Körper, sehr farbvariabel: grasgrün, bräunlich, oft dunkel gefleckt; Unterseite meist weißlich, grau gefleckt. 2 äußere, seitliche Schallblasen. Kopf schmal, zugespitzt.

V An dicht bewachsenen Seen, Teichen und Tümpeln.

L Sonnt sich gerne an sonnigen Gewässerufern; im Sommer oft in nächtlichen Froschkonzerten zu hören; ruft »kroak«. Erbeutet Insekten, Würmer und Schnecken oft im Sprung.

F Laichzeit Mai/Juni; absinkende Laichklumpen mit bis 1500 Eiern.

Zauneidechse G

Lacerta agilis

M Bis 20 cm lang. Gedrungener Körper, kurze Beine, der Kopf wirkt relativ dick. Oberseite braun mit dunklem Mittelstreifen und hellen, dunkel gerandeten Flecken, die in Längsreihen daneben angeordnet sind. Die Bauchseite beim ♂ grünlich, beim ♀ gelblich weiß. Während der Paarungszeit ist das ♂ unten und an den Seiten leuchtend grün.

V In trockenem, sonnigem, offenem Gelände, wie Böschungen, an Waldrändern, auf Kahlschlägen, Heiden und in Gärten.

L Tagaktiv, sonnt sich sehr gerne auf Steinen und zeigt dabei wenig Scheu. Überwintert ab Ende September bis März in Erdhöhlen oder Spalten. Frisst Insekten, Spinnen und Würmer.

F Die 5–14 weichschaligen Eier werden im Mai /Juni in warme Erdverstecke gelegt; die Jungen schlüpfen nach ca. 60 Tagen.

Waldeidechse

Lacerta vivipara

M Bis 18 cm lang. Kopf kurz und stumpf; Rücken bräunlich, dunkel und hell gepunktet. Unterseite beim ♂ gelborange bis orangerot mit schwarzen Punkten, beim ♀ gelblich grau und ungefleckt.

V In offenem Gelände, feuchten Wäldern, Wiesen und Mooren.

L Tagaktiv; im Gegensatz zur oben beschriebenen Zauneidechse recht scheu; klettert sehr gut auf Mauern und in Bäumen. Überwintert von Oktober bis März. Ernährt sich von Kerbtieren und Würmern.

F Paarungszeit April/Mai. Nach ca. 80 Tagen bringt das ♀ 2–12 Junge zur Welt, die bei der Geburt die Eihüllen sprengen.

Blindschleiche

Anguis fragilis

M Bis 50 cm lang. Körper schlangenähnlich, der Kopf jedoch echsenartig; sehr glattschuppig und beinlos. Meist kupfer- bis schwarzbraun, die meist mit dunklen, zarten Längsstreifen.

V An mäßig feuchten, hellen Orten in Wiesen, Wäldern, Heiden.

L Einzelgänger; tag- und dämmerungsaktiv, oft auch unter Steinen versteckt. Ernährt sich von Insekten, Schnecken, Würmern und Spinnen. Meist überwintern mehrere Artgenossen in Erdhöhlen oder unter Baumstümpfen. Wirft bei Gefahr wie die Eidechsen den Schwanz ab.

F Paarung im April/Mai; nach 12wöchiger Tragzeit werden 8–25 Jungtiere lebend geboren, die sofort selbstständig sind.

Ringelnatter G

Natrix natrix

M Bis 2 m lang. Oberseite grau bis schwärzlich mit kleinen dunklen Flecken; unten weißlich, dunkel gefleckt. Hinter dem Kopf beidseits ein gelber halbmondförmiger Fleck.

V In und an stehenden und langsam fließenden Gewässern.

L Ungiftig! Tagaktiv; schwimmt und taucht sehr gewandt. Bei Gefahr gibt sie ein stinkendes Sekret aus der Analdrüse ab, beißt jedoch selten. Ernährt sich von Fröschen, Fischen und Molchen. Überwintert von Oktober bis April in Komposthaufen, unter Steinen und Felsspalten in Gewässernähe.

F Paart sich im Frühjahr (April/Mai) und/oder Herbst (September/ Oktober). Eiablage im Juli/August; 10–30 weichschalige Eier werden unter Moos, faulendem Laub oder in Komposthaufen abgelegt. Die Jungen schlüpfen nach 8–10 Wochen.

Schlingnatter G

Coronella austriaca

M Bis 80 cm lang. ♂ meist braun, graubraun mit 2–4 Reihen dunkelbrauner Flecken. Kopf klein, oval, mit seitlichem dunklem Längsstreifen. Schuppen glatt, Pupille rund.

V Meist in offenem, trockenem und sonnigem Gelände; an Böschungen, in Hecken und Steinbrüchen.

L Ungiftig! Tagaktiv; sonnt sich gerne. Ernährt sich von anderen Reptilien und Mäusen, die nach dem Zubeißen sofort umschlungen werden (Name!). Spritzt bei Belästigung übel riechendes Sekret aus der Kloake, beißt gerne. Überwinterung von Oktober bis April.

F Paarung April/Mai; das ♂ umschlingt das ♀ und beißt es im Nacken. Im August/September werden 12–15 lebende Junge geboren.

Kreuzotter G

Vipera berus

M Bis 80 cm lang. ♂ meist grau, ♀ braun; beide Geschlechter mit grauem, braunem oder schwärzlichem Zickzackband auf dem Rücken. Einfarbig kupferrote oder schwarze Exemplare kommen vor. Der Bauch ist dunkel. Pupillen senkrecht.

V In Wäldern, auf Heiden, in Mooren und gebüschreichen Wiesen.

L Giftig, aber nicht aggressiv. Tag- und dämmerungsaktiv. Jagt Mäuse, Vögel und Frösche, die durch den Giftbiss getötet werden. Überwintert meist in Gruppen in Felsspalten, Erdhöhlen und unter Baumstümpfen.

F Paarung April/Mai; im August/September werden 5–18 lebende, 15–20 cm lange Junge geboren. Nach kurzen, kühlen Sommern überwintert das ♀ mit den Embryonen.

Haubentaucher

Podiceps cristatus

M Stockentengroßer Lappentaucher mit einer schwarzen, 2geteilten Haube; Halskrause und Backenbart rostbraun-schwarz. Oberseite braun, Unterseite weiß; ♀ und ♂ gleich. Dem Schlichtkleid im Winter fehlt der Kopfschmuck, der Kopf wirkt 3eckig mit dunkler Kappe auf weißem Hals. Jungvögel schwarzweiß gestreift.

V Größere und kleinere Gewässer mit Uferbewuchs, außerhalb der Brutzeit an großen Flüssen und Meeresküsten. Teilzieher.

L Schwimmt mit flachem Rücken und langem, geradem Hals; taucht ausdauernd nach kleineren Fischen, Krebsen, Fröschen. Im Flug lang gestreckt; ruft laut »köcköck…« und »orr«. Auffällige Balz!

F Schwimmnest im Schilf; Brutzeit April bis Juli. Beide Eltern erbrüten in 27–29 Tagen 4 nestflüchtende Junge, die sie anschließend noch 10–11 Wochen führen.

Zwergtaucher

Podiceps ruficollis

M Kleinster heimischer Taucher von rundlicher Gestalt und mit kurzem Hals. ♀ und ♂ gleich: im Sommer rotbraun mit hellem Schnabelwinkel, das Schlichtkleid im Winter graubraun mit dunkler Kappe.

V Kleine, dicht bewachsene, stehende und fließende Gewässer, Verlandungszonen großer Seen. Jahresvogel.

L Lebt im Sommer sehr versteckt in der Ufervegetation, im Winter einzeln oder in kleinen Trupps auf der offenen Wasserfläche. Taucht sehr häufig, fängt Wasserinsekten und deren Larven.

F Zwischen März und Juli erbrüten beide Eltern im gut in der Vegetation versteckten Schwimmnest in 20–21 Tagen 5–6 Junge, die mindestens 40 Tage geführt werden.

Kormoran

Phalacrocorax carbo

M Gänsegroß. ♀ und ♂ mit schwarz metallisch schimmerndem Gefieder; langer kräftiger Hakenschnabel.

V Auf Bäumen, Klippen der Küste, fischreichen Binnengewässern, bei uns überwiegend Durchzügler oder Wintergast.

L Schwimmt mit flachem Körper, geradem Hals und aufwärts gerichtetem Schnabel. Flugbild kreuzförmig; ausdauernder Taucher. Gefieder nicht Wasser abweisend, sitzt daher zum Trocknen mit ausgebreiteten Flügeln in »Adlerpose«. Erbeutet v. a. Fische.

F Brutzeit April bis Juli; beide Eltern erbrüten in 23–30 Tagen 3–4 Junge, die, nach 60 Tagen flügge, 12–13 Wochen geführt werden.

Kranich

Grus grus

M Größer als Storch; ♀ und ♂ gleich: langbeinig, langhalsig, grau, Kopf und Hals schwarzweiß, roter Scheitel. Buschiger »Schwanz«.
V Bruchwälder, Waldmoore, v.a. im Nordosten Deutschlands. Auf dem Zug oft in Keilformation; überwintert meist im Mittelmeerraum.
L Fliegt wie Störche mit gestreckten Beinen und Hals; nimmt Insekten, Schnecken, Würmer, Beeren, Getreide, Eicheln. Außerhalb der Brutzeit gesellig, sehr scheu. Trompetet laut am Brutplatz.
F April bis Juli; beide Eltern erbrüten im Bodennest in 28–31 Tagen meist 2 junge Nestflüchter, die nach 9 Wochen flügge sind.

Graureiher

Ardea cinerea

M Fast storchengroß; grau mit langem Hals, kräftigem, spitzem Schnabel, weißer Unterseite; ♀ und ♂ gleich. Hals im Flug S-förmig gekrümmt, Beine lang gestreckt; Flügel innen grau, außen schwarz.
V Uferzonen aller Gewässer; Teilzieher.
L Jagt im Wasser und auf nahen Wiesen kleine Säuger, Amphibien, Fische. Ruft im Flug »kraik«.
F Brutzeit März bis August; geselliger Koloniebrüter auf hohen Bäumen. Beide Eltern erbrüten in 25–27 Tagen 4–5 Junge, die mit 50 Tagen flügge werden.

Schwarzstorch

Ciconia nigra

M Oberseite schwarz, metallisch schimmernd, Unterseite weiß, Beine und der lange Schnabel rot; ♀ und ♂ gleich. Junge bräunlich.
V Große, sumpfige Wälder. Überwintert im tropischen Afrika.
L Scheuer Einzelgänger. Zur Nahrungssuche (Fische, Amphibien, Wasserinsekten) stark an Wasser gebunden. Klappert kaum.
F Brutzeit April bis Juli; Nest hoch in Waldbäumen. ♀ und ♂ erbrüten in 32–40 Tagen 3–5 Junge, füttern sie 60–70 Tage im Nest.

Weißstorch G

Ciconia ciconia

M Weiß mit schwarzen Schwungfedern; Schnabel und Beine rot.
V Feuchte Niederungen; überwintert im tropischen Afrika.
L Flug mit gestrecktem Hals, guter Segler. Fängt Amphibien, Mäuse, Insekten. Am Nest (oft auf Dächern) lautes Schnabelklappern.
F Brutzeit April bis Juli; ♀ und ♂ erbrüten in 33–34 Tagen 3–5 Junge; Nestlingszeit 55–60 Tage.

Höckerschwan

Cygnus olor

M Weiß mit langem, leicht S-förmig gebogenem Hals, der Schnabel orangerot mit schwarzer Basis und schwarzem Höcker. Küken mit graubraunem (bei Parkschwänen auch weißem) Dunenkleid; Beine und Schnabel dunkelgrau. Ältere Jungvögel mit braun getöntem weißem Gefieder, Schnabel rosagrau, ohne schwarzen Höcker.

V Alle Gewässertypen; in Parks oft halbzahm. Standvogel.

L Fliegt schwerfällig mit pfeifendem Fluggeräusch; trompetet »kiorr«, zischt zur Abwehr, imponiert mit erhobenen Flügeln. Nimmt Sumpf- und Wasserpflanzen; außerhalb der Brutzeit z. T. gesellig.

F Brutzeit April bis September; Paarzusammenhalt oft lebenslang. Das ♀ brütet 35–41 Tage, die 5–8 Nestflüchter bleiben noch bis zum Winter im Familienverband.

Singschwan

Cygnus cygnus

M Weißer Schwan mit schlankem, geradem Hals, schwarzem Schnabel mit gelber Basis, ohne Höcker; ♀ und ♂ gleich.

V Brutvogel der Tundren Nordeuropas; bei uns, v. a. in Norddeutschland, Wintergast zwischen September und April.

L Fliegt in Keilformation oder schräger Linie; ruft, auch im Flug, tief nasal »anghö«. Ernährt sich von Wasserpflanzen, Gräsern, Kräutern.

F Einzelbrüter (Mai bis August) an arktischen Süßwasserseen. Paarzusammenhalt meist lebenslang; das ♀ erbrütet in 35–42 Tagen 5–6 junge Nestflüchter, die nach 4 Wochen selbständig sind, jedoch gemeinsam mit den Eltern in das Winterquartier ziehen.

Graugans

Anser anser

M Hellgraubraune Gans mit blassrosa Beinen und blassorangefarbenem Schnabel, Unterseite weiß; ♀ und ♂ gleich.

V Brutvogel (April bis August) der Feuchtgebiete Nord- und Osteuropas; bei uns meist ausgesetzt. Häufiger Durchzügler und Wintergast von Oktober bis Februar.

L Wie alle Gänse sehr gesellig, fliegt in Keil- oder Linienformation mit schwach pfeifendem Fluggeräusch. Weidet Land- und Wasserpflanzen ab; ruft gerne, meist 2silbig »gaga«.

F Paarzusammenhalt meist lebenslang; das ♀ erbrütet in 27–29 Tagen 4–9 Junge; die Nestflüchter werden 50–60 Tage von beiden Eltern versorgt und ziehen mit ihnen ins Winterquartier.

Kanadagans

Branta canadensis

M Größte heimische Gans; ♀ und ♂ gleich: Oberseite graubraun, Bauch weiß, Hals, Kopf, Schwanz, Schnabel und Füße schwarz; Kehle bis hinter die Augen weiß.

V Brutvogel Nordamerikas, bei uns eingebürgerte, verwilderte Populationen an Binnenseen, in Parks. Wintergast an den Küsten.

L Gesellig, ruft laut trompetend »ahong«. Nimmt Sämereien, Kräuter, z. T. Wasserpflanzen; im Sommer auch Würmer und Weichtiere.

F Brutzeit April bis August; Koloniebrüter, führt Dauerehe. Das ♀ erbrütet in 28–30 Tagen 5–6 junge Nestflüchter.

Weißwangengans

Branta leucopsis

M Von der größeren Kanadagans *(B. canadensis)* durch schwarzweißes Gefieder und weißes Gesicht unterschieden (»Nonnengans«). Brust, Füße und der kleine Schnabel schwarz.

V Salzsümpfe und Wattenmeer arktischer Küsten.

L Sehr gesellig, fliegt aber nicht in Formation. Ruft heiser kläffend »grägrä...«. Nahrung pflanzlich.

F Brutzeit Mai bis Juni; Koloniebrüter, meist an Felsriffen. Das ♀ brütet 25 Tage, die 3–5 Nestflüchter sind mit 7 Wochen flügge.

Ringelgans

Branta bernicla

M Kleinste schwarzweiße Gans; oben dunkel graubraun, Bauch weiß. Kopf, Hals, Brust, Schnabel und Füße schwarz; die Halsseiten mit schmalen, weißen Halbmonden (Name!).

V Brutvogel arktischer Küsten, bei uns Wintergast im Wattenmeer.

L Sehr gesellig. Ruft 1silbig tief »rock«. Frisst Seegras, Grünalgen, Queller, Wintersaaten. Fliegt schnell, gänseartig.

F Brutzeit Mai bis August; das ♀ erbrütet in 25 Tagen 3–5 Junge.

Brandgans

Tadorna tadorna

M Große, gänseähnliche, schwarzweiße Ente mit dunklem Kopf, rotbraunem Brustband, rotem Schnabel; beim ♂ mit Höcker.

V Meeresküsten, salzige Binnenseen; Teilzieher.

L Sehr gesellig; sucht Krebse, Muscheln, Insektenlarven im Watt. Rufe kaum zu hören. Mauser zu Tausenden im Wattenmeer.

F Brutzeit April bis Juli; Saisonehe. Höhlenbrüter in Dünen, Kaninchenbauen; das ♀ erbrütet 8–10 Junge in 29–31 Tagen.

Stockente

Anas platyrhynchos

M Häufigste, größte Gründelente. ♂ im Brutkleid: Körper grau mit heller Unterseite; Kopf metallisch grün, Schnabel gelb, Halsring weiß, Brust dunkelbraun. Die beiden mittleren, blaugrün schillernden Schwanzfedern sind aufgerollt; Flügelspiegel blau, vorne und hinten schwarzweiß eingefasst. Im sommerlichen Ruhekleid wie das ♀ unscheinbar bräunlich mit dunkler Streifenfleckung.

V Stehende, langsam fließende Gewässer; in Parks oft halbzahm.

L Standvogel. Stammform der Hausente. Nahrung pflanzlich und tierisch: Wasser-, Landpflanzen, Sämereien, Insekten und deren Larven, kleine Krebse, Mollusken. quakt laut »waak-waak...« in abfallender Reihe, ♂ ruft tief, gedämpft »rähb«.

F Brutzeit März bis Juli; Saisonehe. Nest am Boden oder auf Bäumen. Das ♀ erbrütet in 25–30 Tagen 7–11 nestflüchtende Junge und führt sie 50–60 Tage. Oberseite der Dunenjungen dunkelbraun, unten rahmfarben; dunkler Augenstreif, Kopf- und Halsseiten sowie Flügelhinterrand, Rückenflecke und Bürzelseiten gelb.

Krickente G

Anas crecca

M Kleinste heimische Gründelente, taubengroß. ♂ im Brutkleid: Kopf braun mit breitem, bogig in den Nacken reichendem, gelb eingefasstem, grünem Seitenstreifen; Schnabel dunkelgrau. Brust cremefarben, dunkel getupft, Rücken und Flanken grau, Schulterlängsstreif weiß; Flügelspiegel schwarzgrün, Hinterende mit gelbem Dreieck. Im Schlichtkleid wie das hellbraune ♀ mit dunkelbrauner Fleckung.

V Stehende Flachwässer, Schlickflächen, Moore. Zugvogel.

L Während der Brutzeit heimlich, sonst in Trupps. Das ♂ ruft melodisch »krick« (Name!), das ♀ quakt hell »gägä...«. Nahrung tierisch und pflanzlich. Krickenten tauchen nicht.

F Brutzeit April bis August; Saisonehe. Bodennest wassernah, sehr gut zwischen Pflanzen versteckt. Das ♀ erbrütet in 21–23 Tagen 8–11 Junge und führt sie 25–30 Tage.

Kolbenente

Netta rufina

M Stockentengroße Tauchente. ♂ im Brutkleid: dicker, fuchsroter Kopf, Schnabel rot; Brust, Bauch, Unterschwanzdecken schwarz, Rücken und Flügel braun, Flanken und Schulterstreif weiß. Im Flug weißer Flügelvorderrand und breite weiße Flügelbinde. ♀ ähnelt dem Ruhekleid des ♂ im Sommer und Herbst: braun mit dunkelbraunem Oberkopf, hellgrauen Wangen; Schnabel schwarzgrau mit rotem Band an der Spitze.
V Nährstoffreiche Stillgewässer mit viel Ufervegetation; Teilzieher.
L Gründelt oft, taucht auch mit Kopfsprung, nimmt v. a. Wasserpflanzen. ♂ ruft kurzes, lautes »bät«, oft nur zur Brutzeit zu hören.
F Brutzeit Mai bis August; Saisonehe. Bodenest wassernah, gut in der Vegetation versteckt. Nur das ♀ erbrütet in 26–28 Tagen 8–11 Junge, die 45–55 Tage geführt werden.

Tafelente

Aythya ferina

M Gedrungene Tauchente; ♂ im Brutkleid mit rotbraunem Kopf und Hals, Rücken und Flanken silbergrau, Brust und Schwanz schwarz; Bauch weißlich, Schnabel schwarz mit hellgrauer Binde, geht ohne Ansatz in die hohe Stirn über. Im Ruhekleid weniger kontrastreich. ♀ dunkel graubraun, Schnabelbinde nur sehr schmal.
V Nährstoffreiche Binnengewässer; Teilzieher.
L Sehr gesellig, im Winter häufig mit Reiherenten. Rufe des ♂ sehr unauffällig, ♀ schnarrt. Taucht nach Wasserpflanzen und -tieren.
F Brutzeit April bis August; Saisonehe. Bodennest in der Ufervegetation; 5–12 Eier, Brutdauer 24–28, Führungszeit 50 Tage.

Reiherente

Aythya fuligula

M Größe wie Tafelente. ♂ im Brutkleid schwarz, Bauch, Flanken und Spiegel weiß; Kopf mit herabhängendem Federschopf (Name!). Im Sommerkleid matter gefärbt, die Flanken graubraun, Schopf nur angedeutet. ♀ dunkelbraun, Nackenfedern kaum ausgeprägt.
V Stehende, langsam fließende Gewässer; Teilzieher.
L Taucht nach kleinen Wassertieren (Dreikantmuscheln, Insekten und deren Larven); sehr gesellig, im Winter oft in großen Trupps, häufig mit anderen Enten. ♂ ruft meist nur zur Balz leise »bück-bück...«, ♀ im Flug »krr-krr...«.
F Brutzeit Mai bis September; Saisonehe. Das ♀ erbrütet im gut versteckten Bodennest in 23–24 Tagen 8–10 Junge, führt sie 45–50 Tage. Mit Tafelentenjungen werden »Kindergärten« gebildet.

Eiderente

Somateria mollissima

M Große, kurzhalsige Meeresente mit schräger Stirn, keilförmigem Schnabel. ♂ im Brutkleid: Rücken, Brust, Hals, Kopf weiß, Stirn, Scheitel, Bauch, Armschwingen, Schwanz, Bürzel schwarz; Nacken und Halsseiten hellgrün. Schlichtkleid dunkel, zeigt nur wenig Weiß. ♀ graubraun, schwarz gemustert.
V Brutvogel kalter, flacher Meeresküsten, Mauser- und Wintergast (Juli bis Februar) an Nord- und Ostsee; selten im Binnenland.
L Gesellig; taucht und gründelt nach Muscheln und Krebsen. ♂ ruft zur Balz »a-huu-ee«, ♀ »goggoggog...« oder »korr«.
F Brutzeit April bis August; brütet gern in Kolonien. Das ♀ erbrütet im fast ungedeckten Bodennest in 25–28 Tagen 4–6 Junge, die dann mit 65–75 Tagen flügge sind.

Schellente

Bucephala clangula

M Kleine, gedrungene Tauchente. ♂ im Brutkleid: Rücken und Schwanz sind schwarz, Schulter, Unterseite, Flanken weiß; der dunkelgrüne, im Profil fast 3eckige Kopf mit auffälligem ovalem weißem Fleck zwischen Schnabel und hellgelbem Auge. Im Ruhekleid wie das ♀: graubraun mit dunkelbraunem Kopf, Schnabelspitze hell.
V Wald- und Voralpenseen, langsam fließende Flüsse; Teilzieher.
L Liegt tief im Wasser, taucht viel nach Muscheln, Krebsen, Insekten. Rufe selten zu hören, typisch das hell klingelnde Fluggeräusch (Name!).
F Brutzeit April bis Juli; Höhlenbrüter (Baumhöhlen, auch Nistkästen). Das ♀ erbrütet in 29–31 Tagen 6–11 Junge, die mit 57–66 Tagen flügge sind.

Gänsesäger G

Mergus merganser

M Größer, aber schlanker als Stockente; Körper liegt tief im Wasser; Schnabel rötlich, an der Spitze hakig, gezähnt. Breites weißes Flügelfeld (Flug!). ♂ im Brutkleid: Kopf schwarzgrün, Schultern und Rücken schwarz, Hals, Brust und Unterseite weiß bis lachsrosa; im Ruhekleid ähnlich ♀: grau mit braunem Kopf, zottigem Hinterkopf.
V Flüsse, Seen, Meeresküsten mit Baumbestand; Teilzieher.
L Rufe wenig zu hören, im Flug und bei Störung ein hartes »karr«. Taucht nach kleinen Fischen.
F Brutzeit April bis August; Höhlenbrüter (Baumhöhlen, Mauerlöcher, Nistkästen). Das ♀ erbrütet in 30–35 Tagen 8–12 Junge, die aus der Höhle springen und mit 60–70 Tagen flügge sind.

Seeadler

Haliaeetus albicillus

M Größer als Steinadler; ♀ und ♂ gleich: Körper dunkelbraun, Kopf heller, Schnabel mächtig, gelb; Schwanz kurz, keilförmig, weiß. Flügel brettartig, am Ende gefingert.

V Felsküsten, große, bewaldete Seen und Flüsse; Teilzieher.

L Fliegt schwerfällig, kann stoßtauchen, jagt im Flug oder vom Ansitz Fische, Vögel, Säugetiere, Aas. Ruft schrill, nur im Brutgebiet.

F Brutzeit März bis Juli; mächtiger Horst auf hohen Bäumen. ♀ und ♂ erbrüten in 35–42 Tagen meist 2 Junge; Nestlingszeit 8 Wochen.

Steinadler **G**

Aquila chrysaetos

M Schlanker als Seeadler; dunkelbraun mit goldbraunem Oberkopf, Schwanz mittellang; Flügelenden gefächert, im Flug aufgebogen.

V Alpen, Nordeuropa; Standvogel.

L Jagt im Gleit- oder Segelflug, stößt aus großer Höhe auf Beutevögel und -säuger (bis Junggämse) herab. Stimme selten zu hören.

F Brutzeit März bis August; mächtiger Horst in Felswänden, wird oft jahrelang benutzt. Dauerehe häufig. Das ♀ erbrütet in 40–45 Tagen 2 Junge; Nestlingszeit 75–80 Tage.

Fischadler **G**

Pandion haliaetus

M Größer als Mäusebussard; ♀ und ♂ gleich: oben dunkelbraun, unten weiß; Oberkopf weiß mit schwarzem Augenstreif. Nackenfedern häufig gesträubt, Flügel lang, schmal, oft gewinkelt.

V Küste, Binnengewässer; Zugvogel, im Winter südlich der Sahara.

L Jagt Fische im Stoßflug, sitzt gern auf dürren Bäumen; ruft »gjü«.

F Brutzeit April bis Juli; großer Horst auf Baumspitzen. ♀ und ♂ erbrüten in 33–40 Tagen 3 Junge, Nestlingszeit 44–49 Tage.

Rohrweihe

Circus aerugineus

M Bussardgroß; schlank, mit langem Schwanz. ♂ oben dunkel-, unten hellbraun, Vorderkörper gestrichelt; ♀ braun, Oberkopf, Schultern und Flügelvorderkante weißlich.

V Feuchtgebiete; Zugvogel, im Winter im Mittelmeerraum.

L Flügel im Segelflug wie bei allen Weihen V-förmig; jagt Feldmäuse, Kleinvögel in niedrigem Suchflug. Ruft in der Balz nasal »quiä«.

F Brutzeit April bis Juli; Bodennest im dichten Röhricht, 3–7 Junge, Brutdauer 31–36, Nestlingszeit 38–40 Tage.

Rotmilan

Milvus milvus

M Etwas größer als Bussard; ♀ und ♂ gleich: schlank, rostrot mit grauem Kopf; Flügel und Schwanz lang. Im Flug fallen die schmalen, gewinkelten Flügel mit hellem Fenster und der tief gegabelte Schwanz (»Gabelweihe«) auf.

V Wälder des Tieflandes; Zugvogel, im Winter im Mittelmeerraum.

L Fliegt mit weit ausholenden Flügelbewegungen und auffälligen seitlichen Steuerbewegungen des Schwanzes. Ruft gedehnt »wiüü«. Jagt kleine Nager, Vögel, nimmt auch Aas und Abfälle.

F Brutzeit April bis Juli; Horst hoch in Bäumen. Das ♀ erbrütet in 28–30 Tagen 2–3 Junge, die nach 45–50 Tagen ausfliegen.

Schwarzmilan

Milvus migrans

M Gedrungener und dunkler als der oben beschriebene Rotmilan; der Kopf graubraun, kaum heller als der Körper; Schwanz nur schwach eingeschnitten. Flügel im Flug lang, oft gewinkelt, bei starker Schwanzspreizung ist die schwache Gabelung kaum zu erkennen.

V Wälder des Tieflandes, gern in Wassernähe; Zugvogel, überwintert im tropischen Afrika und Südafrika.

L Segelt gern, lässt sich plötzlich aus dem Gleitflug zur Beute nach unten fallen; liest tote Fische von der Wasseroberfläche, verletzte Vögel, Kleinsäuger und Aas von der Straße. Gerne gesellig, auch an Müllplätzen. Ruft hell-wiehernd »wihihihi...« oder »hüirr«.

F Brutzeit April bis Juli; Horst auf hohen Bäumen, oft mit Papier, Stoff, Abfall u. Ä. ausgelegt. 2–3 Junge, Brutdauer 26–38, Nestlingszeit 42–45 Tage.

Mäusebussard

Buteo buteo

M Häufigster heimischer Greif; Kopf rund, Auge dunkel, Hals kurz. Flügel breit, im Flug leicht aufgebogen, Schwanz kurz, breit, wirkt gespreizt abgerundet. ♀ und ♂ gleich, jedoch Färbung sehr variabel: tief dunkelbraun bis fast weiß. Die helle Form unterseits meist leicht quer gebändert, dunkle Tiere häufig mit hellem Brustschild.

V Offenes Kulturland, Wälder, Feldgehölze; Standvogel.

L Segelt im Aufwind über seinem Revier, rüttelt auch. Sehr ruffreudig, das lang gezogene »hijäh« ist ganzjährig zu hören. Ansitzjäger auf Kleinsäuger, Jungvögel, Reptilien, Amphibien, auch Aas.

F Brutzeit März bis Juli; Horst hoch in Bäumen am Waldrand. ♀ und ♂ erbrüten in 33–35 Tagen 2–3 Junge; Nestlingszeit 40–50 Tage.

Wespenbussard G

Pernis apivorus

M Ähnlich dem Mäusebussard (B. buteo), von diesem im Flug nur schwer zu unterscheiden. Oberseite dunkelbraun, Unterseite weiß mit dunkler Musterung; es gibt hellere und dunklere Typen. Auge hell, Flügel breit, im Flug nicht aufgebogen, Schwanz relativ lang.

V Alle Wälder; Zugvogel, Winterquartier tropisches und Südafrika.

L Segelt und kreist viel, rüttelt selten. Rufe (3silbiges »düdlihi«) nur am Brutplatz zu hören, bei Erregung hell »kikiki...«. Gräbt nach Larven, Puppen und Imagines staatenbildender Wespen (Name!), nimmt aber auch kleine Wirbeltiere.

F Brutzeit Mai bis Juli; Horst hoch in Bäumen des Waldrandes. Meist 2 Junge, Brutdauer 30–35, Nestlingszeit 35–40 Tage.

Habicht

Accipiter gentilis

M ♀ bussardgroß, ♂ deutlich kleiner; Oberseite schiefergrau bis braungrau; Kopfplatte dunkel, Überaugenstreif weiß, das Auge gelborange; Unterseite weiß, fein schwarz quer gebändert. Jungvögel rötlich-braun, mit längs gefleckter Brust. Im Flug vom Bussard durch kurze, breite Flügel und den langen Schwanz unterschieden.

V Wälder, Buschlandschaften; Stand-, Strichvogel.

L Schauflüge mit gespreiztem Schwanz im zeitigen Frühjahr, jagt Beutevögel meist aus der Deckung. Ruft am Brutplatz »kja-kja-kja«.

F Brutzeit März bis Juni; Horst auf hohen Waldbäumen. V.a. das ♀ erbrütet in 35–42 Tagen 2–5 Junge, die nach 36–40 Tagen ausfliegen, aber erst mit 70 Tagen selbständig sind.

Sperber

Accipiter nisus

M ♀ gut turmfalkengroß; oberseits graubraun, die weiße Unterseite dunkel quer gebändert (»gesperbert«); ♂ kleiner, oben blaugrau, die weiße Unterseite mit fein rötlichbrauner Sperberung. Auge hell, Flügel kurz, breit, Schwanz lang, gerade abgeschnitten. Jungvögel braun.

V Wälder, Buschlandschaft; Teilzieher.

L Wie der oben beschriebene Habicht ein vielseitiger Vogeljäger, der meist im Überraschungsangriff jagt. Der hohe, durchdringende Alarm vieler Kleinvögel (»Hassen«) verrät die Anwesenheit des Sperbers. Ruft am Brutplatz schnell, anhaltend »kjukjijki...«.

F Brutzeit April bis August; Nest meist gut versteckt auf jüngeren Waldbäumen. Das ♀ brütet 24–30 Tage, die 4–6 Jungen fliegen den Eltern ab dem 35. Tag bettelnd entgegen.

Turmfalke

Falco tinnunculus

M Häufigster heimischer Falke; taubengroß, schlank mit spitzen Flügeln und langem Schwanz. Kopf, Rücken und Schwanz des ♀ rotbraun, der gesamte Körper dunkel gefleckt, der Schwanz schwarz gebändert. ♂ mit blaugrauem Kopf, Bürzel und Schwanz, dieser mit breiter schwarzer Endbinde; Rücken rotbraun, schwarz gefleckt.

V Felsen, Steinbrüche, Ruinen, Städte, offenes Gelände; anpassungsfähig! Zug- und Strichvogel, überwintert in ganz Mitteleuropa.

L Typischer »Rüttelflug« (Fliegen am Ort) mit schnellen Flügelschlägen und gespreiztem Schwanz; späht hierbei nach Mäusen, Reptilien, Insekten; jagt auch vom Ansitz aus. Der Streckenflug wirkt hastig, im Flugbild fallen die spitzen Flügel und der lange Schwanz auf. Sein helles »kikiki...« oder lang gezogenes »wriiwrii...« ist oft zu hören.

F Brutzeit April bis Juli; das ♀ erbrütet in Fels- und Mauernischen oder alten Krähen- bzw. Greifvogelhorsten 4–6 Eier. Brutdauer beträgt 21–27 Tage, Nestlingszeit 28–32 Tage.

Baumfalke G

Falco subbuteo

M Etwas größer, langflügeliger und kurzschwänziger als der Turmfalke; ♀ und ♂ gleich: Oberseite dunkel schiefergrau, Unterseite hell, grob schwarz gefleckt, rötliche »Hosen« und Unterschwanz; auffallender dunkler Backenbart, Auge groß, dunkel.

V Wälder, Feldgehölze; Zugvogel, überwintert im tropischen Afrika.

L Gewandter Luftjäger, nimmt Insekten und Kleinvögel. Rufe zur Balz keckernd »kjekjekje...«.

F Brutzeit Mai bis August; baut kein eigenes Nest, nutzt alte Krähen-, Elstern-, Taubennester. Das ♀ bebrütet 2–3 Eier, Brutdauer 28–33, Nestlingszeit 28–35 Tage.

Wanderfalke

Falco peregrinus

M Größter heimischer Falke; ♀ größer als ♂, aber gleich gefärbt: oben dunkelgraublau, unten weißlich mit schwarzen Querbändern oder schwarzen Tropfenflecken am Vorderkörper. Breiter, schwarzer Backenbart, deutlich von Kehle und Wange abgesetzt. Flügel spitz, an der Basis breit, Schwanz relativ kurz, spitz zulaufend.

V Felswände, Steilküsten; Stand-, Strichvogel.

L Rasanter Flugjäger, der v. a. Vögel schlägt. Am Nistplatz ertönt ein gähnendes »gäääi« (Lahnen).

F Brutzeit März bis Juli; Eiablage direkt auf den Fels. Das ♀ erbrütet in 29–33 Tagen 3–4 Junge, Nestlingszeit 35–42 Tage.

Auerhuhn G

Tetrao urogallus

M ♂ größer als Fasan; dunkelbraungrau mit schwarzem Kehlbart, über den Augen rote »Rosen«; Flügel braun mit weißen Achselflecken, Schwanz recht lang, gerundet. ♀ kleiner, oben bräunlich, unten rostfarben mit vielen dunklen Querbinden.

V Naturnahe Mischwälder mit viel Beerensträuchern; Standvogel.

L Nahrung im Winter Kiefern- und Fichtennadeln, im Frühjahr Knospen, Jungtriebe, Gras, im Sommer und Herbst Beeren und Früchte. Eindrucksvolle Balz des ♂ mit gefächertem Schwanz und knackenden, schnalzenden Lauten, am Boden oder auf einer Warte.

F Brutzeit April bis August; das ♀ erbrütet im Bodennest in 25–27 Tagen 5–12 Junge, die bis in den September bei der Mutter bleiben.

Birkhuhn G

Tetrao tetrix

M ♂ fasanengroß; glänzend blauschwarz, über den Augen rote »Rosen«. Schwanz leierförmig mit weißem Unterschwanz; Flügelbug und -binde weiß (Flug). ♀ kleiner, graubraun, fein dunkel gemustert; Schwanz kurz, leicht gegabelt.

V Moore und Heiden der Tiefebene (hier fast überall ausgestorben), Baumgrenze der Alpen; Standvogel.

L Fliegt mit vielen Flügelschlägen, dazwischen Gleitflug, sitzt gern (v. a. im Winter) auf Bäumen. Ernährt sich von Knospen, Trieben, Beeren, Blättern, kleinen Insekten. Gemeinschaftsbalz der ♂ im April/Mai und Oktober/November mit hängenden Flügeln und hochgeklapptem Schwanz bei weit hörbarem »Kullern« und »Zischen«.

F Brutzeit Mai bis Juli; das ♀ brütet allein 26–27 Tage, die 7–10 Nestflüchter sind mit etwa 4 Wochen selbstständig.

Alpenschneehuhn

Lagopus mutus

M Kleiner als Haushuhn; im Sommerkleid ist das ♂ schwarzbraun, das ♀ ist rotbraun, fein gemustert; Flügel bei beiden im Flug weiß. Im Winter sind ♀ und ♂ schneeweiß, nur Schwanzaußenfedern und Augenstrich schwarz. Rote Überaugenstreifen (»Rosen«) klein.

V Steinige Matten oberhalb der Baumgrenze; Standvogel.

L Bestens getarnt, fliegt bei Störung oft erst im letzten Moment burrend auf. Nimmt Knospen, Triebe, Beeren, Blätter, Nadeln. Rufe des ♂ knarrend.

F Brutzeit Mai bis September; das ♀ erbrütet in der flachen, gut gedeckten Bodennestmulde in 22–24 Tagen 6–12 Junge. Die Nestflüchter fliegen mit 10 Tagen, werden vom ♀ bis zum Winter geführt.

Rebhuhn G

Perdix perdix

M Taubengroß; gedrungen, mit kurzem, rostrotem Schwanz. Kopf orangebraun, Vorderkörper hellgrau, Flanken rostrot gebändert. ♂ mit größerem dunkelbraunem, hufeisenförmigem Brustfleck. Oberflügeldecken und Schulterfedern des ♀ mit heller Querbänderung.

V Ursprünglich Steppenvogel, heute Kulturfolger auf Heide- und Ackerland mit genügend Deckung; Standvogel.

L Rennt sehr schnell, fliegt mit hartem Flügelburren auf. Das knarrende »kirreck« des ♂ ist auch in der Dunkelheit zu hören. Nimmt Sämereien und Knospen, in den ersten Lebenswochen Kleintiere.

F Brutzeit April bis Juli; Paarzusammenhalt oft lebenslang. Das ♀ erbrütet im gut gedeckten Bodennest in 25 Tagen 10–20 Junge, die mit 5 Wochen selbstständig sind, über Winter in der Familie bleiben.

Wachtel

Coturnix coturnix

M Mit Starengröße kleinster europäischer Hühnervogel; rundlich, sehr kurzschwänzig. Gefieder erdbraun, an Rücken und Flanken gelblich längsstreifig; Kehle des ♀ weiß, des ♂ dunkel gezeichnet.

V Kultur- und Ödland mit geschlossener Krautschicht; einzige ziehende Hühner-Art, überwintert im Mittelmeerraum und Afrika.

L Sehr scheu, typisch ist der Revierruf des ♂ »pick-wer-ick« (»Wachtelschlag«). Nahrung sind Sämereien und Insekten.

F Brutzeit Mai bis August; das ♀ erbrütet in 18–20 Tagen 7–14 Junge; flugfähig mit 19 Tagen, nach 4–7 Wochen selbständig.

Fasan

Phasianus colchicus

M Etwa haushuhngroß; aber hochbeiniger, mit sehr langem, dünnem Schwanz. Gefieder des ♂ kupferbraun, schwarz gesäumt; Kopf grünblau mit roter, häutiger Gesichtsmaske, Ohrfedern verlängert. ♀ wie Jungvögel braun mit heller und dunkler Musterung. Küken mit gelblichbraunem Dunenkleid.

V Kultur- und Ödland mit genügend Deckung; Standvogel. Ursprünglich aus Asien eingeführt.

L Typischer lauter Revierruf des ♂ »göögöck«, dem häufig ein dumpfes Flügelburren folgt. Ernährt sich von Sämereien, Früchten, in den ersten Lebenswochen von Kleintieren.

F Brutzeit April bis August; das ♀ erbrütet in 23–24 Tagen 8–12 nestflüchtende Junge, die bereits mit 10–12 Tagen flügge, aber bis zu 70–80 Tagen vom ♀ abhängig sind.

Wasserralle G

Rallus aquaticus

M Größer als Drossel; ♀ und ♂ gleich: oben olivbraun, Kopfseiten, Kehle, Hals und Brust schiefergrau, Flanken schwarzweiß gestreift; Schwanz kurz, meist gestelzt. Schnabel lang, leicht gebogen, rot.

V Dichtes Röhricht der Flüsse und Seen; Teilzieher.

L Sehr heimlich, läuft in geduckter Haltung, klettert gut im Strauchwerk. Häufigster Ruf ist ein grunzend-kreischendes »Ferkelquieken«. Ernährt sich von Insekten, Schnecken und Würmern.

F Brutzeit April bis August; im gut im Schilf versteckten Napfnest erbrüten ♀ und ♂ in 19–22 Tagen 6–11 Junge, die nach wenigen Tagen das Nest verlassen, 7–8 Wochen später flügge sind.

Teichhuhn G

Gallinula chloropus

M Taubengroß; ♀ und ♂ gleich: Oberseite olivbraun, Kopf, Hals und Unterseite grauschwarz, Flanke mit weißem, unterbrochenem Längsband. Rotes, häutiges Stirnschild mit gelber Schnabelspitze. Beine und die langen Zehen grünlich, ohne Schwimmhäute.

V Seen, Teiche, Flüsse, Kleingewässer mit ausreichend Seichtwasser und Ufervegetation; Teilzieher.

L Nickt beim Schwimmen mit dem Kopf, zuckt mit dem gestelzten Schwanz. Häufigster Ruf ist ein gurgelndes »kürrrk«, wird bei Erregung gereiht, geht in ein scharfes »kikeck« über. Nahrung sind Insekten, Kleintiere, Samen und Früchte von Sumpf- und Wasserpflanzen.

F Brutzeit April bis August; beide Eltern erbrüten in 19–22 Tagen 5–11 schwarze Junge mit rotem, gelbspitzigem Schnabel, blauen Augenwülsten; Scheitel und Nacken orange, Kehle und Hals gelb.

Blässhuhn

Fulica atra

M Kleiner als Stockente und gedrungen; ♀ und ♂ gleich: schwarzgrau mit schwarzem Kopf, weißem Stirnschild und Schnabel; zwischen den Zehen Schwimmlappen.

V Stehende Gewässer aller Art; Jahresvogel.

L Schwimmt kopfnickend, taucht mit kleinem Kopfsprung. Vor dem Start langes Laufen auf der Wasseroberfläche mit lautem Flügelklatschen. ♂ ruft »pix« oder »tsk«, ♀ laut bellend »köw«. Ernährt sich von Wasserpflanzen, Weichtieren, Insekten, deren Larven und Abfällen.

F Brutzeit April bis August; das umfangreiche Napfnest steht meist in der Ufervegetation im Wasser. ♀ und ♂ erbrüten in 23–25 Tagen 5–10 braunschwarze Dunenjunge mit weißem Vorderhals, schütterem rotem Kopf und goldgelber Halskrause.

Austernfischer

Haematopus ostralegus

M Gut taubengroß; ♀ und ♂ gleich: kräftig, mit roten Beinen und langem, rotem Schnabel. Kopf, Hals und Oberseite schwarz, Unterseite weiß, Flügel schwarz; im Flug fallen die weiße Flügelbinde und der weiße Hinterrücken auf.

V Kies-, Fels- und Sandstrände, Dünen, Wattwiesen; außerhalb der Brutzeit oft in großen Schwärmen im Watt. Standvogel.

L Ernährt sich überwiegend von Muscheln (Name!), Schnecken, Krebsen, Würmern, Insekten. Die auffälligen, weit hörbaren »kliip«-Rufe trägt er im langsamen, niedrigen Singflug über dem Revier vor. Typisch ist das lautstarke Trillerzeremoniell zur Balzzeit aus sich allmählich beschleunigenden Rufreihen »kewick kewick kwick kwick kwirrr...«, wozu sich meist 2 Paare treffen.

F Brutzeit April bis Juli; ♀ und ♂ erbrüten in einer flachen Bodenmulde in 24–27 Tagen 3 Junge, die nach 32–35 Tagen flügge sind.

Kiebitz G

Vanellus vanellus

M Taubengroß; ♀ und ♂ überwiegend gleich: Oberkopf, Kehle und Brust schwarz, Rücken graubraun, metallisch grünviolett schimmernd; Kopf, Halsseiten und Bauch weiß, Schwingen schwarz, Schwanz weiß mit schwarzer Endbinde. Charakteristisch ist die schwarze, beim ♀ etwas kürzere Federhaube des Oberkopfes. Die Flügel erscheinen im Flug breit, gerundet, schwarzweiß.

V Feuchte Wiesen und Felder, gerne gewässernah; Teilzieher, überwintert in West- und Südeuropa.

L Bei der Suche nach Würmern, Schnecken, Insekten oft in Schwärmen. Sein Flug wirkt schwankend, unstet, mit plötzlichen Richtungsänderungen; auffällige Balzflüge des ♂ sowie Bodenbalz. Typischer Ruf ist ein klagendes, 2silbiges »kchui-witt«, das v. a. im Flug vorgetragen wird.

F Brutzeit März bis Juni; in einer flachen Bodenmulde erbrüten ♀ und ♂ in 26–29 Tagen 4 Junge, die mit 35–40 Tagen flügge sind. Die erdfarbenen Küken sind hervorragend getarnt, drücken sich bei Warnung der Eltern eng gegen den Boden. Ältere Jungvögel sind oben braungrau mit rostbraunen Federsäumen, unten weiß; die typische Federhaube ist sehr kurz.

Säbelschnäbler

Recurvirostra avosetta

M Taubengroß; ♀ und ♂ gleich: schwarzweiß, langbeinig, Schnabel aufwärts gebogen, säbelartig (Name!), schwarz; Beine hell graublau.

V Seichtwasserzonen der Küste, flache Steppenseen; im Winter auch im Wattenmeer. Teilzieher, der bis Westafrika geht.

L Schlägt den Schnabel seitwärts in den Schlamm, fischt Krebse, Würmer und andere Kleintiere heraus. Ruft klangvoll »plüit«, bei Erregung gereiht.

F Brutzeit Mai bis Juli; gern in kleinen Kolonien. ♀ und ♂ erbrüten in 23–25 Tagen 4 Nestflüchter, die nach 35–42 Tagen flügge sind.

Flussregenpfeifer

Charadrius dubius

M Kleiner als Amsel; ♀ und ♂ gleich: oben braun, unten weiß; Beine fleischfarben. Stirnband schwarz, weiß gesäumt; Schnabel dunkel.

V Schotter-, Kies- und Sandbänke der Flüsse, Kiesgruben; Zugvogel, überwintert südlich der Sahara.

L Trippelt schnell mit plötzlichen Stopps; Singflug fledermausartig mit heiserem »griä-griä…«, häufigster Ruf abfallendes »piu«.

F Brutzeit April bis Juli; Bodenmulde gewässernah, ♀ und ♂ erbrüten in 22–28 Tagen 4 Junge, die nach 24–29 Tagen flügge sind.

Sandregenpfeifer G

Charadrius hiaticula

M Größer als der ähnliche Flussregenpfeifer (oben); schwarzes Stirnband nicht weiß abgesetzt; Schnabelbasis gelblich, Beine gelb.

V Brutvogel der Küsten, als Durchzügler auch im Binnenland; Zugvogel, zieht im Winter bis ins tropische Afrika.

L Wirft sich im Singflug von einer Seite zur anderen, ruft weich flötend, ansteigend »dü-ip«, Nahrung sind kleine Bodentiere.

F Brutzeit April bis August; ♀ und ♂ erbrüten in einer Bodenmulde in 21–28 Tagen 4 Junge, die mit etwa 24 Tagen flügge sind.

Rotschenkel G

Tringa totanus

M Größer als Drossel; ♀ und ♂ gleich: oben braun, unten weiß, dunkelfleckig; Beine lang, rot (Name!), Schnabel schwarz.

V Küstennahes Grasland, Feuchtgebiete; Teilzieher.

L Sitzt zur Brutzeit gern auf Warten; sehr ruffreudig: »tjüt«, Reviergesang meist im Gleitflug »dahidldahidl…«. Frisst kleine Bodentiere.

F Brutzeit April bis Juli; ♀ und ♂ erbrüten in 22–29 Tagen 4 braunschwarze Junge, die nach 30–35 Tagen flügge werden.

Großer Brachvogel G

Numenius arquata

M Größer als Krähe, größter heimischer Watvogel; ♀ und ♂ gleich: Gefieder graubraun mit dunklen Zeichnungen, Hinterrücken im Flug keilförmig weiß. Schnabel lang, abwärts gebogen, Beine lang.

V Offene Flächen, v. a. Streuwiesen, Moore; Zugvogel, beim Durchzug auf Watt, Wiesen. Überwintert in Westeuropa bis Westafrika.

L Außerhalb der Brutzeit sehr gesellig. Flötentöne »tlüih« und der typische, schneller werdende Trillergesang werden im wellenförmigen Reviermarkierungsflug vorgetragen. Ernährt sich von Insekten, Würmern, Mollusken, Beeren und Pflanzentrieben.

F Brutzeit April bis Juli; in einer flachen Bodenmulde erbrütet v. a. das ♀ in 27–30 Tagen 4 Junge, die mit 5 Wochen flügge sind.

Uferschnepfe G

Limosa limosa

M Taubengroß mit langem, geradem Schnabel; ♀ und ♂ gleich: Kopf, Hals und Brust rotbraun, Bauch weiß mit dunkler Sperberung. Im Flug weiße Flügelbinde, Füße überragen den schwarzweißen Schwanz; im Ruhekleid sind beide Geschlechter hell braungrau.

V Moore und Feuchtwiesen, v. a. in Küstennähe; Zugvogel, überwintert in Afrika und an der europäischen Atlantikküste.

L Außerhalb der Brutzeit gesellig; Flugruf »wäd«, Gesang im Ausdrucksflug auf- und absteigend »gruitugruitu…«. Sucht Bodentiere und Sämereien.

F Brutzeit April bis Juli; ♀ und ♂ erbrüten in einer einfachen Bodenmulde in 22–24 Tagen 4 Junge, die mit 30–35 Tagen flügge sind.

Bekassine G

Gallinago gallinago

M Drosselgroß; ♀ und ♂ gleich: Oberseite braun mit schwarzen und gelblichen Längsstreifen, Kopf längsgezeichnet mit langem, geradem Schnabel. Hals und Brust braun gestrichelt, Unterseite weiß.

V Sümpfe, Moore, Feuchtwiesen mit dichter, nicht zu hoher Vegetation; Zugvogel, überwintert in West- und Südeuropa.

L Bestens getarnt, drückt sich bei Gefahr in Deckung, fliegt plötzlich in reißendem Zickzackflug auf, oft mit nasalem »kätsch«. ♀ und ♂ rufen rhythmisch »tückje«; typisch ist das »Meckern« der »Himmelsziege« im Sturzflug, das durch die vibrierenden Steuerfedern des Schwanzes zustande kommt (Instrumentallaut). Bohrt im weichen Boden nach kleinen Schnecken, Regenwürmern und Insektenlarven.

F Brutzeit April bis Juli; das ♀ erbrütet im gut am Boden versteckten Nest in 18–20 Tagen 4 Junge, die nach 4 Wochen flügge sind.

Heringsmöwe

Larus fuscus

M Knapp bussardgroß; ♀ und ♂ gleich: Kopf und Hals weiß, Oberseite dunkelgrau, Schnabel gelb, unten mit rotem Fleck; Füße gelb. Im Schlichtkleid feine Kopfstrichelung.

V Atlantikküste Nordeuropas, Nordseeküste; Standvogel.

L Sucht am Meer, an Binnenseen nach Oberflächenfischen, Würmern, Weichtieren, Aas. Ruft ein dunkles, raues »kjau«.

F Brutzeit April bis Juli; Koloniebrüter, oft zusammen mit Silbermöwen (unten). Dauerehe häufig; ♀ und ♂ erbrüten im flachen Bodennest auf Klippen, Inseln oder Kies in 26–31 Tagen 2–3 Junge, die mit 35–40 Tagen flügge sind.

Silbermöwe

Larus argentatus

M Bussardgroß; ♀ und ♂ gleich: Körper weiß, Rücken und Oberflügel silbergrau, Flügelspitzen schwarzweiß. Schnabel kräftig, gelb, unten mit rotem Fleck, Beine rosa. Kopf im Schlichtkleid gestrichelt; Jungvögel braun mit braunem Schnabel, erst im 4. Jahr ausgefärbt.

V Häufiger Brutvogel der Küste, im Binnenland selten; Standvogel.

L Ganzjährig sehr gesellig, ernährt sich sehr vielseitig: Fische, Muscheln, Krebse, Pflanzen, Abfälle, Vogeleier, Jungvögel; häufig an Mülldeponien, Schlachthöfen, Fischereihäfen. Hauptruf im Flug ein gellendes »kjau«, Balzruf ein helles Jauchzen.

F Brutzeit April bis Juli; Koloniebrüter, oft zusammen mit Heringsmöwen (oben). ♀ und ♂ erbrüten im Bodennest in 26–32 Tagen 2–3 Junge, die mit 35–49 Tagen flügge sind.

Sturmmöwe

Larus canus

M Kleine »Ausgabe« der Silbermöwe (oben); Augen jedoch dunkel, nicht gelb; ♀ und ♂ gleich: Körper weiß, Rücken und Oberflügel grau, Flügelspitzen schwarzweiß. Schnabel und Beine grünlichgelb. Im Ruhekleid Oberkopf und Nacken fein graubraun gestrichelt, Schnabel und Beine grau.

V Meeresküsten, küstennahes Binnenland; Standvogel. Im Winter regelmäßig im Binnenland.

L Mischt sich gern in Lachmöwenschwärme, sucht ebenso wie diese in frisch gepflügten Feldern Würmer, Mäuse, sonst Insekten, Fische, Aas, Abfälle. Ruft gellend »kiä«.

F Brutzeit Mai bis Juli; Saisonehe, Koloniebrüter auf Landzungen, Uferstreifen. ♀ und ♂ erbrüten im Bodennest in 23–28 Tagen 3 Junge, die mit 28–33 Tagen flügge sind.

Lachmöwe

Larus ridibundus

M Taubengroß; ♀ und ♂ gleich: Oberseite hellgrau, Unterseite, Bürzel und Schwanz weiß; Flügel schlank, spitz, Vorderkante weiß, Spitzen schwarz, Schnabel und Beine korallenrot. Gesicht im Sommerkleid schokoladenbraun, im Ruhekleid weiß mit einem dunklen Ohrfleck. Jungvögel oberseits bräunlich mit schwarzer Schwanzendbinde; im 2. Jahr ausgefärbt.

V Küste, Binnengewässer; Teilzieher. Im Binnenland im Winter die häufigste Möwe.

L Fast ganzjährig gesellig. Ernährt sich tierisch und pflanzlich, von Aas und Abfällen. Ruft v. a. zur Brutzeit quärrend »kwäarr«.

F Brutzeit April bis Juli; Koloniebrüter. ♀ und ♂ erbrüten in 20–25 Tagen 3 Junge, die mit 26–28 Tagen flügge sind.

Küstenseeschwalbe G

Sterna paradisaea

M Kleiner und schlanker als Lachmöwe; ♀ und ♂ gleich: Oberseite hellgrau, Unterseite weiß; Flügel sehr schlank und schmal, Schwanz tief gegabelt mit sehr langen Außenspießen, die besonders im Flug auffallen, im Sitzen die Flügelspitzen überragen. Schnabel rot.

V Meeresküsten; Langstreckenzieher, überwintert auf der Südhalbkugel.

L Flug elegant, greift im Sturzflug Störenfriede in der Kolonie (auch Menschen) an; jagt durch Stoßtauchen Fische, Krebse, Insektenlarven. Sehr ruffreudig »ki-ärr«, Stimmfühlungsruf weich »bitt-bitt«.

F Brutzeit Mai bis Juli; Koloniebrüter. ♀ und ♂ erbrüten in einfacher Bodenmulde in 20–22 Tagen 2 Junge, die mit 2 Tagen schwimmfähig, mit 20–28 Tagen flügge sind.

Flussseeschwalbe G

Sterna hirundo

M Sehr ähnlich der Küstenseeschwalbe, der gegabelte Schwanz jedoch ohne lange Außenspieße. Schnabel rot mit schwarzer Spitze. ♀ und ♂ gleich, im Ruhekleid Stirn weiß, Schnabel schwarz.

V Küste, Binnengewässer; Langstreckenzieher, überwintert auf der Südhalbkugel.

L Schwimmt kaum auf dem Wasser, läuft nicht gerne an Land. Suchflug mit senkrecht nach unten gehaltenem Schnabel, gewandter Stoßtaucher nach Fischen, Krebsen, Insektenlarven. Stimmfühlungsruf »kick«, ruft im Brutgebiet »kjierr«, bei Erregung gereiht.

F Brutzeit Mai bis August; Koloniebrüter. ♀ und ♂ erbrüten in 20–26 Tagen 3 Junge, die mit 23–27 Tagen flügge sind.

Ringeltaube

Columba palumbus

M Größte heimische Taube; ♀ und ♂ gleich: graublau mit auffälligem weißem Halsfleck; im Flug breites, weißes Flügelband.

V Wälder, Parks (Kulturfolger); Teilzieher, im Winter am Mittelmeer.

L Gurrende, 4–5silbige Strophe »ru-kuu-ku, ru-ku«; Balz- und Abflug mit lautem Flügelklatschen. Sucht Samen, Früchte, Gräser.

F Brutzeit April bis September; 2–3 Jahresbruten im dünnen Reisignest auf Bäumen. 2 weiße Eier, Brutdauer 16–17 Tage.

Turteltaube G

Streptopelia turtur

M Kleiner als Haustaube; ♀ und ♂ gleich: Oberseite rotbraun, dunkel gemustert, Halsseiten mit schwarzweißem Zeichen, Schwanz lang.

V Laubwälder, Gehölze; Zugvogel, im Winter südlich der Sahara.

L Sehr scheu, Gesang 2silbig, schnurrend »turr-turr«. Pickt Samen.

F Brutzeit Mai bis August; dünnes Reisignest im dichten Gebüsch, 2 weiße Eier, Brutdauer 13–16, Nestlingszeit 18–23 Tage.

Türkentaube

Streptopelia decaocto

M Schlank, langschwänzig, ♀ und ♂ gleich: beige bis grau, schwarzes, weiß gesäumtes Halsband.

V Dörfer, Städte (Kulturfolger); Stand-, Strichvogel.

L Gesellig, typischer, 3silbiger Ruf »ru-kuu-ku«. Frisst Samen und Früchte; oft in Scharen an Getreidesilos oder Geflügelfarmen.

F Brutzeit März bis September, 2–5 Jahresbruten. Dürftiges Nest auf Bäumen, Mauervorsprüngen, 2 Junge, Brutdauer 14–17 Tage.

Kuckuck G

Cuculus canorus

M Schlank, Unterseite weiß, gesperbert; ♀ oberseits rotbraun, ♂ oberseits graublau. Flügel schlank, hängen im Sitzen leicht herab, der lange Schwanz wird im Sitzen leicht angehoben. Schnabel spitz.

V Laubwälder, Parks; Zugvogel, überwintert im tropischen Afrika.

L Sehr scheu, ruft im Flug oder auch aus der Deckung das bekannte »ku-ku«; ernährt sich v. a. von Schmetterlingsraupen.

F Brutzeit Mai bis Juli; einziger heimischer Brutparasit. Das ♀ legt je 1 Ei in ein Singvogelnest, das Junge schlüpft nach 11–13 Tagen, wirft Eier und Jungvögel des Wirtes hinaus; es wird danach von den Wirtseltern 19–24 Tage im Nest und noch bis zu 2 Wochen außerhalb des Nests gefüttert (Foto: mit Grauschnäpper).

Waldkauz

Strix aluco

M Kleiner als Bussard; ♀ und ♂ gleich: Oberseite und die etwas hellere Unterseite sind kräftig dunkel gefleckt und schwach quer gebändert. Grundfärbung der Altvögel in 2 Variationen braun oder grau. Kopf rund, Augen dunkel, keine Federohren.

V Lichte Wälder, Gehölze mit genügend Höhlen; Standvogel.

L Dämmerungs- und nachtaktiv, tagsüber versteckt; ganzjährig territorial. Jagt Kleinsäuger, Vögel und Amphibien. Ruft durchdringend »ku-itt«, typisch ist das tremolierende »hu-u, hu-u-u«, das ♀ und ♂ im Frühjahr und Herbst vortragen.

F Brutzeit März bis Juni; nistet in Baum- und Felshöhlen sowie Mauerlöchern. Das ♀ erbrütet in 28–30 Tagen 3–5 Junge, die mit 30–35 Tagen als flugunfähige Ästlinge (Foto Mitte links) das Nest verlassen. Ihr Dunenkleid ist weißgelblich, dunkel braun oder grau gesperbert; nach 7 Wochen sind sie flügge, mit 10 Wochen selbständig.

Waldohreule

Asio otus

M Krähengroß, schlank; ♀ und ♂ gleich: Oberseite dunkelbraun, rindenfarbig marmoriert, Unterseite gelblich, kräftig dunkel längsstreifig und fein quer gebändert. Augen orange; Federohren lang, anlegbar.

V Wälder, Feldgehölze; Stand-, Strichvogel.

L Dämmerungs- und nachtaktiv; sitzt untertags versteckt, aufrecht in Bäumen. Jagt v. a. Mäuse. Zur Brutzeit territorial, das ♂ trägt das weit tragende, dumpfe »huh« im Sitzen oder im Flug vor.

F Brutzeit März bis Juni; Eiablage in alten Krähen- oder Greifvogelhorsten. Das ♀ erbrütet in 27–28 Tagen 4–5 Junge, die, flugunfähig, nach 23–26 Tagen das Nest verlassen und als weißbräunliche Ästlinge (Foto Mitte rechts) laut bettelnd noch 2 Monate gefüttert werden.

Uhu

Bubo bubo

M Größte heimische Eule, größer als Bussard; ♀ und ♂ gleich: Gefieder braun, dunkel längs und quer gezeichnet, Brust und Bauch etwas heller; auffällige Federohren, Augen leuchtend orange.

V Felswände waldreicher Landschaften; Standvogel.

L Dämmerungs- und nachtaktiv; jagt Mäuse, Junghasen, Vögel, Amphibien, Insekten, selten sogar Fische. Das volltönende »uh-hoo« ist v. a. im Herbst und Vorfrühling zu hören.

F Brutzeit Februar bis Juli; das ♀ legt 2–4 Eier in eine flache Mulde in Felsnischen, brütet allein 31–37 Tage. Nestlingszeit 5–7 Wochen, nach 9 Wochen sind die Jungen flügge.

Raufußkauz

Aegolius funereus

M Kleiner als Taube; ♀ und ♂ gleich: graubraun, kräftig weiß gefleckt, unten weiß, schwach längsstreifig. Breitköpfig, Augen groß, gelb. Füße kurz und dicht befiedert (Name!).

V Naturnahe (Nadel-)Wälder der Mittelgebirge; Standvogel.

L Dämmerungs- und nachtaktiv; ganzjährig territorial. Jagt v. a. Kleintiere und Mäuse. Reviergesang ein melodisches »hu-hu-hu...«.

F Brutzeit März bis Juni; brütet fast nur in Schwarzspechthöhlen. 2–8 Junge, Brutdauer 26–29, Nestlingszeit 30–36 Tage.

Sperlingskauz

Glaucidium passerinum

M Starengroß, kleinste heimische Eule; ♀ und ♂ gleich: oben braun mit vielen weißen Tupfen, unten weiß, schmal dunkelfleckig. Augen gelb, der Schwanz mit 5 hellen Querbinden.

V Wälder der Alpen und Mittelgebirge; Standvogel.

L Tag- und dämmerungsaktiv; jagt Kleinsäuger und Vögel. Reviergesang weich, ansteigend »üh« (»Tonleiter«).

F Brutzeit April bis Juni; das ♀ legt 3–7 Eier in Spechthöhlen, Brutdauer 28–29 Tage, Nestlingszeit 30–34 Tage.

Steinkauz G

Athene noctua

M Kleiner als Taube; ♀ und ♂ gleich: oben dunkelbraun, dicht weißfleckig, unten hell, breit dunkelbraun gestreift. Augen groß, gelb.

V Offenes Gelände mit alten Bäumen; Standvogel.

L Dämmerungs- und tagaktiv; meist territorial. Knickst häufig, jagt v. a. Mäuse. Das ♂ singt ansteigend, nasal »guhik«.

F Brutzeit April bis Juli; das ♀ legt 3–5 Eier in Baumhöhlen u. Ä., Brutdauer 25–30, Nestlingszeit 35 Tage, flügge nach 45 Tagen.

Schleiereule

Tyto alba

M Größer als Krähe; ♀ und ♂ gleich: hell, langbeinig, Gesicht herzförmig, weiß, Augen schwarz. 2 Farbvarianten mit weißer bzw. gelbbraun-tropfenfleckiger Unterseite (Fotos).

V Waldarme Siedlungsgebiete; Standvogel.

L Nachtaktiv; jagt v. a. Mäuse. ♂ ruft heiser kreischend, im Flug tremolierend; Junge betteln nachts »schnarchend« .

F Brutzeit März bis Juli; in Kirchtürmen, Scheunen, Dachböden. Brutdauer 30–40 Tage, 4–7 Junge, flügge nach 60 Tagen.

Schwarzspecht

Dryocopus martius

M Krähengroß, doch schlanker; schwarz mit hellem Schnabel und weißem Auge; ♂ mit rotem Oberkopf, ♀ mit rotem Hinterscheitel.

V Große Misch- und Nadelwälder mit ausreichend altem Baumbestand; Stand-, Strichvogel.

L Fliegt schwerfällig, gerade, nicht wellenförmig wie andere Spechte; typisch sind die Flugrufe »krrü-krrü...«, der Erregungsruf »kliööh« sowie die kehlige Strophe »kwoi-kwih-kwih-kwikwikwi...« zur Brutzeit. Trommelt in dunklen, weit hörbaren Wirbeln. Ernährt sich von Ameisen, Holz bewohnenden Käfern und deren Larven.

F Brutzeit April bis Juli; Bruthöhle v. a. in Buchen. Meist das ♂ erbrütet in 12–14 Tagen 4–5 Junge; flügge mit 24–28 Tagen.

Grünspecht

Picus viridis

M Kleiner als Krähe; oben olivgrün, unten graugrün; ♀ mit rotem Scheitel und schwarzem Bartstreif, ♂ mit rotem Oberkopf und schwarz gesäumtem, rotem Bartstreif. Gesamtes Gefieder der Jungvögel gefleckt und schwärzlich gestrichelt.

V Laubmischwälder, Feldgehölze, Streuobstwiesen; Standvogel.

L Scheuer Einzelgänger, trommelt selten; Stammkletterer, sucht seine Nahrung (Ameisen, Insekten, Beeren) auch am Boden. Gesang ist ein lachendes »klüklüklü...«.

F Brutzeit April bis Juli; brütet in selbst geschlagenen oder vorhandenen Baumhöhlen. Beide Eltern erbrüten in 15–17 Tagen 5–8 Junge, die nach 18–21 Tagen die Höhle verlassen.

Grauspecht G

Picus canus

M Kleiner als Krähe; oben olivgrün, unten graugrün, Gesicht und Hals grau, der schmale Bartstreif schwarz; ♂ mit roter Stirn.

V Laubmischwälder, Gehölze, Parks; Stand-, Strichvogel.

L Trommelt häufig, in kurzen Serien; seine Strophe ist ein wehmütiges, in der Tonhöhe abfallendes »kükü-kü-kü-kü...«. Als Nahrung dienen Ameisen, Insekten, im Winter auch Samen und Früchte.

F Brutzeit Mai bis Juli; brütet in selbst gezimmerten oder vorhandenen Baumhöhlen. Beide Eltern erbrüten in 14–17 Tagen 5–9 Junge, die die Höhle nach 23–25 Tagen verlassen.

Buntspecht

Dendrocopus major

M Drosselgroß; schwarzweiß, Bauch und Flanken einfarbig hell, Unterschwanz rot, Oberkopf schwarz; ♀ ohne roten Nackenfleck, ♂ mit rotem Nacken, Jungvögel mit rotem Scheitel.

V Wälder, Parks, Gärten; Standvogel.

L Selten am Boden, meist an Baumstämmen, Masten. Trommelwirbel schnell, Ruf scharf »kick«; sucht Holz bewohnende Larven, im Winter Samen, bearbeitet Koniferenzapfen in »Spechtschmieden«.

F Brutzeit April bis Juli; Bruthöhle v. a. in Weichhölzern, 4–7 Junge, Brutdauer 10–13, Nestlingszeit 20–28 Tage.

Kleinspecht **G**

Dendrocopus minor

M Sperlingsgroß; Rücken schwarzweiß gebändert, Unterseite hell, ohne Rot; ♂ mit rotem, ♀ mit schwarzem Oberkopf, heller Stirn.

V Wälder, Parks, Gärten; Stand-, Strichvogel.

L Singt hoch, schnell »kikiki…«, Trommelwirbel rasch, gleichmäßig. Klaubt Blattläuse, Insekten(-larven) von Ästen, unter Rinde hervor.

F Brutzeit Mai bis Juli; zimmert Höhle nur in morschem oder totem Holz. 4–5 Junge, Brutdauer 10–12, Höhlenzeit 19–21 Tage.

Wendehals **G**

Jynx torquilla

M Gut sperlingsgroß; schlank, ♀ und ♂ gleich: rindenfarbig, schwarzer Augenstreif; Schnabel zart, Schwanz lang, ohne Stützfunktion.

V Auwälder, Gehölze; Zugvogel, im Winter im tropischen Afrika.

L Bestens getarnt, nasales »kjäkjäkjä…« wird oft im Duett gesungen. Klaubt Ameisen und deren Larven vom Boden und aus den Bauten.

F Brutzeit Mai bis Juli; ♀ und ♂ erbrüten in Baumhöhlen in 12–14 Tagen 5–11 Junge, die mit 20–22 Tagen ausfliegen.

Eisvogel

Alcedo atthis

M Gut sperlingsgroß; ♀ und ♂ gleich: Oberseite kobaltblau bis türkis, Unterseite orange, Halsfleck weiß; gedrungen, kurzschwänzig, kurzbeinig, Schnabel lang, spitz, grauschwarz.

V Fließgewässer mit Steilufer für Nestbau; Stand-, Strichvogel.

L Erbeutet kleine Fische im Fangstoß unter Wasser. Ruft scharf »zii«; gräbt ca. 50 cm lange, horizontale Nisthöhlen in (Ufer)böschungen.

F Brutzeit April bis August; beide Eltern erbrüten in 18–21 Tagen 5–7 Junge, die nach 23–27 Tagen ausfliegen.

Mauersegler

Apus apus

M Größer als Schwalbe; ♀ und ♂ gleich: rauchschwarz, nur die Kehle heller; Flügel lang, sichelförmig, Schwanz gegabelt, Füße winzig.
V Dörfer und Städte; Zugvogel, überwintert im südlichen Afrika.
L Extrem an ein Leben im Flug angepasst; fliegt rasant, schreit schrill »srirrr«. Erbeutet Insekten im Flug.
F Brutzeit Mai bis Juli; Nest unter Dächern oder in Mauerlöchern. 2–3 Junge, Brutdauer 18–20 Tage, Nestlingszeit 5–8 Wochen.

Rauchschwalbe G

Hirundo rustica

M Sperlingsgroß, sehr schlank; ♀ und ♂ gleich: Oberseite metallisch dunkelblau, Unterseite hell, Kehle und Stirn rotbraun. Flügel schlank, im Flug 3eckig, Schwanz mit langen Außenspießen.
V Dörfer, Stadtrand; Zugvogel, überwintert südlich der Sahara.
L Fliegt schnell, oft segelnd, fängt Insekten hoch in der Luft oder bei feuchtem Wetter niedrig über Wasser oder Boden. Sitzt gern gesellig auf Leitungen, singt »schwätzend«.
F Brutzeit Mai bis August; baut napfförmiges Lehmnest in Ställen, Scheunen. 4–6 Junge, Brutdauer 15, Nestlingszeit 21 Tage.

Mehlschwalbe G

Delichon urbica

M Kleiner als Sperling; ♀ und ♂ gleich: Oberseite blauschwarz, Unterseite und Bürzel weiß. Schwanz schwach gegabelt.
V Dörfer, Kleinstädte; Zugvogel, überwintert südlich der Sahara.
L Fliegt flatternd mit Gleitphasen, jagt Insekten in großer Höhe, zwitschert leise. Standorttreu, kommt oft zur Brutkolonie zurück.
F Brutzeit Mai bis August; kugelrundes Lehmnest an Gebäude-Außenwänden. 3–6 Junge, Brutdauer 14–16, Nestlingszeit 20–30 Tage.

Uferschwalbe

Riparia riparia

M Kleinste heimische Schwalbe; ♀ und ♂ gleich: oben braun, unten weiß mit braunem Brustband; Flügel schlank, 3eckig.
V Sandige Steilwände; Zugvogel, im Winter in Südwestafrika.
L Jagt Insekten in der Luft, häufig über Wasser; sehr gesellig.
F Brutzeit Mai bis August; Nest in selbst gegrabenen, über 50 cm langen Röhren in sandigen Steilwänden, oft in großen Kolonien. Beide Eltern erbrüten in 12–16 Tagen 4–6 Junge, die nach 16–22 Tagen die Bruthöhle verlassen.

Feldlerche G

Alauda arvensis

M Gut sperlingsgroß; ♀ und ♂ gleich: Oberseite braun, Hals dunkel gestrichelt, Kopf durch kurzen Schopf eckig, weißer Überaugenstreif; Schwanzseiten und Flügelhinterrand hell.

V Wiesen, Felder u. a. offene Landschaften; Teilzieher.

L Läuft schnell, geduckt, nimmt Insekten, Würmer, Sämereien. Reviergesang wird meist im Singflug vorgetragen.

F Brutzeit April bis Juli; im Bodennest schlüpfen nach 10–14 Tagen 4–5 Junge, die das Nest nach 14–18 Tagen verlassen.

Haubenlerche G

Galerida cristata

M Sperlingsgroß; ♀ und ♂ gleich: Oberseite hell graubraun, Hals deutlich gestrichelt; Schwanz kurz, lange Kopfhaube (Name!).

V Trockenes Gras- und Ödland, Straßenränder; Standvogel.

L Sitzt gern am Boden, frisst Insekten und Sämereien, singt vom Boden oder von einer niederen Warte melancholisch pfeifend.

F Brutzeit April bis Juli; Bodennest mit 3–5 Eiern, Brutdauer 12–14, Nestlingszeit 9–11 Tage. Häufig 2 Jahresbruten.

Bergpieper

Anthus spinoletta

M Sperlingsgroß; ♀ und ♂ gleich: Oberseite graubraun, Unterseite im Sommer kaum, im Winter kräftig gefleckt; Beine dunkel.

V Kurzrasige Alpenmatten ab der Baumgrenze; Teilzieher.

L Singt von einer Warte oder im horizontalen Singflug »zrüzrüzrü...«, nimmt kleine Kerbtiere und Sämereien.

F Brutzeit Mai bis Juni; Bodennest, auch nach oben gedeckt; das ♀ erbrütet in 14–16 Tagen 4–5 Junge, Nestlingszeit 14–16 Tage.

Baumpieper G

Anthus trivialis

M Sperlingsgroß; ♀ und ♂ gleich: Oberseite braun gemustert, Brust dunkel gestreift; Kehle hell, dunkel gesäumt, Beine hellrötlich.

V Waldränder, baumbestandene Hänge; Zugvogel, überwintert südlich der Sahara.

L Typisch ist der kurze Singflug, vom Boden oder von einem Baumwipfel startend, mit ausgebreiteten Flügeln nach unten schwebend, mit »zia-zi-zia...« endend. Fängt Insekten am Boden oder auf Bäumen.

F Brutzeit Mai bis Juli; Bodennest mit 5–6 Eiern, Brutdauer 12–14, Nestlingszeit 12–13 Tage.

Bachstelze

Motacilla alba

M Sperlingsgroß; im Brutkleid Kopf, Brust, Kehle und Nacken des ♂ schwarz, Stirn, Wangen und Bauch weiß, Rücken grau; Hinterkopf des ♀ eher grau; Jungvögel bräunlich und grau.
V Dörfer, Städte, offene Kulturlandschaft; Zugvogel, überwintert in Südwesteuropa.
L Gern in Gewässernähe, sucht im Trippelgang Boden nach Insekten ab, dabei häufiges Schwanzwippen. Flugbahn wellig, Gesang leise, häufiger Lockruf »zi-sitt«.
F Brutzeit März bis Juli; Nest in Halbhöhlen, Nischen, unter Dachziegeln. 5–6 Junge, Brutdauer 12–14, Nestlingszeit 13–16 Tage.

Schafstelze

Motacilla flava

M Sperlingsgroß; ♂: Oberseite grau- oder olivgrün, Unterseite gelb, Kopf grau, heller Überaugenstreif, Schwanz mäßig lang; ♀: Kopf grünlichgrau, Unterseite blasser.
V Feuchte Wiesen, Äcker in der Nähe von Fließgewässern, Heide, Moore; Zugvogel, überwintert in Westafrika.
L Fängt Insekten trippelnd am Boden oder im kurzen Flatterflug; Lockruf »tsii«; ähnliche, aneinander gereihte Laute bilden den von einer Singwarte oder im Flug vorgetragenen Reviergesang.
F Brutzeit Mai bis Juli; in einem tiefen, gut getarnten Bodennest werden in 12–14 Tagen 5–6 Junge erbrütet; Nestlingszeit 10–13 Tage.

Gebirgsstelze

Motacilla cinerea

M Sperlingsgroß; sehr langschwänzig; ♂: Oberseite grau, Unterseite gelb, Überaugenstreif weiß, Kehle schwarz, im Schlichtkleid weiß. ♀: Kehle grau, Unterseite blass gelblich bis weiß.
V Rasch fließende Bäche und Flüsse des Berglandes; Teilzieher.
L Deutlicher Wellenflug, trippelt und wippt stetig mit dem Schwanz wie andere Stelzen. Sucht am Gewässerrand Insekten und andere Kleintiere; ruft scharf, hoch »ziss-iss«.
F Brutzeit April bis August; Nestbau in Uferböschungen, Mauerhöhlen, in Brücken, Schleusen etc., unter Baumwurzeln. 4–6 Eier, Brutdauer 12–14, Nestlingszeit 11–14 Tage.

Wasseramsel

Cinclus cinclus

M Kleiner als Amsel; ♀ und ♂ gleich: rundlich mit kurzem, oft gestelztem Schwanz, oben graubraun, Kopf hellbraun, Brust und Kehle weiß, scharf gegen den braunen Bauch abgesetzt.

V Schnell fließende Bäche und Flüsse des Berglandes; Standvogel.

L Knickst häufig im Sitzen, ruft rau »zritt«. Holt Kleintiere aus dem Wasser; einziger Singvogel, der tauchen kann.

F Brutzeit März bis Juli; Mooskugelnest in Ufernischen, gern unter Brücken; 5–6 Eier, Brutdauer 14–18, Nestlingszeit 19–25 Tage.

Zaunkönig

Troglodytes troglodytes

M Kleiner als Sperling; ♀ und ♂ gleich: rundlich, dunkelbraun, kurzer, gestelzter Schwanz. Schnabel fein, Überaugenstreif dünn, hell; seitlich fein quer gebändert.

V Wälder, Parks, Gärten mit dichtem Unterwuchs; Standvogel.

L Huscht durchs Unterholz, jagt kleine Kerbtiere; singt schmetternd.

F Brutzeit April bis Juli; Mooskugelnest in Bodennähe, das ♀ erbrütet in 14–17 Tagen 5–7 Junge, Nestlingszeit 15–18 Tage.

Alpenbraunelle

Prunella collaris

M Größer als Sperling; ♀ und ♂ gleich: Kopf und Unterseite grau, die Kehle schwarzweiß, Oberseite graubraun, dunkel längsstreifig, Flanken rostbraun gestreift; Schwanz dunkel, schmal hell gesäumt.

V Alpen oberhalb der Baumgrenze; Stand-, Strichvogel.

L Ruft häufig »brürr«, Gesang ähnlich dem der Feldlerche *(Alauda arvensis)*, sucht Insekten, Spinnen, Sämereien.

F Brutzeit Mai bis August; Nest mit 4–5 Eiern am Boden oder in Felsspalten. Brutdauer 13–15, Nestlingszeit 16 Tage.

Heckenbraunelle

Prunella modularis

M Kleiner als Sperling; ♀ und ♂ gleich: Oberseite braun, gemustert, Kopf überwiegend grau, Unterseite grau, Flanken dunkel gestreift.

V Wälder, Parks, Gärten; Teilzieher.

L Sehr scheu; der feine Gesang wird von einer Baumspitze vorgetragen. Sucht Insekten und Sämereien. Häufiges Flügelzucken.

F Brutzeit April bis August; gut verstecktes Nest in Büschen. Die 4–5 Jungen schlüpfen nach 12–14 Tagen, flügge nach 12–14 Tagen.

Wacholderdrossel

Turdus pilaris

M Größer als Amsel; ♀ und ♂ gleich: Kopf und Bürzel grau, Rücken kastanienbraun, Kehle und Brust ocker, schwarzfleckig, Bauch hell.
V Offene Kulturlandschaft; Zugvogel, im Winter in Südeuropa.
L Gesellig, v. a. während des Zuges in Schwärmen; sucht Regenwürmer und Insekten sowie Beeren und Obst. Ruft schackernd, singt im Flug.
F Brutzeit April bis Juli; Koloniebrüter. Nest meist in höheren Bäumen, 4–6 Junge, Brutdauer und Nestlingszeit je ca. 14 Tage.

Misteldrossel

Turdus viscivorus

M Größer als Amsel, größte heimische Drossel; ♀ und ♂ gleich: oben braungrau, unten weißlich mit runden schwarzen Flecken.
V Wälder, Parks; Zugvogel, überwintert in Südwesteuropa.
L Sucht Würmer, Kerbtiere, Beeren; ruft schnarrend »trr trr«, Gesang amselähnlich, aber »wehmütig« im Klang.
F Brutzeit März bis Juli; Nest hoch in Bäumen, 4–6 Eier, Brutdauer und Nestlingszeit je 14 Tage.

Singdrossel

Turdus philomelos

M Kleiner als Amsel, kleinste heimische Drossel; ♀ und ♂ gleich: oben hellbraun, unten weißlich mit eckigen schwarzen Flecken.
V Wälder, Parks, Gärten; Zugvogel, im Winter in Südwesteuropa.
L Wiederholt Gesangsmotive typischerweise 2–4 mal; sucht wie alle Drosseln am Boden Würmer, Schnecken, Kleintiere, Beeren.
F Brutzeit April bis Juli; tiefes Napfnest hoch in Bäumen oder Büschen. 4–6 Eier, Brutdauer 14, Nestlingszeit 12–16 Tage.

Ringdrossel

Turdus torquatus

M Amselgroß; ♂ schwarz mit breitem, halbmondförmigem, weißem Brustschild. ♀ graubraun bis grauschwarz, unten etwas heller mit einem hellgrauen Brustschild.
V Lichte Nadelwälder und Latschenzone der Alpen; Teilzieher, überwintert in Südeuropa und Nordwestafrika.
L Gesang aus wiederholten Rufen mit eingestreuten Gackerlauten; fliegt sehr schnell; sucht Insekten, Würmer, Beeren.
F Brutzeit April bis August; Nest niedrig in Nadelbäumen, 4–5 Eier, Brutdauer und Nestlingszeit je ca. 14 Tage.

Amsel

Turdus merula

M ♂ schwarz, Schnabel und Augenring ab dem 2. Jahr leuchtend gelb; ♀ dunkelbraun, mit etwas hellerer Unterseite, Kehle leicht gefleckt, Schnabel braun. Jungvögel braun, deutlich gefleckt.

V Wälder, Gärten, Parks; Standvogel oder Teilzieher, überwintert dann in Südwesteuropa und Nordafrika.

L Sucht auf dem Boden Würmer, Insekten, Früchte. Singt morgens und abends sehr variationsreich, gern von einer hohen Warte.

F Brutzeit März bis August; Nest in Bäumen, Büschen, an Gebäuden. 4–7 Eier, Brutdauer und Nestlingszeit je ca. 14 Tage.

Nachtigall

Luscinia megarhynchos

M Größer als Sperling; ♀ und ♂ gleich: Oberseite hell- bis rötlich-braun, Unterseite weißlichbraun. Schwanz rotbraun, oft aufgestellt.

V Unterholzreiche Laubwälder, Parks, Gärten; Zugvogel, überwintert südlich der Sahara.

L Gesang abwechslungsreich mit schmetternden, schluchzenden und flötenden Elementen, wird tagsüber und nachts aus der Deckung vorgetragen. Sucht kleine Kerbtiere und Beeren.

F Brutzeit Mai bis Juli; Nest in der Krautschicht, meist bodennah. 4–6 Eier, Brutdauer 13 Tage, Nestlingszeit 12 Tage.

Rotkehlchen

Erithacus rubecula

M Kleiner als Sperling; ♀ und ♂ gleich: rundlich, aufrechte Haltung, großes, dunkles Auge. Oberseite olivbraun, Bauch weißlich; Gesicht und Brust ziegelrot (Name!). Jungvögel oben bräunlich, unten rahmfarben, deutlich gefleckt, ohne rötliche Kehle. Schwanz dunkelbraun.

V Unterholzreiche Wälder, Gärten, Parks; Teilzieher.

L Sucht am Boden nach kleinen Kerbtieren, Beeren, zuckt häufig mit Schwanz und Flügeln. Der perlende Gesang wird bis in den Abend vorgetragen.

F Brutzeit April bis Juli; Nest in Halbhöhlen, Wurzelnischen, Mauerlöchern, Kletterpflanzen, bodennahen Baumhöhlen. 5–7 Eier, Brutdauer 13–15, Nestlingszeit 12–15 Tage.

Hausrotschwanz

Phoenicurus ochruros

M Sperlingsgroß, aber schlanker und hochbeiniger; das ♂ ist rußschwarz mit weißer Flügelmarke, Bürzel und Schwanz sind ziegelrot (Name!). ♀ und Jungvögel unscheinbar dunkel graubraun, Schwanz und Bürzel gleichfalls rostrot.

V Dörfer, Städte, Industrieanlagen, Felshänge, Weinberge; Zugvogel, überwintert im Mittelmeerraum.

L Sehr typisch ist das häufige Schwanzzittern und Knicksen. Den gepresst klingenden Gesang trägt das ♂ meist vom Dachfirst oder von einer Antenne vor. Sucht Insekten, Spinnen, im Herbst auch Beeren.

F Brutzeit April bis Juli; Halbhöhlenbrüter, oft unter Dachvorsprüngen. 4–6 Eier, Brutdauer und Nestlingszeit je ca. 14 Tage.

Gartenrotschwanz

Phoenicurus phoenicurus

M Sperlingsgroß, aber schlanker; Gesicht und Kehle des ♂ schwarz, Stirn weiß; Oberseite grau, Brust, Flanken, Bürzel und Schwanz rostrot. ♀ oben graubraun, unten beigebraun, Bürzel und Schwanz rostrot.

V Wälder, Parks, Gärten; Zugvogel, überwintert südlich der Sahara.

L Typisch ist häufiges Schwanzzittern und Knicksen; sitzt gerne auf Bäumen, Büschen, Zaunpfählen, Stangen im Garten, seltener auf Dächern. Jagt Insekten. Der Gesang ist wohklingender als beim Hausrotschwanz (oben), meist durch ein »huid« eingeleitet.

F Brutzeit Mai bis Juli; Nest in Baumhöhlen, Fels- oder Mauerlöchern. 5–7 Eier, Brutdauer 12–14, Nestlingszeit 13–16 Tage.

Braunkehlchen G

Saxicola rubetra

M Kleiner als Sperling; kompakt, kurzschwänzig, sehr aufrecht; Oberseite braun, stark gemustert; Ohrregion oben durch weißen Überaugenstreif, unten durch weißen Kehlstreif begrenzt. Kehle, Brust und Flanken gelbbraun. Das ♀ ist heller, weniger kontrastreich.

V Feuchte Wiesen, Weiden, Niedermoore, extensiv genutztes Grünland; Zugvogel, überwintert in den Savannen Afrikas.

L Sitzt gern auf Halmen oder Zaunpfählen, knickst und wippt mit dem Schwanz; nimmt kleine Insekten, Würmer, Schnecken, im Herbst auch Beeren. Singt knirschende, flötende Strophen.

F Brutzeit Mai bis August; Bodennest mit 4–7 Eiern. Brutdauer und Nestlingszeit je 13–15 Tage.

Feldschwirl G

Locustella naevia

M Kleiner als Sperling; ♀ und ♂ gleich: oben braun, dunkel gemustert, unten rahmfarben, schwach gestrichelt; Schwanz keilförmig.
V Feuchtwiesen, Ufergebüsche, Kahlschläge; Zugvogel, überwintert im tropischen Afrika.
L Sehr heimlich, huscht durch dichte Vegetation, jagt Insekten; Gesang ist ein monotones »Schwirren«, das tags und nachts erklingt.
F Brutzeit Mai bis Juli; gut verstecktes Bodennest mit 4–6 Eiern, Brutdauer 13–15, Nestlingszeit 10–12 Tage.

Teichrohrsänger

Acrocephalus scirpaceus

M Kleiner als Sperling; ♀ und ♂ gleich: oben hell- bis rötlichbraun, unten rahmfarben, Flügelspitzen lang; ähnlich Sumpfrohrsänger!
V Schilfgürtel der Gewässer; Zugvogel, im Winter in Zentralafrika.
L Sitzt und klettert gern an Schilfhalmen, singt rhythmisch krächzend-quietschend; fängt überwiegend Insekten.
F Brutzeit Mai bis Juli; Hängenest an Schilfhalmen, 3–5 Eier, Brutdauer und Nestlingszeit je 11–12 Tage.

Sumpfrohrsänger

Acrocephalus palustris

M Kleiner als Sperling; ♀ und ♂ gleich: oben hell- bis rötlichbraun, unten rahmfarben, Flügelspitzen lang; ähnlich Teichrohrsänger!
V Wassernahe Gebüsche und Staudenvegetation; Zugvogel, überwintert südlich des Äquators bis nach Südafrika.
L Singt von versteckter Warte aus, auch nachts, wohltönend, sehr variabel mit vielen Imitationen, auch aus Afrika. Fängt Insekten.
F Brutzeit Mai bis Juli; Hängenest an Halmen, nie über Wasser. 3–5 Junge, Brutdauer 12, Nestlingszeit 10–14 Tage.

Gelbspötter

Hippolais icterina

M Kleiner als Sperling; ♀ und ♂ gleich: Oberseite grüngrau, Unterseite gelblichgrün, Schnabel hell, recht lang.
V Unterholzreiche Wälder, Parks, Gärten; Zugvogel, überwintert im tropischen Afrika.
L Singt laut, sehr variabel, auch mit Imitationen (Name!); fängt v. a. kleine Kerbtiere und Insekten im Gebüsch.
F Brutzeit Mai bis Juli; Napfnest hoch in Astgabeln, 4–5 Eier, Brutdauer 12–14, Nestlingszeit 13–14 Tage.

Mönchsgrasmücke

Sylvia atricapilla

M Schlanker als Sperling; ♂ mit schwarzer Kopfplatte (Name!), Oberseite braun bis graubraun, Kopfseiten und Unterseite grau. ♀ graubraun mit hellbräunlicher Unterseite und brauner Kappe.

V Unterholzreiche Wälder, Parks, Gärten; Zugvogel, überwintert im Mittelmeerraum und in Afrika.

L Fängt Insekten und andere Kleintiere im Gebüsch, im Herbst auch Beeren; ruft klackend »täck«, der Gesang beginnt leise zwitschernd und endet laut flötend.

F Brutzeit April bis Juli; Nest niedrig im Gebüsch, 4–6 Eier, Brutdauer 10–15, Nestlingszeit 10–14 Tage.

Klappergrasmücke

Sylvia curruca

M Kleiner als Sperling, kleinste heimische Grasmücke; ♀ und ♂ gleich: Oberseite braungrau, Kopf schiefergrau, Unterseite cremeweiß. Beine dunkel, Schwanz recht kurz.

V Wälder, Parks, Gärten; Zugvogel, im Winter in Ostafrika.

L Sehr heimlich, verlässt nur selten das schützende Dickicht; liest Insekten von Bäumen und Sträuchern, nimmt weniger Beeren als andere Grasmücken. Ruft schnalzend »tett«; der Gesang beginnt leise schwätzend, geht dann in ein lautes »Klappern« über (Name!).

F Brutzeit Mai bis Juli; beide Eltern erbrüten im gut im Gebüsch versteckten Nest 3–5 Junge, die nach 11–15 Tagen schlüpfen und das Nest nach 10–15 Tagen verlassen.

Gartengrasmücke

Sylvia borin

M Schlanker als Sperling; ♀ und ♂ gleich: einfarbig braungrau, unterseits etwas heller. Auffallende Zeichnungen fehlen.

V Waldränder, Feldgehölze, Parks, verwilderte Gärten; Zugvogel, überwintert im tropischen Afrika.

L Lebt heimlich in dichtem Gebüsch, verrät sich durch lauten, klangvoll »orgelnden« Gesang. Liest Insekten und andere Kerbtiere vom Gebüsch, nimmt im Herbst auch Beeren und Früchte.

F Brutzeit Mai bis Juli; Nest gut im Gebüsch versteckt, die 3–5 Jungen schlüpfen nach 11–16 Tagen, Nestlingszeit 9–12 Tage.

Waldlaubsänger

Phylloscopus sibilatrix

M Kleiner als Sperling; ♀ und ♂ gleich: Oberseite gelblichgrün, Unterseite weiß, Kehle und kräftiger Überaugenstreif gelb.
V Lichte, hochstämmige Laub- und Mischwälder, v. a. Buchenwälder; Zugvogel, überwintert im tropischen Afrika.
L Sucht in den Baumkronen Insekten; singt seine Schwirrstrophe »sib-sib-sib-sirrr« von einer Warte oder im kleinen Singflug.
F Brutzeit Mai bis Juli; backofenförmiges Bodennest, 5–7 Eier, Brutdauer 13–14. Nestlingszeit 11–12 Tage.

Zilpzalp

Phylloscopus collybita

M Kleiner als Sperling; ♀ und ♂ gleich: oben olivbraungrau, unten hell; Beine dunkel. Sehr ähnlich dem Fitis *(Ph. trochilus)*, von dem er sich v. a. durch den Gesang unterscheidet.
V Wälder, Gärten, Parks; Zugvogel, im Winter im Mittelmeerraum.
L Sehr lebhaft, fängt Insekten und andere Kleintiere im Unterholz oder Schwirrflug; singt seinen Namen: »zilp-zalp...« von einer Warte.
F Brutzeit April bis Juli; bodennahes Backofennest mit 4–6 Eiern, Brutdauer und Nestlingszeit je 13–15 Tage.

Grauschnäpper

Muscicapa striata

M Kleiner als Sperling; ♀ und ♂ gleich: aschgrau mit feiner Strichelung an Oberkopf und Brust; Kopf groß, Flügel und Schwanz lang.
V Wälder, Parks, Gärten; Zugvogel, im Winter im tropischen Afrika.
L Sitzt sehr aufrecht, zuckt häufig mit Schwanz und Flügeln. Jagt Insekten vom Ansitz aus; Gesang leise, einfach.
F Brutzeit Mai bis Juli; Halbhöhlenbrüter, oft an Gebäuden. 4–6 Eier, Brutdauer und Nestlingszeit je 12–15 Tage.

Trauerschnäpper

Ficedula hypoleuca

M Kleiner als Sperling; ♂ im Brutkleid auffallend schwarzweiß; ähnelt im Ruhekleid dem ♀ mit olivbrauner Ober- und rahmweißer Unterseite. Flügel immer mit kleinen weißen Abzeichen.
V Wälder, Parks, Gärten; Zugvogel, im Winter im tropischen Afrika.
L Jagt Insekten meist im Flug, aber auch am Boden; singt rhythmisch »witu-witu...«, ruft kurz hart »bit«.
F Brutzeit Mai bis Juli; Nest in Baumhöhlen oder Nistkästen, 4–7 Eier, Brutdauer 12–17, Nestlingszeit 13–16 Tage.

Wintergoldhähnchen

Regulus regulus

M Kleinster heimischer Vogel; Oberseite olivgrün, Unterseite weißlichgrau; Gesicht hell mit großem, dunklem Auge. Der schmale, schwarz gesäumte Scheitelstreif ist beim ♂ orangegelb, beim ♀ gelb. Das ähnliche Sommergoldhähnchen *(R. ignicapillus)* ist insgesamt heller und hat einen weißen Überaugenstreif sowie einen schwarzen Augenstreif.

V Nadel- und Mischwälder; Teilzieher.

L Jagt flink turnend oder im Rüttelflug Insekten und Spinnen in Baumkronen; singt sehr hell, zart mit modulierender Tonhöhe.

F Brutzeit April bis Juli; Hängenest in Nadelbäumen, 8–11 Eier, Brutdauer 14–17, Nestlingszeit 18–21 Tage.

Schwanzmeise

Aegithalos caudatus

M Viel kleiner als Kohlmeise; ♀ und ♂ gleich: Schwanz sehr lang, gestuft, Schnabel kurz, Gefieder schwarz-weiß-rosa; Kopffärbung entweder weiß oder weiß mit einem breiten schwarzen Überaugenstreif.

V Unterwuchsreiche Wälder, Parks, Gärten; Standvogel.

L Turnt geschickt bei der Insektenjagd im Kronenbereich der Bäume, oft kopfunter hängend. Ab Spätsommer bis im Winter in Trupps, gern auch an Futterstellen. Ruft hoch »sriih« und »zerr«; singt sehr leise zwitschernd.

F Brutzeit März bis Juni; kunstvoll geflochtenes, eiförmiges Nest mit seitlichem Eingang, oft in einer Astgabel. 8–12 Junge schlüpfen nach 12–14 Tagen, verlassen das Nest nach 14–18 Tagen.

Sumpfmeise

Parus palustris

M Kleiner als Kohlmeise; ♀ und ♂ gleich: Oberseite braungrau, Wangen und Unterseite grauweiß, Flanken bräunlich; Kopfplatte, Nacken und Kinn schwarz, Wangen hinten nicht deutlich begrenzt. Von der sehr ähnlichen, selteneren Weidenmeise *(P. montanus)* durch die Stimme unterschieden.

V Wälder, Parks, Gärten; Standvogel.

L Nahrung neben Insekten, Spinnen und anderen Kleintieren, die in Rindenspalten gesammelt werden, auch Sämereien. Ruft kurz »pistja«, singt klappernd »tjätjätjä« oder »ziwüd ziwüd…«.

F Brutzeit April bis Juni; Nest in Baumhöhlen oder Nistkästen. Das ♀ erbrütet in 13–17 Tagen 6–10 Junge, diese nach 16–21 Tagen flügge.

Kohlmeise

Parus major

M Knapp sperlingsgroß, kräftigste heimische Meise. Kopf glänzend schwarz, Wangen weiß, Rücken grünlich, Schwanz und Flügel blaugrau, weißer Flügelstreif. Unterseite gelb, beim ♂ reicht der breite schwarzen Mittelstreif bis zum Unterschwanz, beim ♀ ist er schmaler und geht nur bis zum Bauch. Die Farben der Jungvögel sind matter, die Kopfplatte eher bräunlich, die Wangen gelblich; der unterseitige Mittelstreif ist oft nur angedeutet.

V Wälder, Gehölze, Parks, Gärten; Standvogel.

L Turnt auf der Suche nach Insekten oder Sämereien geschickt an Zweigen. Das bekannte »zizibe« ist schon im Spätwinter zu hören.

F Brutzeit März bis Juni; Nest in Baumhöhlen oder Nistkästen. Nach 10–14tägiger Brutdauer schlüpfen 6–12 Junge, die nach 15–22 Tagen ausfliegen.

Blaumeise

Parus caeruleus

M Kleiner als Kohlmeise; ♀ und ♂ gleich gefärbt, Farben beim ♀ jedoch etwas matter. Scheitel, Schwanz und Flügel hellblau, Unterseite gelb, Rücken grünlich; Stirn und Wangen weiß, schwarzer Augenstreif und Kehlfleck, der mit dem Augenstreif die Wangen säumt.

Jungvögel oberseits grünlichbraun, Wangen gelblich statt weiß.

V Wälder, Parks, Gärten; Standvogel.

L Turnt geschickt in den Zweigen, auch oft kopfunter; sucht kleine Insekten, Blüten, Nektar und Sämereien. Im Winter gerne in gemischten Meisenschwärmen an Futterstellen. Singt heller, feiner als die Kohlmeise »zizi-tütütü«; zetert laut »terrretetet«.

F Brutzeit April bis Juni; Nest in Baumhöhlen oder Nistkästen. Das ♀ erbrütet in 12–16 Tagen 7–13 Junge, die dann nach 15–20 Tagen das Nest verlassen.

Tannenmeise

Parus ater

M Kleiner als Kohlmeise; ♀ und ♂ gleich: Oberseite olivgrau, Unterseite beigegrau; Kopf schwarz, Wangen und Nackenfleck weiß.

V Nadel- und Mischwälder; Standvogel.

L Geschickter Kletterer, sucht Rinde und Blätter nach Insekten ab, im Winter Fichtensamen. Singt fast ganzjährig »wizewize...«.

F Brutzeit März bis Juni; Nest in Baum- und Erdhöhlen, auch Felsspalten; 8–10 Junge, Brutdauer 14–18, Nestlingszeit 18–20 Tage.

Haubenmeise

Parus cristatus

M Kleiner als Kohlmeise; ♀ und ♂ gleich: oben braun, unten rahmfarben; Kopfhaube schwarzweiß gesprenkelt, Gesicht schwarzweiß.

V Bevorzugt Nadelwälder; Standvogel.

L Sucht Insekten, Spinnen, Fichten- und Kiefernsamen im Baum oder am Boden. Typischer Ruf »zigürr«, oft zum Gesang gereiht.

F Brutzeit April bis Juni; hackt Höhlen in weiches oder morsches Holz; 5–9 Eier, Brutdauer 15–18, Nestlingszeit 18–21 Tage.

Gartenbaumläufer

Certhia brachydactyla

M Kleiner als Sperling; ♀ und ♂ gleich; rindenfarbig, unten bräunlich; langer, gebogener Schnabel, langer Stützschwanz. Vom sehr ähnlichen Waldbaumläufer *(C. familiaris)* durch Gesang unterschieden.

V Laubwälder, Obstgehölze, Gärten, Parks; Standvogel.

L Klettert in Spiralen oder senkrecht an Baumstämmen nach oben; Insektenfresser, nimmt im Winter auch Sämereien.

F Brutzeit März bis Juli; nistet hinter abstehender Rinde und in Holzhaufen. 5–7 Eier, Brutdauer und Nestlingszeit je ca. 15 Tage.

Kleiber

Sitta europaea

M Sperlingsgroß; ♀ und ♂ gleich: Oberseite blaugrau, Unterseite rahmgelb bis bräunlich. Schnabel kräftig, spitz, schwarzer Augenstreif, kurzer Schwanz.

V Wälder, Gehölze, Parks, Gärten; Standvogel.

L Klettert stammaufwärts und kopfüber auch -abwärts; sucht Insekten, legt im Winter Samenvorräte an. Typisch sind die »Lausbubenpfiffe« und der trillernde Gesang.

F Brutzeit April bis Juni; nistet in Baumhöhlen und Nistkästen. 5–9 Eier, Brutdauer 14–18, Nestlingszeit ca. 24 Tage.

Haussperling G

Passer domesticus

M Kräftiger, oberseits graubrauner, unterseits grauer Vogel; ♂ mit dunkelgrauer Kopfplatte, braunem Nacken, schwarzer Kehle und weißlichen Wangen. Das ♀ ist insgesamt graubraun.

V Ausschließlich nahe menschlicher Siedlungen; Standvogel.

L Sehr gesellig, fast ganzjährig in kleinen Schwärmen. Sucht neben pflanzlicher Nahrung auch Insekten und Spinnen, nimmt auch Haushaltsabfälle. Ruft fortwährend »schilp schilp...«.

F Brutzeit April bis Juli; Nestbau in Gebäudenischen, Mauerlöchern, auf Dachbalken, unter Ziegeln. 4–6 Eier, Brutdauer 11–13, Nestlingszeit 13–16 Tage; beide Eltern brüten und füttern.

Feldsperling G

Passer montanus

M Kleiner als Haussperling; ♀ und ♂ gleich: Oberseite braun, Oberkopf rotbraun, Wangen und Halsring weiß, Kehle und Ohrflecken in den weißen Wangen schwarz.

V Dorfnahe Gehölze, Felder; Standvogel.

L Gesellig, oft in streunenden Trupps, schilpt etwas weicher, gedämpfter als der Haussperling (oben). Als Nahrung dienen Sämereien und Insekten.

F Brutzeit April bis Juli; Nester in Baumhöhlen, Mauerlöchern und Nistkästen. 4–6 Eier, Brutdauer 11–14, Nestlingszeit ca. 14 Tage.

Schneefink

Montifringilla nivalis

M Größer als Sperling; ♀ und ♂ gleich: Oberseite braun, Unterseite rahmweiß, Kopf grau, Kehle schwarz; Flügel und Schwanzaußenfedern weiß, Schwanzmitte und Flügelspitzen schwarz. Schnabel im Frühjahr schwärzlich, im Winter gelb mit schwarzer Spitze. Gehört trotz seines Namens zu den Sperlingen.

V Typischer Alpenvogel, häufig in der Nähe der Gipfelstationen.

L Hält sich oft bei bewirtschafteten Hütten auf, sucht Samen und Insekten. Ruf ein raues und nasales »zuihk«, Gesang ein wiederholtes »sittitsche-sittitsche«.

F Brutzeit April bis Juli; Nest in Felsspalten. Nach 13–14 Tagen schlüpfen 5–6 Junge, die nach etwa 21 Tagen das Nest verlassen.

Buchfink

Fringilla coelebs

M Sperlingsgroß; aber schlanker, mit längerem Schwanz. Ober-, Unterseite und Gesicht des ♂ kastanienbraun, Oberkopf und Nacken blau; ♀ unscheinbar bräunlich. Beide Geschlechter und die braungrauen Jungvögel mit doppelter weißer Flügelbinde, weißen Schwanzkanten und graugrünem Bürzel.
V Wälder, Parks, Gärten, Feldgehölze; Teilzieher, v. a. die ♀ überwintern in West- und Südwesteuropa.
L Ruft häufig »pink«, pfeift »huit« und singt eine schmetternde, abfallende Strophe (»Finkenschlag«). Nahrungssuche überwiegend am Boden, im Sommer Insekten, im Winter Sämereien.
F Brutzeit April bis Juli; gut getarntes Nest hoch in Astgabeln von Bäumen. 4–6 Eier, Brutdauer 12–13, Nestlingszeit 12–15 Tage.

Bergfink

Fringilla montifringilla

M Sperlingsgroß; Brust, Schulter und Flügelbinde orangebraun, Bürzel weiß. Kopf der ♂ im Winterkleid durch viele helle Federsäume bräunlich, im Brutkleid schwarzgrau. ♀ insgesamt bräunlicher.
V Brutvogel Nordeuropas; bei uns regelmäßiger Wintergast, v. a. in guten Bucheckernjahren. Kommt gern an Futterstellen.
L Je nach Strenge des heimatlichen Winters kommen kleinere oder größere Schwärme zu uns, nehmen v. a. Bucheckern; während der Brutzeit Insekten.
F Brütet in der nordischen Heimat zwischen Mai und Juli in Birken; 5–7 Eier, Brutdauer und Nestlingszeit je 11–13 Tage.

Grünfink, Grünling

Carduelis chloris

M Sperlingsgroß; mit kräftigem, hellem Schnabel, gelben Flügelspiegeln und gelben Schwanzsäumen. ♂ sind überwiegend grün mit gelbgrünem Bürzel, ♀ unscheinbar graugrün.
V Waldränder, Gehölze, Parks, Gärten; Standvogel.
L Ruft häufig »gück«, der kanarienartige Trillergesang wird von einer hohen Warte oder im fledermausähnlichen Flug vorgetragen. Als Nahrung dienen Knospen, Blüten, Sämereien, Beeren, Insekten.
F Brutzeit April bis August; das Nest ist gut in dichtem Gebüsch versteckt. Das ♀ erbrütet in 12–15 Tagen 4–6 Junge, die noch 14–17 Tage im Nest gefüttert werden.

Bluthänfling G

Carduelis cannabina

M Kleiner als Sperling, schlank; ♂ oberseits zimtbraun, unterseits gelbbraun, Stirn und Brust zur Brutzeit leuchtend rot. ♀ ohne Rot.

V Offenes Gelände mit dichtem Gebüsch; Teilzieher.

L Gesellig, außerhalb der Brutzeit in kleinen Schwärmen; sucht Samen der »Unkräuter«. Trägt sein variantenreiches Lied mit pfeifenden und nasalen Lauten von erhöhter Warte aus vor.

F Brutzeit April bis Juli; Nest in dichtem Gebüsch. 4–6 Eier, Brutdauer und Nestlingszeit je 12–15 Tage.

Stieglitz, Distelfink

Carduelis carduelis

M Kleiner als Sperling, schlank; ♀ und ♂ gleich: bunt mit auffallend gelbem Flügelband. Kopf weiß und schwarz, Gesicht rot.

V Offenes Kulturland, Parks, Gärten; Teilzieher.

L Klettert geschickt an Stauden, sucht v. a. Distelsamen (Name!), ruft seinen Namen »stiglitt«, flicht diesen auch in den leisen Gesang.

F Brutzeit Mai bis August; Nest meist im Spitzenbereich der Zweige, 4–6 Eier, Brutdauer 12–14, Nestlingszeit ca. 14 Tage.

Erlenzeisig

Carduelis spinus

M Kleiner als Sperling, zierlich; ♂ olivgrün mit schwarzem Kinn und Scheitel; Bürzel, Flügelbinde, Augenstreif gelb. Schwanz deutlich gekerbt. ♀ eher graugrün, Bauch dunkel gestrichelt.

V Nadelwälder, Birken- und Erlengehölze, Parks, Gärten; Teilzieher.

L Sehr heimlich, v. a. im Winter in kleinen Schwärmen zu sehen; nimmt nur Sämereien. Zwitschert im Flug oder von einer Warte aus.

F Brutzeit März bis Juli; Nest im Spitzenbereich von Fichten; 3–5 Eier, Brutdauer und Nestlingszeit je 12–14 Tage.

Kernbeißer

Coccothraustes coccothraustes

M Fast starengroß; gedrungen, kurzschwänzig, helle Flügelbinde. Mächtiger Kegelschnabel des ♂ im Brutkleid grauschwarz mit blauer Basis, sonst hornfarben; ♀ ähnlich, aber insgesamt heller.

V Wälder, Parks mit hohen, alten Bäumen; Stand- und Strichvogel.

L Gern in Baumkronen, verrät sich durch harte »ziek«-Rufe. Knackt mit dem mächtigen Schnabel harte Samenschalen (Name!).

F Brutzeit April bis Juni; Nest in Baumwipfeln, 4–6 Eier, Brutdauer 12–14, Nestlingszeit 10–14 Tage.

Girlitz

Serinus serinus

M Blaumeisengroß; Schwanz kurz, deutlich eingekerbt. Schnabel klein, kegelförmig. Oberseite und Flanken dunkelbraun gestreift, Bürzel gelbgrün. Kopf des ♂ leuchtend gelb mit bräunlichen Wangen; Brust gelb; beim ♀ aber höchstens gelblichweiß.

V Waldränder, Parks, Gärten; Zugvogel, im Winter in Südwesteuropa, einige auch in Mitteleuropa.

L Trägt sein andauerndes, sirrendes Lied von hoher Warte oder im Singflug vor; Nahrung sind Samen von Bäumen, Stauden, Kräutern.

F Brutzeit April bis Juli; Nest in Bäumen und Sträuchern. Gelege mit 3–5 Eiern, Brutdauer und Nestlingszeit je ca. 14 Tage.

Gimpel, Dompfaff

Pyrrhula pyrrhula

M Größer als Sperling, kompakt. Beide Geschlechter mit einer schwarzen Kopfkappe (Name!), grauem Rücken, weißem Bürzel und schwarzem Schwanz. Flügel schwarz mit weißer Binde. ♂ unterseits rot, ♀ unterseits eher braunrot.

V Wälder, Parks, Gärten, Friedhöfe; Standvogel.

L Sehr heimlich, im Winter aber gern an Futterstellen; nimmt Samen, Knospen, Beeren. Ruft ein klagendes »diü«, Gesang sehr leise.

F Brutzeit April bis Juli; viele Paare scheinen lebenslang zusammenzuhalten. Nest in Nadelbäumen oder Büschen, Gelege mit 4–6 Eiern, Brutdauer 12–14, Nestlingszeit 12–16 Tage.

Fichtenkreuzschnabel

Loxia curvirostra

M Größer als Sperling; Kopf groß mit dickem Schnabel, dessen Spitzen überkreuzt. ♀ graugrün bis grünlichgelb, Bürzel gelblich; ♂ ziegelrot mit leuchtend rotem Bürzel.

V Nadelwälder, auch in großen Parks und Gärten mit Nadelbäumen; Standvogel, der viel umherstreift.

L Turnt behende an Fichtenzapfen, oft gesellig in Trupps. Öffnet mit seinem Schnabel geschickt die Zapfen von Nadelbäumen und frisst deren Samen. Ruft hart metallisch »gip gip…«, wie der vielseitig zwitschernde Gesang fast ganzjährig zu hören.

F Brutzeit fast ganzjährig, je nach Nahrungsangebot; Nest meist hoch in Fichten. Das ♀ erbrütet in 14–16 Tagen 2–4 Junge, die ebenso lange von beiden Eltern gefüttert und auch nach dem Ausfliegen noch längere Zeit betreut werden.

Goldammer

Emberiza citrinella

M Sperlingsgroß, aber schlanker; Oberseite braun mit deutlicher Streifung, Bürzel rotbraun, Schwanz dunkel mit weißen Außenrändern. Kopf und Unterseite des ♂ im Brutkleid leuchtend gelb; im Schlichtkleid ist das Gelb wie beim ♀ nur angedeutet.

V Buschbestandene Feldflur, Waldrand; Teilzieher.

L Klaubt Insekten und Sämereien vom Boden, schließt sich im Winter gern gemischten Schwärmen an. Das ♂ trägt seinen charakteristischen Gesang »zizizizi-zidüü« meist von Buschspitzen, Leitungsdrähten oder anderen hohen Warten vor.

F Brutzeit April bis Juli; bodennahes Nest im Gebüsch mit 3–5 Eiern. Brutdauer und Nestlingszeit je ca. 2 Wochen.

Grauammer G

Emberiza calandra

M Größer als Sperling, plump; ♀ und ♂ gleich: oben und unten graubraun, dunkel gestrichelt, Schwanz ohne weiße Federn. Schnabel kräftig, Beine hell.

V Extensiv genutzte Felder, Wiesen, Ödland; Zugvogel, überwintert im Mittelmeerraum bis Nordafrika.

L Sucht Insekten und Wildkräutersamen; der charakteristische Gesang »zük zük zik zik zkriisss« wird von hoher Warte vorgetragen.

F Brutzeit Mai bis Juli; gut verstecktes Nest nahe dem Boden mit 4–6 Eiern. Das ♀ brütet 12–14 Tage, Nestlingszeit 9–12 Tage, die Jungen verlassen das Nest, bevor sie flügge sind.

Rohrammer

Emberiza schoeniclus

M Knapp sperlingsgroß; Oberseite braun, kräftig dunkel gestreift, Unterseite grauweiß mit dunkelfleckigen Flanken. Kopf und Kehle des ♂ im Brutkleid schwarz mit weißem Halsband, Kopf des ♀ braun mit hellem Bartstreif, Unterseite gelbbraun.

V Röhrichte, Gewässerränder mit Buschbestand, Feuchtwiesen; Teilzieher, überwintert im Mittelmeerraum.

L Sitzt gern an Schilfhalmen, sucht Insekten und Sämereien; das ♂ trägt hier auch sein kurzes Lied »sripp sripp sriasisirr« vor.

F Brutzeit Mai bis August; Nest gut in Gras oder Seggen versteckt, 4–6 Junge, Brutdauer und Nestlingszeit je 12–14 Tage.

Neuntöter

Lanius collurio

M Größer als Sperling, langschwänzig; Rücken und Flügel des ♂ rotbraun; Kopf, Nacken und Bürzel bläulichgrau, Kehle weiß, Augenmaske schwarz. Das ♀ oberseits braun, unterseits cremefarben mit bräunlichen Halbmondflecken.

V Offene Buschlandschaften, Waldränder; Zugvogel, Winterquartiere in Ost- und Südafrika.

L Sitzt gern in Dornhecken, spießt Beute (Insekten, Kleinsäuger) auf Dornen oder Stacheln. Gesang sehr leise, selten zu hören.

F Brutzeit Mai bis August; Nest bevorzugt in Dornbüschen. Das ♀ erbrütet in 14–16 Tagen 4–6 Junge, Nestlingszeit 12–16 Tage.

Pirol G

Oriolus oriolus

M Amselgroß; Körper und Kopf des ♂ leuchtend gelb, Flügel und Schwanz schwarz. Schnabel kräftig, rötlich. ♀ oberseits gelbgrün mit dunkel olivgrünen Flügeln und Schwanz, unterseits weißgrau, dunkel gestrichelt.

V Hochstämmige Laubwälder, Auwälder, Parks; Zugvogel, überwintert in Äquatorialafrika.

L Jagt im Kronendach der Wälder Insekten, nimmt auch Früchte; verrät sich durch seinen flötenden Gesang »didlioh« (»Vogel Bülow«).

F Brutzeit Mai bis Juni; das Hängenest wird hoch in Bäumen kunstvoll in eine Astgabel geflochten. 3–4 Junge, Brutdauer 14–16, Nestlingszeit 14–17 Tage.

Star

Sturnus vulgaris

M Knapp amselgroß; Schwanz deutlich kürzer, Flügelform 3eckig; ♀ und ♂ gleich: Brutkleid im Frühjahr dunkel metallisch schimmernd (»Glanzstar«), Schnabel gelb; Gefieder im Herbst weiß getüpfelt (»Perlstar«), Schnabel dunkel. Jungvögel sind stumpfbraun mit hellerer Kehle und dunklem Schnabel.

V Laubwälder, Parks, Gärten, Felder, Wiesen, Obst- und Weinbaugebiete; Teilzieher.

L Nahrung sehr vielseitig: Insekten, deren Larven, Kleintiere, Beeren, Früchte, auch Abfälle. »Watschelt« am Boden, trägt sein variantenreiches Lied mit vielen Imitationen, Knack-, Schnalz- und Pfeiflauten mit schlagenden Flügeln und gesträubten Kehlfedern gern von einer erhöhten Warte vor.

F Brutzeit April bis Juli; Höhlenbrüter in Spechthöhlen, Nistkästen, Mauerlöchern. 4–6 Eier, Brutdauer 13–15, Nestlingszeit 21 Tage.

Elster

Pica pica

M Kleiner als Krähe; ♀ und ♂ gleich: Gefieder metallisch schimmernd schwarzweiß, Schwanz sehr lang, gestuft.

V Offenes Kulturland, Dörfer, Städte, Feldgehölze; Standvogel.

L Läuft viel am Boden, fliegt etwas schwerfällig. Charakteristisch ist der laute, tschackernde Ruf. Gesang leise, schwätzend. Ernährung sehr vielseitig tierisch und pflanzlich, auch Abfälle und Aas.

F Brutzeit April bis Juni; überdachtes Reisignest meist hoch in Bäumen. 5–8 Eier, Brutdauer 17–18, Nestlingszeit 22–28 Tage.

Eichelhäher

Garrulus glandarius

M Kleiner als Krähe; ♀ und ♂ gleich: rotbraun mit schwarzem Schwanz, weißem Bürzel und blauschwarz gebändertem Flügelfeld.

V Wälder aller Art, Parks; Standvogel, Strichvogel.

L Zur Brutzeit heimlich; fällt durch seinen rätschenden Warnruf auf. Flug wirkt unbeholfen. Ernährung tierisch, im Herbst und Winter v. a. Nüsse, Eicheln und Bucheckern, die als Vorräte versteckt werden.

F Brutzeit April bis Juni; 5–7 Eier, Brutdauer 16–17, Nestlingszeit 19–20 Tage.

Tannenhäher

Nucifraga caryocatactes

M Kleiner als Krähe; ♀ und ♂ gleich: schokoladenbraun, außer der Kopfplatte fein weiß gefleckt; Schwanz kurz, weiß gesäumt. Schnabel lang, kräftig.

V Nadelwälder der Gebirge, im Winter auch in Gärten; Standvogel.

L Sehr scheu, fällt durch rollendes »krääh« auf. Sammelt im Herbst Hasel- und Zirbelnüsse und versteckt sie als Wintervorrat.

F Brutzeit April bis Juli; Nest in Nadelbäumen. Das ♀ erbrütet in 7–19 Tagen 3–5 Junge, die nach 21–28 Tagen ausfliegen.

Alpendohle

Pyrrhocorax graculus

M Kleiner als Krähe; ♀ und ♂ gleich: Gefieder schwarz, Schnabel schlank, gelb, Beine rot.

V Felsregion der Alpen; Standvogel.

L Ganzjährig in Schwärmen an Bergstationen und Hütten, nimmt Insekten, Früchte, Abfälle. Perfekter Flugakrobat.

F Brutzeit Mai bis Juli; Nest in Felsspalten, brütet gern gesellig. 3–6 Eier, Brutdauer 17–21, Nestlingszeit 21–23 Tage.

Dohle

Corvus monedula

M Taubengroß; ♀ und ♂ gleich: Nacken und Ohrdecken grau, Unterseite dunkelgrau, sonst schwarz; Auge hellgrau.
V Alte Gehölze, Ruinen, Siedlungen, Steinbrüche; Stand- und Strichvogel. Im Winter oft große Schwärme, auch zusammen mit Krähen.
L Gesellig, ruft laut »kjak« und »kau«; Flug taubenartig. Sucht Insekten, Spinnen, Würmer, Schnecken, auch Früchte und Abfälle.
F Brutzeit April bis Juni; Koloniebrüter. Nach 17–18 Tagen schlüpfen 3–6 Junge, die das Nest nach 28–32 Tagen verlassen.

Saatkrähe

Corvus frugilegus

M ♀ und ♂ gleich: glänzend blauschwarz, Schnabel spitz, Altvögel mit heller Schnabelbasis. Fersengelenk zottig befiedert.
V Offenes Kulturgelände, Parks; Stand-, Strichvogel.
L Gesellig, oft zusammen mit Dohlen (oben); ruft heiser »gah«. Ernährt sich von Kleintieren und Sämereien.
F Brutzeit März bis Juni; Koloniebrüter, Reisignest auf hohen Bäumen.
3–6 Eier, Brutdauer 17–20, Nestlingszeit 29–35 Tage.

Aaskrähe

Corvus corone

M 2 Unterarten, deren ♀ und ♂ gleich; Nebelkrähe *(C. c. cornix)*: Körper grau bis graubraun, Kopf, Flügel und Schwanz schwarz. Rabenkrähe *(C. c. corone)*: glänzend schwarz, Schwanz nur schwach gerundet; Schnabel kräftig, schwarz, meist befiedert.
V Nebelkrähe im östlichen Mitteleuropa, Rabenkrähe westlich des Grenzbereichs Schleswig-Mecklenburg-Elbe-Sachsen.
L Allesfresser, auf Feldern, Müllhalden, an Straßenrändern; zur Brutzeit paarweise, sonst gesellig. Ruft heiser »krah«.
F Brutzeit März bis Juni; heimlicher Einzelbrüter, Nest in Baumkronen.
4–6 Eier, Brutdauer 18–20, Nestlingszeit 31–36 Tage.

Kolkrabe

Corvus corax

M Größer als Bussard; ♀ und ♂ gleich: schwarz, Schnabel mächtig, Schwanz keilförmig.
V Alpen und Vorland, Nordostdeutschland; Standvogel.
L Ruft tief »korrr«, Nahrung sehr vielseitig tierisch und pflanzlich.
F Brutzeit Februar bis Juni; Nest in Felswänden, auf Bäumen. 4–6 Eier, Brutdauer 20–21 Tage, Nestlingszeit 5–6 Wochen.

Waldspitzmaus

Sorex araneus

M Kleiner als Hausmaus. Oberseite dunkel- bis schwarzbraun, Flanken hellbraun, Bauchseite grau, oft hellbraun überhaucht.

V Feuchte Lebensräume in Wäldern, Wiesen, Mooren, Gärten.

L Bevorzugt dämmerungs-, aber auch tagaktiv. In selbst gegrabenen und verlassenen Mäusegängen. Frisst Regenwürmer, Insekten, deren Larven und Schnecken. Zwitschert schrill.

F Unterirdisches Nest aus Laub, Moos und Gras. 3–4 jährliche Würfe mit je 4–10 Jungen, Säugezeit 21–23 Tage.

Feldspitzmaus G

Crocidura leucodon

M Kleiner als Hausmaus. Oberseite graubraun, scharf von gelblich weißer bis grauweißer Unterseite abgesetzt.

V Felder, Hecken, Gärten, im Winter auch an und in Gebäuden.

L Tag- und nachtaktiv; in Mäusegängen. Frisst Würmer, Schnecken, Insekten. Zwitschert laut.

F Nest aus Gras, oft in Komposthaufen. Je 3–9 Junge in mehreren Jahreswürfen. Säugezeit 26 Tage; mit 40 Tagen selbstständig.

Maulwurf

Talpa europaea

M Größer als Hausmaus. Walzenförmiger Körper; oben glänzend grauschwarz, unten hell; Schnauze rüsselartig, keine Ohrmuscheln, winzige Augen, Vorderbeine kräftig bekrallte Grabschaufeln.

V Felder, Wiesen, Gärten und Laubwälder.

L Tagaktiv; in selbst gegrabenen Gängen; Erdfüllung wird zu »Maulwurfshügeln« aufgeworfen. Ernährt sich von Regenwürmern, Insekten und deren Larven, Tausendfüßern und Schnecken.

F Unterirdische Nestkammer mit einem Nest aus Blättern und Moos. 1–2 Würfe jährlich mit je 2–6 Jungen.

Igel

Erinaceus europaeus

M Bis 30 cm lang. Plumper Körper, Schnauze spitz, Augen klein, kurze runde Ohren. Körper mit weißbraunen Stacheln besetzt.

V In Wäldern, auf Feldern, gerne auch in Gärten und Parks.

L Dämmerungs- und nachtaktiv; tagsüber im Nest aus Gras und Moos. Frisst Schnecken, Würmer und Kerbtiere, auch Kleinsäuger und Obst. Macht von Oktober bis April Winterschlaf.

F 1–2 Würfe mit je 2–10 blinden Jungen; Säugezeit 18–20 Tage.

Großes Mausohr G

Myotis myotis

M Größer als Schwalbe. Oberseite graubraun, unten weißgrau. Flughaut und Ohren rauchgrau; Fell kurzhaarig; Ohrdeckel zugespitzt.
V Im Bereich menschlicher Siedlungen und in Kulturlandschaft.
L Fliegt langsam, meist unterhalb 10 m Höhe. Sommerquartier oft in dunklen Dachstühlen, im Winter in Höhlen und Stollen. Fängt Fluginsekten mittels Echoortung. Wandert bis 250 km weit.
F Paarung im Herbst und Frühjahr; Tragzeit 60–70 Tage; meist 1 Junges; flugfähig mit 45 Tagen, mit 2 Monaten selbstständig.

Kleine Hufeisennase G

Rhinolophus hipposiderus

M Kleiner als Schwalbe. Oben rötlich grau, unten heller; Ohren relativ klein, ohne Ohrdeckel.
V In busch- und baumbestandener Landschaft.
L Flug langsam, mit schnellen Flügelschlägen. Sommerquartier meist in Gebäuden, seltener in Höhlen; überwintert in Höhlen und Stollen. Wandert kaum zwischen Sommer- und Winterquartier.
F Paarung Herbst bis Frühjahr; meist nur 1 Junges, wächst in Wochenstuben mit vielen ♀ auf; selbstständig mit 7–8 Wochen.

Abendsegler G

Nyctalus noctula

M Größer als Schwalbe. Oberseite rotbraun, unten gelbbraun; pilzförmiger Ohrdeckel, Ohren breit gerundet; Nase etwas aufgewölbt. Riecht intensiv nach Moschus.
V Wälder, Parks und im Bereich menschlicher Siedlungen.
L Schneller, geradliniger Flug in 5–25 m Höhe; oft schon vor Sonnenuntergang. Jagt Fluginsekten. Tagsüber in Baumhöhlen, auf Dachböden; überwintert (bis 1000 Tiere) in Dachstühlen. Wandert zum Winterquartier bis 1500km weit. Schreit schrill.
F 2 Junge im Mai/Juni, fliegen nach 4–6 Wochen.

Waldmaus

Apodemus sylvaticus

M Größe wie Hausmaus. Oberseite gelb- bis graubraun, unten weißlich; Augen und Ohren groß; Hinterfüße lang. Körperlanger Schwanz.

V In allen Waldtypen, Hecken, Gärten und auf Feldern.

L V. a. dämmerungs- und nachtaktiv; läuft und klettert schnell. Gräbt tiefe Baue mit schrägem und senkrechtem Schlupfloch. Frisst Samen, Beeren, Früchte und auch Insekten. Piepst hell.

F 3–4 Würfe jährlich; je 3–9 Junge; nach 21 Tagen selbstständig.

Hausmaus

Mus musculus

M Größe bekannt; oben graubraun, unten heller; keine Trennungslinie in der Färbung. Schwanz länger als gesamter Körper.

V In Gebäuden, Scheunen; im Sommer auch im Freien.

L Ganztags aktiv, klettert und springt sehr gut. Allesfresser.

F Jeweils 4–8 Junge in mehreren Jahreswürfen; baut Nest in beliebigem Versteck in der Nähe des Nahrungsangebots. Tragzeit 23 Tage; Jungtiere nach 30 Tagen selbstständig.

Feldmaus

Microtus arvalis

M Größer als Hausmaus. Oberseite gelblich graubraun, unten weißlich. Ohren kurz, innen dicht behaart. Schwanz kurz.

V Auf Äckern, Wiesen und Weiden, selten in lichtem Kiefernwald.

L Tag- und nachtaktiv, meist in Kolonien. Baut verzweigte Erdbaue mit vielen Öffnungen, im Winter Gänge unter dem Schnee. Ernährt sich von Gräsern, Getreide, Feldfrüchten und Sämereien.

F Baut unterirdisches Grasnest; pro Jahr 3–6 Würfe mit je 2–10 Jungen nach 16–24tägiger Tragzeit; nach 3 Wochen selbstständig.

Schermaus, Wühlmaus

Arvicola terrestris

M Deutlich größer als Hausmaus. Variabel gefärbt; oben meist dunkelbraun, unten gelblich grau. Ohren klein, rundlich. Schwanz kurz.

V Wiesen, Äcker, Gärten, gern an Gewässerufern.

L Einzelgänger; tag- und nachtaktiv; gräbt weit verzweigtes Gangsystem mit aufgeworfenen Erdhaufen. Schwimmt und taucht gut; frisst Kräuter, Gräser, Wurzeln und Feldfrüchte.

F Jährlich 3–4 Würfe mit je 2–9 Jungen. Tragzeit 21 Tage, Säugezeit 12 Tage; selbstständig mit 2–3 Wochen.

Bisamratte

Ondatra zibethicus

M Kaninchengroß. Oben rot- bis schwarzbraun, unten hellbraun bis hellgrau; Schwanz flach zusammengedrückt; Schwimmhäute.

V An Teichen, Seen, Kanälen und allen Fließgewässern.

L Dämmerungs- und nachtaktiv; taucht und schwimmt ausgezeichnet. Gräbt Gänge im Ufer. Frisst v. a. Wasserpflanzen.

F 2–4 Würfe pro Jahr mit je 4–9 Jungen; Säugezeit 18 Tage, mit 30 Tagen selbstständig.

Feldhamster G

Cricetus cricetus

M Eichhörnchengroß. Oberseite gelbbraun, unten schwarz; weißgelber Fleck an Wangen, Vorder- und Hinterseite der Vorderbeine. Schnauze, Kinn und Füße weiß. Augen klein.

V Osteuropäische Steppen; bei uns in allen Feldtypen.

L Dämmerungs- und nachtaktiver Einzelgänger; transportiert Vorräte in weiten Backentaschen. Gräbt Gangsystem mit vielen Eingängen. Winterschlaf Oktober bis März, wird häufig unterbrochen.

F Tragzeit 17–20 Tage, 2–3 Würfe mit je 4–12 Jungen; Selbstständigkeit mit 25 Tagen.

Haselmaus G

Muscardinus avellanarius

M Hausmausgroß. Gehört zu den Bilchen; Oberseite gelb- bis rotbraun, Bauch heller, Brust und Kehle weiß. Schwanz behaart.

V In allen Waldtypen mit üppigem Unterholz und Sträuchern.

L Dämmerungs- und nachtaktiv. Klettert gewandt. Baut kugeliges Nest; frisst Samen, Beeren, Früchte und Insekten. Pfeift, zirpt.

F 1–2 Würfe mit je 3–5(–9) Jungen, Säugezeit 3–4 Wochen; sie werden nach 5–6 Wochen selbstständig.

Siebenschläfer G

Glis glis

M Kleiner als Eichhörnchen. Oberseite grau glänzend, unten weiß. Dunkle Ringe um die großen Augen, keine Haarbüschel an den Ohren, Schwanz buschig. Unser größter Bilch.

V Laub- und Mischwälder, Parks und Gärten.

L Dämmerungs- und nachtaktiv; lebt im Familienverband. Klettert, springt. Winterschlaf von Oktober bis Mai. Nahrung sind Blätter, Knospen, Rinde, Nüsse, Früchte, auch Vogeleier und Jungvögel.

F 1 Wurf mit je 4–6 Jungen, selbstständig nach 4–5 Wochen.

Eichhörnchen

Sciurus vulgaris

M Größe bekannt. Variabel gefärbte Oberseite: schwarz, graurot bis rotbraun; Unterseite weiß. Schwanz buschig; Pinselohren.

V In Wäldern, Parks und Gärten.

L Tagaktiv; typischer Baumbewohner; klettert äußerst gewandt, auch kopfabwärts. Nest (Kobel) aus Gras, Blättern und Moos, auch in alten Baumhöhlen und Vogelnestern. Kein Winterschlaf, nur Winterruhe, die zur Nahrungssuche immer unterbrochen wird. Ernährt sich von Baumsamen, Nüssen, Beeren und Knospen, auch von Kleingetier, Vogeleiern und Jungvögeln.

F 1–2 Würfe pro Jahr; nach 38tägiger Tragzeit je 2–5 blinde Junge, die schnell heranwachsen (Foto). Säugezeit 9–12 Wochen, nach 2 Monaten selbstständig.

Murmeltier

Marmota marmota

M Hasengroß. Oberseite graubraun bis schwarzbraun mit hellen Haarspitzen; Flanken gelbgrau, unten rötlich gelb. Flacher Kopf mit kleinen, runden Ohren. Schwanz buschig, Spitze schwarz.

V Im Gebirge zwischen 800 und 2700 m Höhe auf Geröllhalden, an sonnigen Berghängen und auf Bergwiesen.

L In Kolonien lebendes Tagtier; gräbt unterirdische Bauten mit bis 10 m langen Gängen und einem zentral gelegenen gepolstertem Kessel. Sonnt sich gerne, pfeift laut bei Erregung. Ernährt sich von Gräsern, Kräutern und Wurzeln. Hält Winterschlaf.

F 1 Jahreswurf; Tragzeit 34 Tage, 2–6 nackte, blinde Junge. Augenöffnen mit 23–28 Tagen; sie werden 6 Wochen lang gesäugt und sind nach 2 Monaten selbstständig.

Biber G

Castor fiber

M Bis 1 m lang. Plumper Körper mit kellenartig verbreitertem, nacktem Schwanz. Fell dicht, weich, dunkelbraun. Ohren kurz. Hinterfüße mit Schwimmhäuten; die 2. Zehe mit Doppelnagel.

V Au-, Sumpf- und Uferwälder mit üppigem Baumbestand.

L Nachtaktiv. Schwimmt und taucht sehr gut; beim Schwimmen ist nur der Kopf über Wasser; schlägt bei Erschrecken mit dem Schwanz auf die Wasseroberfläche. Gräbt Uferbauten mit Zugang vom Wasser oder baut »Burgen« aus Ästen, Schilf und Schlamm. Selbst gebaute Dämme können den Wasserstand regeln. Ernährt sich von Wasserpflanzen, Rinde, Jungtrieben. Fällt Bäume.

F Lebt in Einehe; nach 105–107tägiger Tragzeit im Mai 3–4 Junge, die mit 2 Jahren selbstständig werden.

Feldhase G

Lepus europaeus

M Größe bekannt. Rücken braungrau bis gelbbraun, schwarz gesprenkelt; Flanken, Kehle und Brust rostgelb; Bauch weiß. Schwanz oben schwarz, unten weiß; Ohren lang, die Spitzen schwarz. Augen groß, gelbbraun.

V Auf Wiesen, Feldern, in Wäldern und Dünen.

L Dämmerungsaktiver Einzelgänger. Sehr schneller Läufer; springt, schlägt Haken. Trommelt bei Erregung mit den Hinterläufen. Ruht in selbst gescharrter Mulde (Sasse). Ernährt sich von Kräutern, Gräsern, Feldfrüchten, Knospen und von Kleingetier.

F 3–4 Jahreswürfe mit je 1–5 Jungen; Tragzeit 42–44 Tage; Jungtiere (Foto) sind Nestflüchter, von Geburt an sehend. Säugezeit 3 Wochen, selbstständig mit 3–4 Wochen.

Wildkaninchen

Oryctolagus cuniculus

M Kleiner als Feldhase. Braungrauer Rücken, im Nacken rostfarben; Unterseite weißgrau. Ohren aufrecht, kürzer als der Kopf.

V In Feldern, Heiden, Parks, Sandgruben und Dünen.

L Dämmerungsaktiv, jedoch auch am Tag anzutreffen. Gräbt Erdbauten, lebt dort im Familienverband mit bis zu 25 Tieren. Rennt nur kurze Strecken, springt und schlägt Haken. Frisst Kräuter, Wurzeln, Früchte, Rinde und Pilze. Klopft bei Gefahr mit den Hinterläufen.

F 4–6 Jahreswürfe; nach 28–31tägiger Tragzeit je 1–15 nackte, blinde Junge; im Gegensatz zum Feldhasen sind die Jungtiere (Foto) Nesthocker. Nest aus Gras und Bauchwolle im Bau. Säugezeit 3 Wochen; selbstständig nach 4–5 Wochen, geschlechtsreif nach 6–8 Monaten.

Schneehase

Lepus timidus

M Kleiner als Feldhase. Im Sommer rotbraun bis graubraun, Bauch weißgrau; Winterfell schneeweiß, Ohrspitzen schwarz. Pfoten behaart. Kopf und Ohren kürzer als bei Feldhase.

V Im Sommer Krummholzzone der Alpen in 1300–3400 m Höhe, im Winter in Höhen ab 800 m.

L Einzelgänger. Ernährt sich von Kräutern, Knospen, Rinde und Früchten. Ruht in selbst ausgegrabener Sasse; lässt sich bei starkem Schneefall in dieser auch einschneien.

F Tragzeit 48–51 Tage. Jährlich 2 Würfe mit je 1–5 behaarten, sehenden Jungtieren. Selbstständig nach 2–3 Wochen; geschlechtsreif mit 9–11 Monaten. Kreuzung mit Feldhase möglich.

Rotfuchs

Vulpes vulpes

M Größer als Katze. Oberseite rotbraun; Kehle, Bauch, Beininnenseite weißlich. Schwanz buschig mit weißer Spitze. Färbung variabel.
V Wälder, Felder, Parks, teilweise auch in Siedlungen.
L Tag- und nachtaktiv. In Erdbauen mit Wohnkessel und mehreren Röhren, gern in alten Dachsbauen. Jagt Mäuse, aber auch andere Wirbeltiere bis Hasen und Gänsegröße; frisst auch Obst.
F Nach 50tägiger Tragzeit 1 Jahreswurf im März/April; 3–5(–12) Junge; erscheinen nach 4wöchiger Säugezeit vor dem Bau (Foto); nach 3–4 Monaten selbstständig.

Baummarder G

Martes martes

M Kleiner als Katze. Fell hell- bis dunkelbraun, die Füße am dunkelsten. Kehlfleck goldgelb. Schwanz lang, buschig. Sohlen behaart.
V In Wäldern, seltener auch in Gärten und Parks.
L Dämmerungs- und nachtaktiv. Ausgezeichneter Kletterer und Springer. Tagsüber in Baumhöhlen, Kobeln und Nestern. Jagt verschiedene Mäuse, Eichhörnchen, Vögel, nimmt auch Früchte.
F Tragzeit 2–10 Monate. 1 Wurf im April; meist 3–5 Junge; Augenöffnen nach 4 Wochen, mit 3 Monaten selbstständig.

Steinmarder

Martes foina

M Kleiner als Katze. Färbung graubraun mit weißem Kehlfleck; Sohlen unbehaart. Wirkt plumper als Baummarder (oben).
V Felsiges Gelände, gerne in menschlichen Siedlungen.
L Nachtaktiv. Bewohnt Höhlen und Spalten; gerne in Häusern und Scheunen. Jagt Vögel, Kleinsäuger, frisst auch Früchte.
F Tragzeit 2–9 Monate; 1 Wurf im April. 3–5 blinde, nackte Junge; Säugezeit 6–8 Wochen, selbstständig mit 3 Monaten.

Iltis G

Mustela putorius

M Kleiner als Katze. Fell mit schwarzem Grannenhaar über durchscheinender, gelber Unterwolle; Unterseite schwarz; Schnauze und Ohrränder weißlich. Augen und Ohren sehr klein.
V In Wäldern, offenem Gelände mit Deckung und Siedlungen.
L V.a. nachtaktiv. Frisst Kleinsäuger und Vögel. Schwimmt, gräbt.
F Tragzeit ca. 40 Tage; 1 Wurf mit 3–10 Jungen, Säugezeit 6 Wochen, selbstständig mit 3 Monaten.

Hermelin

Mustela erminea

M Rattengroß. Oben braun, unten weiß; Schwanzende schwarz. Winterkleid schneeweiß mit schwarzer Schwanzspitze.
V In Wäldern, Steppen, Buschlandschaft und Siedlungen.
L Nachtaktiv. Klettert, springt, schwimmt. Gerne in Höhlen und Schermausbauen. Jagt Nagetiere und andere kleine Wirbeltiere.
F Tragzeit 7 Wochen, 1 Wurf im April/Mai mit 5–6 Jungen; Säugezeit etwa 7 Wochen, selbstständig mit 5 Monaten.

Dachs

Meles meles

M Fuchsgroß. Kurzbeinig, plump; Rücken grau mit schwarzem Aalstrich; Bauch, Beine schwarz. Gesicht mit schwarzweißer Maske. Augen und Ohren klein, Schwanz kurz.
V In allen Waldtypen, Parklandschaften.
L Dämmerungs- und nachtaktiv. Gräbt umfangreiche, mehrröhrige Erdbauten. Lebt in Dauerehe. Ernährt sich von Kleingetier, Vögeln, Würmern, Schnecken, Aas und auch Pflanzen.
F Tragzeit 7–13 Monate; 1 Wurf zwischen Januar und März; 1–5 blinde Junge; Säugezeit 2 Monate, selbstständig nach 6 Monaten.

Waschbär

Procyon lotor

M Kleiner als Fuchs. Langes graubraues Fell; schwarzgraue Gesichtsmaske; buschiger Schwanz mit schwarzen Ringen.
V Laub- und Mischwälder, Parks; möglichst in Gewässernähe.
L Dämmerungs- und nachtaktiv. Schwimmt und klettert gut. Bewohnt Baum- und Erdhöhlen; macht Winterruhe. Frisst Kleingetier aller Art, Früchte und Eier. Lebt meist paarweise zusammen.
F Tragzeit 63 Tage; 1 Wurf im April mit 4 blinden Jungen; Augenöffnen mit 18–23 Tagen.

Seehund

Phoca vitulina

M Bis 1,8 m lang. Gelbgraue Grundfarbe mit dunkleren Flecken. Kopf rund, kurze Schnauze, Augen groß, ohne Ohrmuscheln. Gliedmaßen flossenförmig; Ohren und Nase verschließbar.
V Gesamte Nordseeküste, seltener Ostsee.
L Schwimmt und taucht ausdauernd, robbt an Land. Bellt klagend. Jagt Fische; lebt gesellig in kleinen Trupps.
F Tragzeit 11 Monate, 1 Junges im Juni; Säugezeit 5 Wochen.

Reh

Capreolus capreolus

M Größe bekannt. Im Sommer rostbraun, Spiegel gelblich; im Winter graubraun, Spiegel weiß. Jungtiere im ersten Halbjahr weißlich gefleckt. Geweih des Bockes mit bis 3 Enden pro Stange; Geweihabwurf Oktober/November; Neuansatz im Januar. ♀ (Geiß) ohne Geweih.
V In Wäldern, auch in gehölzreicher Kulturlandschaft.
L Dämmerungsaktiv, standorttreu. Im Winter oft in kleinen Verbänden. Warn- und Drohlaut ein kurzes Bellen. Ernährt sich von Kräutern, Gräsern, Knospen, Früchten und Pilzen.
F Paarungszeit Juli/August oder November/Dezember. Tragzeit 6 Monate; bei Embryonen, die bei der sommerlichen Befruchtung entstehen, findet eine Keimruhe statt. Setzzeit Mai/Juni; 1–2 Junge (Kitze); Säugezeit 3 Monate.

Rothirsch

Cervus elaphus

M Größe bekannt. Im Sommer rotbraun, im Winter graubraun gefärbt; im Jugendkleid mit weißen Flecken. Geweih des ♂ bis 8kg schwer, altersabhängig in der Größe zunehmend.
V In großflächigen Wäldern.
L Dämmerungsaktiv; lebt im Rudel in weiträumigen Revieren; alte ♂ als Einzelgänger. Ernährt sich von Gräsern, Trieben, Rinde, Pilzen und Früchten. Geweihabwurf von Februar bis April, neues Geweih bis Juli. In der Brunftzeit »röhren« die ♂.
F Paarungszeit September/Oktober. Nach knapp 8 Monaten Tragzeit 1 Junges (Kalb) im Mai/Juni; selbstständig nach etwa 1 Jahr.

Damhirsch

Dama dama

M Etwas kleiner als Rothirsch. Im Sommer rotbraun mit weißer Fleckung, Bauchseite sehr hell; im Winter graubraun. Schwanzoberseite und Umrahmung des weißen Spiegels schwarz. Weiß gefärbte Albinos sind häufig (v. a. in Gehegen), Schwärzlinge kommen ebenfalls vor. Geweih des ♂ schaufelartig verbreitert.
V In Mischwäldern, in Gehegen und umzäunten Jagdrevieren.
L Dämmerungsaktiv; bildet z. T. größere Rudel. Ernährt sich von Gräsern, Kräutern, Trieben, Pilzen und Früchten. Geweihabwurf im Frühjahr (April/Mai). Die ♂ »knurren« in der Brunftzeit.
F Paarungszeit Oktober/November; Tragzeit 7–8 Monate; Setzzeit Mai bis Juli; selten 2 Junge (Kälber); Säugezeit 8 Monate.

Mufflon

Ovis ammon musimon

M Größer als Ziege. ♂ (Widder) oben rotbraun; unten, Beininnenseite, Spiegel und Schnauze weiß; ♀ (Schaf) einheitlich fahlbraun. Hörner der Widder schneckenartig gewunden, mit Querringelung.
V In Wäldern der Mittelgebirge; häufig in Gehegen.
L Tag- und nachtaktiv; läuft und springt sehr schnell. Blökt wie Hausschaf. Ernährt sich von Gräsern, Kräutern, Trieben, Moosen.
F Brunftzeit Oktober/November; Tragzeit 21–23 Wochen; im März/April 1–2 Junge (Lämmer).

Alpensteinbock

Capra ibex

M Größer als Ziege. Im Sommer rötlich grau, im Winter gelbbraun. Gehörn des ♂ groß, bogenförmig, beim ♀ kurz, schmalkantig.
V Im Gebirge über der Waldgrenze, im Frühjahr auch unterhalb.
L Tagaktiv; außerhalb der Brunftzeit meist in eingeschlechtlichen Rudeln; alte ♂ Einzelgänger. Springt und klettert hervorragend im Fels. Frisst Gras, Moos, Flechten und Blätter.
F Brunftzeit November/Dezember; nach einer Tragzeit von 21–23 Wochen 1–2 Junge; Säugezeit 6 Monate.

Gämse

Rupicapra rupicapra

M Ziegengroß. Kräftiger Körperbau; Sommerfell gelbbraun mit schwarzem Aalstrich auf dem Rücken; Winterfell länger, schwarzbraun. Gehörn senkrecht, Spitze hakig zurückgebogen.
V Bergwälder, im Sommer auch über der Waldgrenze.
L Lebt in kleinen Verbänden, alte Böcke einzeln. Klettert und springt im Fels. Nahrung Gräser, Kräuter, Moose, Fechten.
F Brunftzeit Oktober bis Dezember; Nach 24–27 Wochen Tragzeit 1–2 Junge im April/Mai; Säugezeit 6 Monate.

Wildschwein

Sus scrofa

M Größe bekannt. Fell schwarzgrau, borstig. ♂ (Keiler) mit gebogenen Eckzähnen (Hauer). Jungtiere längs gestreift.
V Laub- und Mischwälder.
L Tag- und nachtaktiv. Bildet Rotten, alte Keiler einzeln. Durchwühlt Boden nach Wurzeln, Knollen, Eicheln u. a. Quiekt, grunzt.
F Paarung November bis Januar; im April/Mai 1 Wurf mit 3–12 Jungen (Frischlinge), Säugezeit 3 Monate.

Früchte der Bäume und Sträucher

S. 37

S. 41

S. 37

S. 47

S. 39

S. 45

S. 39

S. 51

S. 51

S. 55

S. 51

S. 45

S. 67

S. 43

S. 49

S. 57

S. 49

S. 57

S. 55

S. 69

S. 53

S. 65

S. 53

S. 87

S. 63

S. 75

S. 63

S. 87

S. 81

S. 85

S. 81

S. 69

S. 69

S. 75

S. 59

S. 65

S. 61

S. 71

S. 83

S. 71

S. 73

S. 59

S. 83

S. 59

S. 67

S. 79

S. 73

S. 61

S. 77

S. 151

S. 87

S. 231

S. 41

S. 191

S. 79

S. 135

S. 149

S. 151

S. 193

S. 187

S. 137

S. 157

S. 231

S. 121

S. 217

S. 189

S. 187

S. 137

S. 231

S. 109

S. 157

S. 173

S. 291

S. 325

S. 287

S. 325

S. 305

S. 297

S. 327

S. 331

Schmetterlingsraupen

S. 355

S. 357

S. 357

S. 359

S. 353

S. 365

S. 351

S. 375

S. 375

S. 367

S. 371

S. 367

S. 369

S. 373

S. 369

S. 371

S. 379

S. 379

S. 381

S. 385

S. 381

S. 383

S. 377

S. 387

Junge Vögel

S. 415

S. 441

S. 419

S. 441

S. 419

S. 449

S. 423

S. 451

S. 443

S. 455

S. 445

S. 455

S. 439

S. 459

S. 453

S. 461

S. 467

S. 485

S. 473

S. 485

S. 473

S. 491

S. 475

S. 499

Junge Säugetiere

S. 505

S. 517

S. 513

S. 521

S. 515

S. 521

S. 515

S. 523

Stichwortverzeichnis

Deutsche Namen

Wissenschaftliche Namen

Bildnachweis

Buchner/Limbrunner: 495ol

Eisenbeiss: 29ul, 33m, 35ol, 39ml, 41u, 51ul, 53ur, 75o, 75ml, 85ol, 91ul, 97o, 97ml, 99o, 99ml, 99mr, 103ol, 103ur, 109ol, 115u, 117ol, 117m, 119or, 123u, 129mr, 131m, 133or, 141or, 143or, 145u, 153ol, 157ur, 159o, 165u, 167o, 169m, 173m, 173ur, 181m, 185ol, 185or, 185ur, 187ml, 191o, 201o, 203ol, 203ml, 203ul, 211o, 211ml, 211u, 213or, 217m, 219ur, 221ul, 231ol, 233ul, 347mu, 405o, 524mul, 525ol, 528or, 530mul

Eisenreich: 2/3, 27(alle), 69ul, 83u, 89mr, 105o, 121u, 125m, 147u, 171ul, 171ur, 179ml, 179mr, 181ul, 187mr, 187ul, 189or, 193ul, 203or, 203mr, 209o, 209u, 221ur, 225m, 225ul, 229ul, 229ur, 231ul, 231ur, 235mr, 237(alle), 249o, 249m, 265o, 275ol, 275mr, 275u, 279mr, 281mul, 281mur, 283u, 285mo, 285mur, 287o, 287mor, 287mur, 287mul, 287u, 289o, 289mul, 291o, 291mo, 291ur, 313mo, 313mur, 313ul, 313ur, 315o, 315mr, 317ol, 317or, 319m, 331m, 331u, 339mr, 341(alle), 343o, 343ml, 343ul, 343ur, 345(alle), 347o, 347mor, 351mu, 351u, 353mol, 353mul, 355mol, 355mul, 355u, 357mol, 357mor, 359o, 359mol, 359mor, 361mul, 361u, 363mur, 363u, 365ol, 365or, 365mol, 365mor, 365ur, 367(alle), 369(alle), 371(alle), 373o, 373mol, 373mor, 373mu, 373ul, 375(alle), 377mu, 377ul, 377ur, 379(alle), 381o, 381mol, 381mor, 381mul, 381mur, 383m, 383ul, 385ml, 385mr, 385ul, 387ul, 387ur, 407mol, 407mor, 409ml, 419mur, 419u, 423o, 425u, 427ol, 427u, 443(alle), 445mu, 445ul, 445ur, 449 (alle), 451mol, 451mor, 451mur, 455ml, 457or, 475o, 475mor, 531mor, 531ul, 534or, 534mor, 534mur, 535ol, 535or, 535mol, 535mor, 535mul, 535ul, 535ur, 536(alle), 537ol, 537or, 537mol, 537mor, 537mul, 537mur, 537ul, 538mur, 538ur, 539ol, 539or, 539mol

Gerhardt: 9–25(alle)

Hagen: 335u

Hecker: 51mul, 85ur, 87or, 137or, 169or, 171o, 195ul, 215mr, 215u, 221m, 235ml, 245ml, 251u, 253o, 261mr, 269m, 271m, 273mo, 275or, 279or, 281o, 281u, 287mol, 289mo, 299or, 301u, 303mo, 305mul, 307mo, 307mu, 307u, 309ul, 313mul, 329u, 333m, 357or, 385ol, 389o, 391m, 395u, 403u, 407mul, 411mu, 411u, 415o, 417ol, 431ol, 431ul, 431ur, 439mu, 453ur, 477ml, 483mr, 489or, 501m, 503or, 509mr, 523u, 530mol, 532mor, 533mol, 534mul, 534ul, 541ur

Wothe: 49ul, 67mr, 75mr, 87ol, 91ur, 93ol, 93or, 95ol, 103or, 103ul, 113ol, 115or, 127u, 135ur, 163ol, 183ul, 191mr, 197m, 215or, 219o, 225ur, 233ur, 241ul, 251o, 265ur, 267u, 275ml, 291mur, 311o, 319u, 323ul, 333u, 363mol, 411mo, 419o, 423u, 429mo, 431mul, 439mor, 461ol, 469m, 469ur, 471u, 473o, 473mu, 473ul, 477u, 481ol, 481or, 495or, 515mor, 515mol, 515ul, 517mor, 521ul, 525mul, 527or, 540mul, 541ol, 541mul, 541ul

Zeininger: 79u, 111ml, 117u, 119u, 133m, 135o, 141u, 149mr, 157mr, 159u, 169u, 175u, 183ml, 185ul, 191ul, 195ml, 197ur, 199ur, 209m, 221o, 225o, 229o, 277ur, 283o, 283mo, 285u, 293mo, 293mu, 295m, 295u, 303o, 305mol, 319or, 321mr, 325ml, 325mr, 347ur, 349o, 351mor, 355o, 357mul, 357mur, 359mul, 359mur, 359u, 361o, 361mol, 361mor, 361mur, 363mor, 363mul, 365mu, 365ul, 397o, 397mo, 397mu, 399o, 399mu, 399u, 401mo, 401mu, 401u, 403mo, 407mur, 407u, 409mr, 415mur, 417or, 425mur, 427mor, 433ul, 433ur, 435u, 437mu, 439o, 441o, 445o, 445mol, 447o, 447u, 453mor, 453mu, 457ol, 459ol, 459ml, 459mr, 459ur, 461or, 461mr, 461ur, 463u, 465ml, 465u, 467o, 467mol, 467mor, 467mu, 469o, 469ul, 471mr, 473mor, 473ur, 475mol, 475mu, 475ul, 475ur, 477o, 477mr, 479o, 479u, 481mr, 481ml, 481u, 483o, 483u, 485o, 485ur, 487o, 487m, 487ur, 489u, 491mor, 491mur, 493or, 493ml, 493mr, 493u, 495mo, 495mu, 497o, 497ml, 497mr, 499or, 499mur, 499u, 501o, 501ur, 503ol, 503ml, 503mr, 505mol, 507u, 509ml, 523mu, 530mur, 530ul, 533or, 533mul, 535, 545mur, 540ol, 540ul, 541mol

Grafiken: Heidi Janiček

Impressum

Bibliographische Information der Deutschen Nationalbibliothek:
Die Deutsche Nationalbibliothek verzeichnet diese Publikation in der Deutschen Nationalbibliografie; detaillierte bibliografische Daten sind im Internet über http://dnb.d-nb.de abrufbar.

6. aktualisierte Auflage

BLV Buchverlag GmbH & Co. KG
80797 München

Umschlagkonzept: Kochan & Partner, München
Umschlagfotos:
Vorderseite: Gettyimages/Peter Barwritt
Rückseite: Eisenbeiss

Lektorat: Dorothee Eisenreich
Herstellung: Hermann Maxant
Layoutkonzept Innenteil: griesbeck design, München
DTP: Satz + Layout Peter Fruth GmbH, München

Gedruckt auf chlorfrei gebleichtem Papier.

Printed in Germany

ISBN 978-3-8354-1204-0

Fortsetzung von vorderer Umschlaginnenseite